# 农机维修养护与农业栽培技术

徐 岩 马占飞 马建英 著

吉林科学技术出版社

**图书在版编目（ＣＩＰ）数据**

农机维修养护与农业栽培技术 / 徐岩，马占飞，马建英著. -- 长春 ：吉林科学技术出版社，2022.8

ISBN 978-7-5578-9441-2

Ⅰ.①农… Ⅱ.①徐… ②马… ③马… Ⅲ.①农业机械—机械维修②农业机械—保养③栽培技术 Ⅳ.①S220.7②S31

中国版本图书馆 CIP 数据核字(2022)第 120007 号

# 农机维修养护与农业栽培技术

| | |
|---|---|
| 著 | 徐 岩 马占飞 马建英 |
| 出 版 人 | 宛 霞 |
| 责任编辑 | 王 皓 |
| 封面设计 | 北京万瑞铭图文化传媒有限公司 |
| 制 版 | 北京万瑞铭图文化传媒有限公司 |
| 幅面尺寸 | 185mm×260mm |
| 开 本 | 16 |
| 字 数 | 360 千字 |
| 印 张 | 16.375 |
| 印 数 | 1–1500 册 |
| 版 次 | 2022年8月第1版 |
| 印 次 | 2022年8月第1次印刷 |

| | |
|---|---|
| 出 版 | 吉林科学技术出版社 |
| 发 行 | 吉林科学技术出版社 |
| 地 址 | 长春市南关区福祉大路5788号出版大厦A座 |
| 邮 编 | 130118 |
| 发行部电话/传真 | 0431-81629529 81629530 81629531 |
| | 81629532 81629533 81629534 |
| 储运部电话 | 0431-86059116 |
| 编辑部电话 | 0431-81629510 |
| 印 刷 | 廊坊市印艺阁数字科技有限公司 |

| | |
|---|---|
| 书 号 | ISBN 978-7-5578-9441-2 |
| 定 价 | 48.00 元 |

# 《农机维修养护与农业栽培技术》
## 编审会

前言

　　当前，我国农业发展已经进入从传统农业向现代农业转型、农业生产经营方式由一家一户生产向规模化、产业化生产转变的新阶段。大力培育新型职业农民，培养和提高其适应农业结构调整、选择优势特色产业的发展能力，适应市场变化按需生产的决策能力，适应对新品种、新技术和新装备的应用能力，适应农业产业化的管理能力，以及在农业生产经营过程中对随时可能发生的自然风险、市场风险和农产品质量安全风险的应对能力，农产品品牌建设能力和农产品市场开拓能力。培育和壮大现代农业生产经营者队伍，是关系农业长远发展特别是现代农业建设的根本大计和战略举措。

　　种植业是农业的重要基础，粮棉油是关系国计民生的重要商品。要加快发展现代农业，增强农业综合生产能力，确保国家粮食安全和重要农产品有效供给。随着工业化、城镇化和农业现代化快速推进，粮食等主要农产品消费需求刚性增长，气候、耕地和水资源约束日益增强，农村劳动力结构变化冲击增强，方兴未艾的都市农业也对传统农业提出了新的要求。而如何促进种植业持续稳定发展，实现"高产、优质、高效、生态、安全"目标成为农业工作者必须考虑的重要课题。

　　授人以鱼不如授人以渔。科技助力脱贫攻坚急需科技支撑和保障。贫困地区科技相对落后，农民科学素质相对较低。贫困地区发展，关键要加大科技供给和科技支撑力度，把优质科技知识转化为可被广大贫困群众充分利用的脱贫能力、脱贫资源，增强贫困地区人民的内生动力，增强持续致富的能力。

　　本书瞄准农业科技前沿，筛选、推广适合当地的主导品种和主推技术，使农业生产者掌握主要农用机械的使用和简单维修技术。既吸取了当前主要农业机械科研最新成果，又介绍了有关农业机械方面的实用技术，本书立足理论指导实践，是一本集理论性、实践性、指导性为一体的生产实践用书，旨在为广大基层农业科技工作者和直接从事农业生产的广大农民提供一本通俗易懂、易应用、便于操作的主要农作物生产科学知识和技术指导用书。

　　本书编写参考大量文献，一并致谢。因编者水平所限，书中也难免出现错误和不妥之处，恳请读者批评指正。

CONTENTS 目录

# 第一章 农机维修基础知识

## 第一节 机电基础知识

农机维修人员要掌握的基础知识主要包括机电基础知识、农机产品标识、农机技术保养、农机维修术语和农机配件选购等内容。

### 一、计量单位

农机维修常用计量单位有长度、力、压力、功率以及质量。

**（一）长度**

法定长度计量基本单位是米，符号为 m。机械工程图上标注的法定单位则是毫米，符号为 mm。1 米＝1000 毫米（mm）＝100 厘米（cm）；与英制单位换算，1 英寸＝2.54 厘米。

**（二）力**

法定单位是牛顿，符号为 N。与废除的千克力（kgf）的换算，1kgf＝9.8N。

**（三）压力**

法定压力计量单位是帕斯卡，符号为 Pa。这与废除的每平方厘米千克力（kgf/cm$^2$）的换算，1kgf/cm$^2$＝9.8×104Pa＝98kPa（千帕）。

（四）功率

法定功率的计量单位是千瓦，符号为 kW。可与废除的马力的换算，1 千瓦＝1.36 马力，1 马力＝0.736 千瓦。

（五）质量

法定单位是千克（公斤），符号为 kg。1 千克（kg）＝1000 克（g）。

## 二、公差配合

（一）尺寸

基本尺寸是指设计给定的尺寸；实际尺寸是指通过测量所得的尺寸；极限尺寸是指允许尺寸变化范围的两个界限值，其中数值大称为最大极限尺寸，另一个称为最小极限尺寸。零件实际尺寸应在两界限值之间，大于最大极限尺寸或是小于最小极限尺寸的，都不合格。

（二）偏差与公差

偏差是指极限尺寸与基本尺寸的代数差。最大极限尺寸减去基本尺寸所得的代数差叫上偏差；最小极限尺寸减去基本尺寸所得的代数差叫下偏差。公差是指允许尺寸变动的量。它等于最大极限尺寸减去最小极限尺寸的代数差的绝对值，也等于上偏差与下偏差代数差的绝对值。配合中允许间隙或过盈的变动量称为配合公差，它等于相互配合的孔、轴公差之和，表示配合松紧允许变动范围。

（三）配合

配合指基本尺寸相同、相互结合的孔和轴之间的关系。配合决定结合的松紧程度。配合分 3 种情况：

1. 间隙配合

孔的尺寸减去相配合轴的尺寸大于等于零的配合。即孔与轴之间配合总有间隙，如轴瓦与轴颈、活塞与气缸套等配合。间隙的作用为贮藏润滑油、补偿各种误差等，其大小影响孔与轴相对的运动程度。

2. 过盈配合

孔的尺寸减去相配合轴的尺寸小于等于零的配合，即孔与轴之间配合总有一定紧度。过盈配合中，由于轴的尺寸比孔的尺寸大，故需采用加压或热胀冷缩等办法进行装配。过盈配合主要用于孔轴间不允许有相对运动的紧固联接，如齿轮、带轮、滚动轴承与轴的联接。

3. 过渡配合

孔的尺寸减去相配合轴的尺寸可能大于等于零也可能小于等于零的配合，既可能是间隙也可能是过盈的配合，它介于间隙配合和过盈配合之间。过渡配合主要用于要求孔轴间有较好的对中性和同轴度且易于拆卸、装配的定位联接，例如活塞销、活塞销座孔和连杆小头衬套孔的配合。

## 三、零件材料

用于制造农业机械零件的材料，通常可分为金属材料和非金属材料。

### （一）金属材料

金属材料可分为黑色金属和有色金属。

#### 1. 黑色金属

钢、铁一类的金属被称为黑色金属。主要包括碳素钢、铸钢、合金钢和铸铁。钢铁材料的基本成分是铁和碳，所以又称为铁碳合金。含碳量小于 2.11% 的铁碳合金是钢，含碳量大于 2.11% 的铁碳合金是铁。

①碳素钢。碳素钢具有一定的机械性能、良好工艺性能、价格低廉，是农业机械生产用量最大的金属材料。

按钢中碳的含量，可分为低碳钢、中碳钢、高碳钢。

低碳钢（含碳量小于 0.25%）的韧性、塑性好，易成型、易焊接，但强度、硬度低，需变形或强度要求不高的工件，例如油底壳、风扇叶片、铆钉等。

中碳钢（含碳量 0.25% ~ 0.60%）的强度、硬度较高，塑性、韧性稍低，但经热处理后有较好综合机械性能，用于制造曲轴、连杆、凸轮轴、连杆螺栓等。

高碳钢（含碳量 0.60% 以上）的硬度高、脆性大，用于制作各种工、量、刃具和模具，经热处理后制造弹簧和耐磨件。

按钢的质量，可分为普通质量钢、优质钢、高级优质钢。

按钢的用途分为碳素结构钢、碳素工具钢和铸钢。铸钢主要用于制作形状复杂，难于用锻压等方法成形的零件，如拖拉机的桥壳等。

②合金钢。冶炼时在碳素钢中加入一种或多种合金元素，形成的钢称之为合金钢。合金钢常用于制造拖拉机上承受高速、重载、强冲击和剧烈摩擦的零件，如活塞销、收割机刀片、齿轮、半轴、连杆、转向节、轴类件和重要螺栓等。

此外，用来制造具有特殊性能零件的合金钢称为特殊性能钢，分为不锈钢、耐热钢和耐磨钢。不锈钢指含铬量 ≥ 13%，在大气中不生锈的合金钢，外表呈银亮色；耐热钢在高温下具有较高的强度和良好的抗氧化性，如发动机的气门；耐磨钢具有能承受强烈冲击摩擦和高的耐磨性，主要用于制造拖拉机的履带。

③铸铁。铸铁与钢相比，其强度低，特别是韧性、塑性差，但铸造性能优良、耐磨、切削加工性能良好。铸铁分为白口铸铁、灰口铸铁、可锻铸铁轴、球墨铸铁、合金铸铁等几种。

白口铸铁中碳以化合物状态存在，断口呈白色，硬度高而脆，很难切削加工，主要用来炼钢和不需要加工的铸件，例如犁铧。

灰口铸铁中碳以片状石墨存在，断口呈灰色，具有良好的易铸造和切削性能，但脆性大、塑性差、焊接性差，在发动机上应用较多，如缸体、缸盖、飞轮等。

可锻铸铁中石墨为团絮状，其具有较高的强度与韧性，可用于制作承受冲击和振动的零件，如后桥壳、轮毂等。

球墨铸铁中碳以圆球形石墨状存在，强度高，韧性、耐磨性较好，兼有铸铁和钢的理化性能、机械性能和工艺性能，也像钢一样可进行热处理，通过合金化和各种热处理后，可用来代替铸钢和锻钢制造一些受力复杂、性能要求较高的零件，如柴油机的曲轴、凸轮轴、齿轮和连杆等。

加入合金元素的铸铁为合金铸铁，如活塞环、缸套和气门座圈。

### 2. 有色金属

除黑色金属材料之外的其他金属统称为有色金属。在农机制造中常用的主要是铝及铝合金、铜及铜合金、巴氏合金。

①铝及铝合金。铝合金具有良好耐蚀性，切削加工性和铸造性，可以实现柔性的强度设计，表面美观。铝合金用于制造散热器、冷凝器、活塞、缸盖、缸体、液压油泵壳体、油管等零件。

②铜及铜合金。农业机械上应用的铜及铜合金，主要是纯铜、黄铜、青铜等。纯铜又叫紫铜，具有优良的导电性、导热性、延展性和耐蚀性，主要用于制造电线、电刷、铜管等；黄铜是铜与锌的合金，即为铜锌合金，具有良好的冷加工性能，强度比纯铜高，塑性、耐腐蚀性好，用于制造发动机的连杆衬套、摇臂衬套、冷却系中的节温器、轴瓦、曲轴止推垫圈等零件；青铜一般是指铜锡合金，强度、韧性比黄铜差，但耐磨性、铸造性好，可用于制造轴瓦、轴套、蜗轮、齿轮等零件。

③巴氏合金。巴氏合金即滑动轴承合金，是铝、锡、锑等元素的合金，有良好的减摩性能，分为锡基合金和铅基合金。锡基轴承合金的摩擦系数小，塑性和导热性好，用来制造重要的轴承，如拖拉机发动机上的曲轴、连杆等高速轴瓦。铝基轴承合金的摩擦阻力小，铸造性能好，但其强度、韧性及耐振能力都低于锡基轴承合金，适用于负荷小、速度较低的发动机上。

### 3. 钢的热处理

热处理是将钢件通过加热、保温、冷却，来改变其组织结构，获得所需性能的热加工工艺。如白口铸铁经过长时间退火处理可以获得可锻铸铁，提高塑性；齿轮采用正确的热处理工艺，使用寿命大幅提高。钢的热处理有以下几类：

①退火。将钢件加热到一定温度，保温一段时间，然后随炉慢慢冷却到室温的热处理工艺。目的是降低材料硬度，改善切削加工性能，提高塑性与韧性，消除钢中的组织缺陷，消除内应力。

②正火。将钢件加热到临界温度以上 $50 \sim 70℃$，充分保温，然后在空气中冷却的热处理工艺。目的与退火基本相同，但正火后钢件的强度、硬度比退火后高。

③淬火。将钢件加热到临界温度以上 $30 \sim 50℃$，保温后在冷却介质中快速冷却的热处理工艺。常用的冷却介质有水、矿物油、盐、碱的水溶液等。淬火的主要目的是提高钢件的硬度和强度。

④回火。将淬火后的钢件再加热到临界温度以下某一温度，保温一段时间，然后

在空气或油中冷却的热处理工艺。其目的是减少或消除内应力，提高韧性和塑性，调整硬度，降低脆性，保证钢件的形状、尺寸不变。

⑤调质。将钢件进行淬火及高温回火的双重热处理工艺。调质处理的钢称调质钢。多用于重要的结构件，如轴类、连杆、螺柱、齿轮等。

⑥时效处理。为消除零件制造中产生的内应力，防止或减少零件在使用中发生变形而采取的方法。在室温下进行的时效叫自然时效，在一定温度下进行的时效叫人工时效。

⑦表面淬火。将钢件的表面淬透到一定的深度，中心部分仍保持未淬火状态的一种局部淬火方法。目的是使钢件表面获得较高的强度、耐磨性和疲劳强度，而中心部仍具有足够的塑性和韧性。

⑧化学热处理。化学热处理是将钢件置于某一介质中加热、保温和冷却，使介质中的某些元素渗入钢件表层，从而改善表层性能。主要有渗碳、氮化、碳氮共渗等。目的是提高钢件表层的硬度、耐磨性、耐腐蚀性和抗氧化性。如价廉的碳钢通过渗入某些合金元素就具有某些价昂的合金钢性能，可以代替耐热钢、不锈钢。

### （二）非金属材料

农业机械的非金属材料主要是塑料、橡胶和石棉。

#### 1. 塑料

塑料属轻质材料，比强度高、化学稳定性好、耐腐蚀、绝缘性好、耐磨性好、消声吸震性好、易加工成型。农业机械上常用的塑料制品有：仪表板及衬垫、转向盘、操纵杆、内饰板、座椅、扶手、密封条、软管、减震垫片、把手、各种传感器电器壳体、部分齿轮、电器元器件、塑料黏接剂等。

#### 2. 橡胶

橡胶可分为天然橡胶和合成橡胶两类。天然橡胶综合性能好，主要缺点是易老化、不耐高温，时间增加，会出现变色、发黏或变硬、变脆龟裂。合成橡胶又称人造橡胶，主要性能特点是高弹性，能减振，耐蚀性、耐磨性、绝缘性好。农业机械常用的是合成橡胶，如轮胎、软管、皮带、密封件、防振件、衬垫类等。

#### 3. 石棉

石棉作为天然矿物纤维，具有绝缘、绝热、隔音、耐高温、耐酸碱、耐腐蚀和耐磨等特性，可织成纱、线、绳、布、盘根等，作为密封、传动、保温、隔热、绝缘等材料。农业机械的石棉制品主要有气缸垫、离合器片、制动带、制动片、绝缘板、配电板、仪表板等。

## 四、常用油料

农机常用油料有柴油、汽油、润滑油与液压油。

## （一）柴油

### 1. 柴油种类

我国柴油分为轻柴油和重柴油。重柴油多用于转速 1000 转 / 分以下的中低速柴油机；拖拉机、农用车、联合收割机等动力机械都装用高速柴油机，使用的是轻柴油。根据 GB 252-2006 标准规定，轻柴油按凝点（柴油开始凝固的温度称为凝点）不同分为 10、5、0、-10、-20、-35、-50 七个牌号。牌号数字表示柴油的凝点。

### 2. 柴油选用

主要根据使用地区的气温选用，要求选用柴油的凝点应低于当地气温 3～5℃，如 10 号柴油适用于环境温度 12℃以上南方夏季使用，-10 号适用于环境温度 -5℃以上地区使用，以保证柴油在最低气温时不致凝固。

### 3. 加注柴油注意事项

一是每次加油要到正规的加油站，绝不可贪图便宜而使用劣质柴油，劣质柴油不仅可能对柴油机供油系统的精密部件造成严重的损坏，而且也可能导致柴油机动力不足或排气冒黑烟；二是柴油应存储在干净、封闭的金属容器中，使用前必须经过 48小时的沉淀，然后抽上部柴油使用，而在加注柴油过程中，要防止杂质进入油中。

### 4. 柴油品质简易鉴别

在购买柴油时，一般可通过感官简易鉴别质量。好的柴油应该是淡黄色，红色或黑色的柴油相对就差一些。手摸应有黏度感，但太稠或太稀都不好，优质柴油手摸应具有一定的黏度。好柴油不应有刺鼻气味，闻到异味的柴油尽量不要购买。

## （二）汽油

### 1. 汽油牌号

汽油机使用的燃料为车用汽油或车用乙醇汽油。根据国家标准 GB 17930—2006《车用汽油》标准规定，车用汽油牌号分为 90 号、93 号和 97 号；车用乙醇汽油是在汽油中添加了一定比例的乙醇的汽油，我国乙醇汽油乙醇的添加比例一般为 10%，用 E10 表示，乙醇汽油分为 90 号、93 号、95 号和 97 号四个牌号。数字表示汽油的辛烷值，它是汽油抗爆燃能力的指标，辛烷值越高表明它的抗爆震燃烧的能力越强。

### 2. 汽油选用

根据发动机压缩比选用汽油牌号。如发动机压缩比在 7.5～8.0，选 90 号汽油；在 8.0～8.5 可选 90～93 号。汽油牌号越高，价格也越高，如选用不当，不仅增加成本，造成浪费，且容易产生爆燃、发动机功率下降、油耗增加、零件磨损加剧等不良后果。汽油一般颜色为淡黄色，无刺激性的气味，涂抹在指甲上，很快能挥发。

## （三）润滑油

农机常用的润滑油包括机油、齿轮油与润滑脂等。

1. 机油

机油分为柴油机油和汽油机油。其牌号有质量等级和黏度等级两种。质量等级有 CA、CB、CC、CD、CE、CF 六个级别（C 代表柴油；第二个字母代表柴油的质量等级，字母越靠后排列，其质量等级越高），农用柴油机油多选用 CC 或者 CD 级别。黏度等级分为单级和多级。单级分为冬季用和夏季用油牌号，冬季用油牌号有 0W、5W、10W、15W、20W 五种（W 代表冬季，W 前数字代表最低工作环境温度），数字越小，使用工作环境温度越低；夏季用牌号有 20、30、40、50、60 五种，牌号越高，黏度越大，最高工作环境温度越高。多级农用柴油机油有 5W/30、5W/40、10W/30 等牌号，可在不同地区四季通用。如使用环境温度 -30 ～ 40℃ 的地区可选用 5W/40，在四季通用。汽油机油的黏度分级与柴油机油相同。

机油的选择包括品质和黏度，其中品质是首选，品质选用应遵照产品使用说明书中的要求选用，还可结合使用条件来选择；黏度等级的选择主要考虑环境温度。

购买机油，可用观察颜色和闻气味的方法鉴别品质：国产散装机油多为浅蓝色，具有明亮的光泽，流动均匀，凡是颜色不均、流动时带有异色线条者均为伪劣或变质机油，若使用此类机油，将严重损害发动机。进口机油的颜色为金黄略带蓝色，晶莹透明，油桶制造精致，图案字码的边缘清晰、整齐，无漏色和重叠现象，否则为假货。合格的机油应无特别气味，只略带芳香。而凡是对嗅觉刺激大且有异味的机油均为变质或劣质机油，绝对不可购买使用。

2. 齿轮油

通常把用于变速器、后桥齿轮传动机构的润滑油叫作齿轮油。

我国齿轮油分为普通车辆齿轮油（CLC）、中等负荷车辆齿轮油（CLD）和重负荷车辆齿轮油（CLE）三个品种。品质按次序后一级比前一级高，使用场合的允许条件一级比一级苛刻。CLC 用于手动变速器、螺旋伞齿轮的驱动桥；CLD 用于手动变速器、螺旋伞齿轮使用条件不太苛刻的准双曲面齿轮的驱动桥；CLE 用于使用条件苛刻的准双曲面齿轮及其他条件齿轮的驱动桥。黏度等级则分为 70W、75W、80W、85W、90、140 和 250 七个黏度牌号，这些是单级油，还有多级油如 80W/90、85W/90 和 85W/140 等。

齿轮油应按产品用说明书的规定选用，也可以按工作条件选用品种，按气温选择牌号。

需要特别提醒的是：严禁用机油来代替齿轮油，或在齿轮油中掺配柴油和煤油，以免降低其黏度，减弱润滑性能，加速齿轮磨损。

3. 润滑脂

俗称黄油，常温下为黏稠半固体膏状。农机常用钙基润滑脂、钠基润滑脂和锂基润滑脂三种。

钙基润滑脂的工作温度 -10 ～ 60℃，其特点是抗水性强、耐温性差，适用于润滑农机具大部分滚动轴承。

钠基润滑脂的耐温可达 120℃，但不耐水，适于工作温度较高而不与水接触的润滑部位。如发电机、磁电机等高温工作的轴承、离合器前轴承。

锂基润滑脂的抗水性好，耐热和耐寒性都较好，它可以取代其他基脂使用在拖拉机、联合收割机上。

润滑脂的牌号是按其稠度分为 000、00、0、1、2、3、4、5、6 共 9 个牌号，号数越大，润滑脂越硬。拖拉机、联合收割机上一般使用 2 号或 3 号。

### （四）液压油

液压油是液压传动系统中传递能量的介质，并在各部间件还起着润滑、防腐、冷却、冲洗等作用。液压油分为普通液压油（L-HL）和抗磨液压油（L-HM）。液压油应按照使用说明书规定，也可根据使用情况选用。使用温度低选低牌号的，使用温度高选高牌号的。

## 五、常用标准件

标准件是指结构、尺寸、标记等已经完全标准化，并由专业厂生产的常用零件。常用标准件有螺纹连接件、滚动轴承、油封和键。

### （一）螺纹连接件

螺纹连接是利用有螺纹的零件构成可拆式的连接。螺纹连接件主要包括螺栓、螺钉和螺母及防松件。

#### 1. 螺栓、螺钉和螺母

①螺栓。由头部和螺杆组成，配用螺母的圆柱形带螺纹的紧固件，用于紧固连接两个带有通孔的零件。这种连接结构简单，拆装方便，应用最广。按头部形状分圆头、沉头、六角头、方头等。

双头螺柱一端拧紧在被连接件的螺纹孔内，另一端穿过被连接件的通孔，再旋上螺母。拆卸时，不必拧下双头螺柱，只需拧下螺母就能将被连接件分开，如气缸盖双头螺柱。

②螺钉。不用螺母，直接将螺纹拧入被连接件的螺孔中。按槽型分一字、十字、米字等。这种连接不宜经常拆装，避免加速螺纹孔损坏。

③螺母。普通螺母有六角螺母和方螺母两种，分粗牙和细牙螺纹；扁螺母比普通螺母薄，它可将一个螺纹件锁定在某位置作锁紧用；六角槽形螺母顶部有槽，用开口锁与螺栓穿在一起，防止螺母和螺栓产生相对位移而松动；圆形螺母多用于轴承的轴向定位，如小四轮拖拉机半轴轴承的定位；罩形螺母的螺纹为盲孔，与之配合的螺栓不露头；蝶形螺母不用工具而用手拧紧，一般用在锁紧力要求不大的场合，如机器罩盖的紧固。

螺母的标记以螺纹大径表示，细牙螺纹还必须标出螺距。如 M10×1，表示直径为 10 毫米，螺距为 1 毫米，螺纹为细牙的六角螺母。

#### 2. 防松标准件

螺纹连接件，在工作中由于振动、冲击而松动，必须采取措施加以防止，特别是与人身或机器的安全有关的地方。常用防松标准件有以下几种：

①弹簧垫圈。弹簧垫圈亦称开口垫圈，是最常用的螺纹连接防松标准件。安装时垫圈置于螺母或螺栓的下面，当拧紧螺母或螺栓时，翘起的两切口锐边，一边咬入螺母或螺栓与之接触的表面，另一边嵌入连接零件的表面，防止螺栓或螺母的松动。

②齿形紧固垫圈。在需要特殊牢固的连接时，通常采用齿形紧固垫圈，经热处理的齿尖咬入压紧它的表面，起到防松作用。

③开口销及六角槽形螺母。将开口销横穿过螺栓端部的孔及槽形螺母的槽防松。为防止开口销脱落，将开口销端部劈开并弯曲。当螺栓孔与螺母上的槽不在一条直线上时，只允许再拧紧螺母，而不允许放松螺母使孔和槽对成直线。

④止动垫圈及锁片。在装配时先将止动垫圈的内翘插入螺杆的槽中，拧紧螺母后，再把垫圈的外翘弯入圆形螺母的外缺口中，防止螺母和螺栓松动。

⑤防松钢丝。用钢丝穿过一组带小孔的螺钉或螺栓头部，然后收紧钢丝，钢丝穿绕的方向必须正确，否则不能防松。原则是利用穿绕拉紧的钢丝，使它们相互牵制防松。适用于位置相近的成组螺纹连接中。

⑥双螺母。在主螺母拧紧后，紧接着在主螺母上加上一防松螺母并拧紧，产生对螺杆的两个相反拉力，增加锁紧力，避免松动。

### （二）滚动轴承

滚动轴承是将运转的轴与轴座之间的滑动摩擦变为滚动摩擦，从而减少摩擦损失的一种精密的机械零件。滚动轴承一般由内圈、外圈、滚动体和保持架四部分组成，外圈装在轴承座孔内，一般不转动；内圈装在轴颈上，随轴转动；滚动体是滚动轴承的核心元件；保持架将滚动体均匀隔开，避免摩擦；润滑剂主要起润滑、冷却、清洗等作用。

#### 1. 滚动轴承类型

按承受负荷的方向分为向心轴承、推力轴承和向心推力轴承。向心轴承主要承受径向负荷；推力轴承仅承受轴向负荷；向心推力轴承同时能承受径向和轴向负荷。

按滚动体的形状分为球轴承和滚子轴承。

按滚动体的列数分为单列、双列、多列轴承等。

按轴承能否调心分为调心轴承和非调心轴承。

按轴承直径大小分为微型（外径26毫米以下）、小型（外径28～55毫米）、中型（外径60～190毫米）、大型（外径200～430毫米）和特大型（外径440毫米以上）。

#### 2. 滚动轴承代号

滚动轴承代号是用字母加数字来表示轴承结构、尺寸、公差等级、技术性能等特征的产品符号。国家标准GB/T 272—93规定轴承的代号由三部分组成：前置代号、基本代号、后置代号。前置代号和后置代号都是轴承代号的补充，一般情况可省略。基本代号表示轴承的基本类型、结构和尺寸，其由轴承类型代号、尺寸系列代号、内径代号构成。类型代号用数字或字母表示不同类型的轴承，尺寸系列代号由两位数字组成；前一位数字代表宽度系列（向心轴承）或是高度系列（推力轴承），后一位数字代表直径系列；内径代号表示轴承公称内径的大小，用数字表示。例如，轴承6208-2Z/P6，6 是类型代号，表示深沟球轴承；2 是尺寸系列代号；08 是内径代号，表示内径为 40 毫米；2Z 是轴承两端面带防尘罩；P6 是公差等级符合标准规定 6 级。

### （三）油封

油封的功能是防止润滑油泄漏和阻止异物侵入机器内部。油封从材料上分为橡胶油封、皮革油封和塑料油封；从结构上分为骨架式、无骨架式、包胶式和包铁式。农机上用得最多的是骨架式橡胶油封。

#### 1. 骨架式橡胶油封

骨架式橡胶油封是在密封圈内加一个金属骨架。唇口结构上又分为普通型及双口型。普通型只有一个唇口，并在唇口后面装有弹簧圈，以增加唇口对轴表面的压力，使唇口对轴径具有较好的自动补偿作用，故也称自紧油封，可存贮低黏度的润滑油。双口型油封具有两个唇口和轴颈接触，其中一道唇口有弹簧圈用以存贮润滑油，无弹簧圈的唇口则用以防止尘土侵入。

#### 2. 毡封油圈

毡封油圈属于软填料防尘密封。主要用在环境比较清洁、以油脂为润滑剂的轴承中。拖拉机上常用的为带铁皮外壳的毡封。

#### 3. 橡胶

形密封圈。橡胶。形密封圈属于橡胶挤压型密封圈，装配时受到安装沟槽的预压缩，在密封面上产生初始接触压力，当受到密封介质（如润滑油、液体压油等）的压力作用后，引起。形圈进一步变形，产生自紧作用，加强密封效果。

### （四）键

键的功用是传递扭矩，例如，带轮、齿轮、链轮等与轴的连接，常用的有平键、半圆键、楔键等。

#### 1. 平键

平键分为圆头、方头和单圆头三种类型。平键的断面形状有正方形和长方形两种，以侧面为工作面传递扭矩。平键制造简单，工作可靠，装卸方便，应用最多。

#### 2. 半圆键

半圆键是靠键的两侧面与键槽的两侧面互相接触而传递扭矩。其特点是装配方便，能绕其本身的圆心摆动而自动适应轮毂上键槽底面的斜度，常用于锥形轴端的连接。

#### 3. 楔键

楔键靠键的上下面传递扭矩，键本身有 1∶100 的斜度。它可以承受单方向的轴向力，但是对中性不好，故一般用在承受单方向轴向力而对中性要求不严的连接，或用于结构简单、紧凑、有冲击载荷连接处。

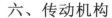

## 六、传动机构

农业机械的主要传动形式有带传动、链传动、齿轮传动、凸轮传动以及液压传动等。

### （一）带传动

带传动是依靠传动带与带轮之间的摩擦力来传递运动的。当主动轮转动时，依靠带与带轮接触面之间的摩擦力来带动从动轮转动。

带传动有平带传动、V带传动、圆带传动、同步带传动等类型，常用的是平带传动和V带传动。

1. 平带传动

平带传动在工作时，带的环形内表面与轮缘接触。其通常使用的平带是橡胶帆布带、皮革带和棉布带等。平带传动的特点：结构简单，适宜于两轴中心距较大的场合；富有弹性，能缓冲、吸振，传动平稳、无噪声；在过载时会产生打滑，因此能防止薄弱零部件损坏；外廓尺寸较大，效率较低。

2. V带传动

V带传动是利用带和带轮梯形槽侧面之间的摩擦力来传递动力的，传递的能力比平带高，一般在相同条件下，可增大3倍。V带主要采用帘布结构和线绳结构，帘布结构用于一般传动，线绳结构比较柔软，多适用于载荷不大、小直径带轮和转速较高的场合。

V带在使用中必须注意以下几点：

①正确选用V带型号和长度，以保证V带截面在轮槽中的正确位置。V带的外边缘应与带轮的轮缘取齐（新安装时可略高于轮缘），这样，V带的工作面与轮槽的工作面才能充分接触。

②两传动带轮的轮轴中心线应保持平行，主动轮和从动轮的对应轮槽必须调整在同一直线上，这样才能延长V带的使用寿命。

③V带的张紧程度调控要适当。在中等中心距的情况下，V带的张紧程度以大拇指能按下15毫米左右即为合适。

④对V带传动应定期检查，及时调整。如发现有不能使用的V带，应及时更换，以免加重其他V带的负担。在更换时，必须使一组V带中的各根带的实际长度尽量接近，以使每根V带传动时都受力均匀。

⑤V带传动装置还必须装安全防护罩。这样既可防止绞伤人，又可防止润滑冷却液和其他杂物等飞溅到V带上面而影响传动。

### （二）链传动

链传动是由一个具有特殊齿形的主动链轮，通过链条带动另一个具有特殊齿形的从动链轮，以传递运动和动力的一套传动装置，它是由主动链轮、链条和从动链轮组成。

**1. 链传动类型**

链传动按用途分为传动链、起重链和牵引链三种。传动链用来传递运动和动力；起重链用于起重机械中提升重物；牵引链用于运输机械驱动输送带等。如要承受较大载荷，传递功率较大时，可用多排链，它相当于几个普通单排链彼此之间用销轴连接而成，为避免受载不均匀，排数不能过多，常用双排链或三排链。

**2. 链传动特点**

①和齿轮传动比较，它可以在两轴中心距较远的情况下传递运动和动力。

②和带传动比较，它能保证准确的传动比，传递功率较大，作用在轴和轴承上的力较小。

③能在低速、重载和高温条件下及尘土飞扬的不良环境中工作。

④传递效率较高。

⑤链条的铰链磨损后，使得节距变大，容易造成脱落现象。

**（三）齿轮传动**

齿轮传动是农业机械传动中应用最广泛、最主要的一种传动。齿轮传动也是由齿轮副组成的传递运动和动力的一套装置，齿轮副是由两个互相啮合的齿轮组成的基本机构，两齿轮轴线相对位置不变，并各绕其自身的轴线转动。

齿轮传动的特点如下：

能保证瞬时传动比恒定，平稳性较高，传递运动准确可靠。传递的功率和速度范围较大。结构紧凑，工作可靠，可实现较大的传动比。传动效率高，使用寿命长。齿轮的制造、安装要求较高。

**（四）液压传动**

液压传动是以液压油传递运动和动力的传动方式。工作时先将机械能转换为液体的压力能，再将液体的压力能转换为机械能。拖拉机的农具升降、全液压转向器、液压行走无级变速器等均为液压传动。

**1. 液压传动组成**

液压传动装置由动力元件、执行元件、控制调节元件、辅助元件和液压油组成。

①动力元件。即液压泵，常用齿轮泵和柱塞泵，它是液压系统的动力源，将原动机输入的机械能转换为液压能，为液压系统提供压力油。

②执行元件。是指液压缸和液压马达，其是将液体的液压能转换为机械能的装置，在压力油的推动下输出力和速度（或力矩和转速），以驱动工作部件。

③控制调节元件。是指各种阀类元件，如溢流阀、节流阀、换向阀等。作用是控制液压系统中油液的压力、流量和方向，以保证执行元件完成预期的工作运动。

④辅助元件。指油箱、油管、管接头、滤油器、压力表、流量表等元件，分别起散热、贮油、输油、连接、过滤、测量压力和测量流量等作用，以保证系统正常工作，是液压系统不可缺少的组成部分。

⑤液压油。实现运动和动力传递。

2. 液压传动特点

①可在相同功率的情况下，液压传动装置体积小，质量轻，输出力大。

②操作方便、省力，易实现远距离操纵及自动控制，进行大范围无级调速。

③传动较平稳，能在低速时稳定运动，可频繁换向，能自动实现过载保护。

④液压元件易于实现标准化、系列化和通用化，制造精度和密封性要求高，加工、安装和维修较困难。

### （五）凸轮传动

凸轮机构主要由凸轮、从动件和固定机架组成。凸轮通常作主动件并等速转动，当凸轮转动时，借助它的曲线轮廓，使从动件作相应运动。凸轮机构结构简单、紧凑，能适应高速运动，且动作准确可靠。但工作时，凸轮与从动件接触面积较小，难以保证良好的润滑，故容易磨损。

### （六）曲柄连杆机构

曲柄连杆机构在机械中可传递动力和改变运动形式。机构工作时，通常将曲柄的回转运动转为连杆的往复运动，也可将连杆的往复运动变为曲柄的回转运动。如发动机的曲轴连杆机构，在做功行程，活塞的往复运动通过连杆带动曲轴旋转，其他行程则依靠曲轴和飞轮的转动惯性，可以通过连杆带动活塞往复运动，完成发动机的工作循环。谷物联合收割机驱动割刀的曲柄连杆机构则是把曲柄的回转运动转为的割刀往复运动。

## 七、电工基础

### （一）电路

电路是电流流过的回路。电路通常由电源、负载、开关和导线四部分组成。方向不随时间变化的电流称为直流电，直流电有正负极之分，直流电通过的电路称为直流电路。大小和方向都发生周期性变化的电流称为交流电，交流电通过的电路称为交流电路。

1. 直流电路

①电路组成。农业机械的直流电源有蓄电池与硅整流发电机，电压有 6 伏、12 伏和 24 伏。用电负载有起动机、照明、信号装置等。开关有电源开关、起动开关、灯光开关等。导线分低压线和高压线，外部有绝缘层，内部由多股铜丝组成线芯。低压线按截面积、颜色不同有多种规格，不同的导线用绝缘材料包扎成线束，以便安装和维修。小汽油机点火线圈到火花塞间的导线为高压线，其绝缘层很厚，耐压值在 1.5 万伏以上。

②串联和并联。串联是将电路中的电阻首尾依次相连，电流只有一条通路的连接方法。串联电路中任一负载损坏，整条电路处于断路状态，其他负载也不再工作。并联是将电路中若干个电阻并列连接起来的接线方法。并联电路中，当一条支路中的负

载损坏不会影响其他支路中的负载工作。农业机械的用电设备均采用并联连接。

③通路、断路和短路。通路即电源和负载连成回路，电路中有电流流过，用电设备能正常工作，但其电压、电流、功率等数值不能超过其额定值。断路指电源与负载之间未构成闭合回路，断路时电路中没有电流通过，用电设备不能工作。短路是指电源未经过任何负载而直接由导线接通构成闭合回路，短路时电路中电流比正常工作时大很多，易造成熔断器损坏、电源瞬间损坏、如温度过高烧坏导线、电源等。

2. 交流电路

我国低压供电电路大多采用三相四线制。由三根相线和一根零线组成，各相线间的电压有效值为 380 伏，各相线与零线间的电压有效值为 220 伏，频率为 50 赫兹。只有一根相线和零线组成的供电系统称为单相交流电；三根相线组成的供电系统称为三相交流电。

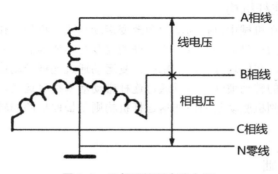

图 1-1　三相四线制交流电源

（二）电子元器件

农机电气系统，常用的电子元器件有电阻、电容、电感线圈、二极管、三极管和继电器。

1. 电阻

主要用来调节和稳定电流、电压，可作为分流器与分压器、电路匹配负载使用，用字母 R 表示，基本单位为欧姆（Ω）。

2. 电容

具有通交流、隔直流的特性，用字母 C 表示，基本单位为法拉（F）。

3. 电感线圈

用绝缘导线绕成一匝或多匝构成的电子元件，具有阻交流、通直流的特性，在电路中主要起到滤波、振荡、延迟、陷波等作用，用字母 L 表示，基本单位为亨（H）。

4. 二极管

由一个 PN 结构成的半导体元件，具有单向导电性，用字母 VD 表示。选用二极管，

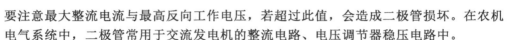

要注意最大整流电流与最高反向工作电压，若超过此值，会造成二极管损坏。在农机电气系统中，二极管常用于交流发电机的整流电路、电压调节器稳压电路中。

### 5. 三极管

由两个 PN 结组成的半导体元件。两个 PN 结将三极管分为集电区、基区、发射区三部分。三极管具有放大、截止、饱和三个工作特性，用字母 VT 表示。拖拉机的晶体管式电压调节器就是利用三极管饱和导通、截止断开特性工作。

### 6. 继电器

利用电磁原理实现自动接通或切断一对或多对触点，即用小电流控制大电流的一种"自动开关"，在电路中起自动调节、安全保护、转换电路等作用。继电器分为常开型、常闭型、复式混合型三种类型。如拖拉机的转向闪光继电器、启动继电器、喇叭继电器等。

### （三）安全用电

当遇到触电事故时，应迅速设法使触电者摆脱电源，应立即组织抢救。触电事故分为电击和电伤两大类。人体不慎接触到带电体就会受到电击，当通过人体电流很小时，仅触电部分的肌肉发生痉挛；若通过人体的电流超过 50 毫安，则会导致人死亡。电伤是由于电流通过人体表面或人体与带电体之间产生电弧而造成体表创伤，情况严重也将导致死亡。通常规定 36 伏及以下电压为安全电压。

### 1. 触电主要原因

造成人体触电的主要原因是缺乏安全用电基本常识；忽视安全操作；违章冒险；输电或电气设备绝缘层损坏；人体触及带电裸漏导线或金属外壳等。

### 2. 预防触电措施

为保护电气设备的安全运行，防止触电事故发生，电气设备常采用保护接地和保护接零措施。

①保护接地。指将电气设备的金属外壳与大地牢固地连接起来，以保护人身的安全。常用于中性点不接地的、三相用电设备的安全防护。可在三相异步电动机的使用过程中，通常采用保护接地装置来确保三相电动机使用安全。

②保护接零。指将电气设备的金属外壳与零线进行可靠连接，通常适用于中性点接地的三相四线制电气设备的安全防护。采取保护接零措施后，当电气设备由于绝缘损坏而与外壳相接时，就形成了单相短路，将使短路保护装置（漏电保护器、熔断器、熔断丝）迅速动作而切断电源，防止了触电事故的发生。单相电气设备的插头有三根引线，与三孔插座连接。这是因为电器设备的金属外壳已用导线连接到插头的顶部插脚相连，电器外壳就通过插座与电源的中性线连接，达到保护接零的目的。

### 3. 预防触电注意事项

低压三相四线制（如 380/220 伏）供电系统，预防触电时应注意下列事项。

①对于中性点接地的三相四线制系统，只能采用保护接零，不能采用保护接地。

②不允许在同一电路上将一部分用电设备接零，另一部分接地。

③采用保护接零时，接零的导线必须接牢固，以防脱线。在零线上不允许安装熔断器或开关，同时接零的导线阻抗不可太大。

④采用保护接零时，除系统的中点接地外，还应在零线上一处或多处进行接地，即重复接地。

# 第二节　农业机械分类

农业机械是指用于农业生产及其产品初加工等相关农事活动的机械设备。根据《农业机械分类》农业行业标准（NY/T 1640-2008）的标准规定，按用途及农业生产过程将农业机械共分 14 个大类，57 个小类，276 个品目。

## 一、耕整地机械

耕整地机械即耕地机械和整地机械的总称。耕地机械主要包括铧式犁、翻转犁、圆盘犁、旋耕机、耕整机、微耕机、田园管理机、开沟机（器）、深松机等；整地机械主要包括钉齿耙、圆盘耙、滚子耙、驱动耙、镇压器、灭茬机、起垄机等。

## 二、种植施肥机械

种植施肥机械主要包括播种机械、育苗机械设备、栽植机械、施肥机械、地膜机械等。

## 三、田间管理机械

田间管理机械主要包括中耕机械、植保机械、修剪机械等。

## 四、收获机械

收货机械主要包括谷物收获机械、玉米收获机械、棉麻作物收获机械、果实收获机械、蔬菜收获机械、花卉（茶叶）收获机械、籽粒作物收获机械、根茎作物收获机械、饲料作物收获机械、茎秆收集处理机械等。

## 五、收获后处理机械

收货后处理机械主要包括脱粒机械、清选机械、剥壳（去皮）机械、干燥机械、种子加工机械、仓储机械等。

## 六、农产品初加工机械

农产品初加工机械主要包括碾米机械、磨粉（浆）机械、榨油机械、棉花加工机械、果蔬加工机械、茶叶加工机械等。

## 七、农用搬运机械

农用搬运机械主要包括运输机械、装卸机械、农用航空器等。

## 八、排灌机械

排灌机械包括水泵、喷灌机械设备等。

## 九、畜牧水产养殖机械

畜牧水产养殖机械主要包括饲料（草）加工机械设备、畜牧饲养机械、畜产品采集加工机械设备、水产养殖机械等。

## 十、动力机械

动力机械主要包括拖拉机、内燃机、燃油发电机组等机械设备。

## 十一、农村可再生能源利用设备

农村可再生能源利用设备主要包括风力设备、水利设备、太阳能设备、生物质能设备等。

## 十二、农田基本建设机械

农田基本建设机械主要包括挖掘机械、平地机械、清淤机械等。

## 十三、设施农业设备

设施农业设备主要包括日光温室设施设备、塑料大棚设施设备、连栋温室设施设备、生物质能设备等。

## 十四、其他机械

其他机械主要包括废弃物处理设备、包装机械、牵引机械等。

# 第三节　农机产品标识

农机产品标识是指用于识别产品及其质量、数量、特征、特性与使用方法所做的各种表示的统称。农机产品标识是农机产品的重要组成部分，是用户了解农机产品的质量信息、正确选购、使用和维修的重要依据，对保护企业、商家、用户的合法权益起着至关重要的作用。农机产品标识可分为识别标识、认证标识和安全警示标志。

## 一、产品识别标识

农机产品识别标识包括全称、商标、标牌、质量检验、合格证、使用说明书和三包凭证等。

### （一）全称

农机产品全称包括牌号、名称和型号三部分，如丰收牌2田24谷物播种机。

#### 1. 产品牌号

主要供识别产品的生产企业用。产品牌号一般用地名、物名、厂名简称以及其他有意义的名词或汉语拼音字母表示，列于产品名称之前。例如，东风牌手扶拖拉机、太湖牌手扶拖拉机、金牛牌手扶拖拉机，这三种产品虽然名称相同，都是手扶拖拉机，但其牌号并不相同。它们虽然都是名牌产品，但牌号和生产厂是不相同的。牌号在产品竞争、市场商品销售中很起作用，用户愿买名牌货，生产企业创名牌产品，都是用牌号来区分的。因此农机产品的牌号与商标一样，对促进商品生产和流通以及提高商品质量是很有意义的。产品牌号经常与产品名称组合在一起使用，牌号列于产品名称之前，如前所列的3种拖拉机实例。牌号应标注在产品的明显部位以及产品说明书上。产品的牌号一般说来是与商标相互适应协调一致的，因此有时在商标上常附注牌号。

#### 2. 产品名称

说明产品的结构特点、性能特点和用途。一般由基本名称和附加名称组成。基本名称表示产品的类别，如拖拉机、播种机、犁、耙、播种机等；附加名称是以区别相同类别的不同产品而附加的名称，列于基本名称之前，附加名称应以产品的主要特征（用途、结构、动力型式等）表示，如船用柴油机、履带式拖拉机、棉花播种机等。

#### 3. 产品型号

农机产品都应该有型号，型号主要是表示产品的类别和主要特征的（如用途、结构特点、尺寸和性能参数等），产品型号是便于使用、制造、型式等叙述而引用的一种代号，因此，它的使用范围很广。产品型号由汉语拼音字母（下称字母）和阿拉伯数字（下称数字）组成，依次由分类代号、特征代号和主参数三部分组成，分类代号和特征代号与主参数之间，以短横线隔开。

①分类代号。由大类代号和小类代号组成。大类代号由数字组成－耕耘和整地机械，2-种植和施肥机械，3-田间管理和植保机械，4-收获机械，5-脱粒、清洗、

烘干和贮存机械，6- 农副产品加工机械，7- 运输机械，8- 排灌机械，9- 畜牧机械，（0）- 其他机械；小类代号以产品基本名称的汉语拼音文字第一个字母表示。

②特征代号。由产品主要特征（用途、结构、动力型式等）的汉语拼音文字第一个字母表示。为了避免型号重复，可选取汉语拼音文字的第二个或其后面的字母。与主参数邻接的字母不得用"I""0"，以免在零部件代号中与数字混淆。

③主参数代号。反映农机具主要技术特性或主要结构的参数，则用数字表示。

④改进代号。改进产品的型号在原型号后加注字母"A"表示。进行几次改进，则在字母"A"后加注顺序号。如 2B-16A1 播种机，则表示是进行了第 1 次改进。

⑤联合作业机具或多用途作业机具型号中，主要作业机具的类别代号列于首位，其他作业机具的代号作为特征代号列于其后。如播种施肥机型号为 2BF-XX（B- 播，F- 肥，XX- 行数）。

⑥产品型号在图样、技术文件、使用说明书、产品标牌上完全一致。

举例说明：1LS-320，由 3 部分组成：1 表示耕耘机械大类；L 也是"犁"的拼音第一个字母；S 表示的是产品的特征"水"的拼音的第一个字母，表示该机具主要用于水田；3 表示这架犁的犁铧数量；20 表示单个犁铧的耕宽。所以，1LS-320 表示这是机引铧作犁，单铧耕宽 20 厘米。

（二）商标

农机产品商标是用来区别一个经营者的品牌或服务和其他经营者的商品或服务的标记，由文字、图形、字母、数字、三维标志、颜色组合具有显著特征的标志。经国家核准注册的商标为"注册商标"，注册商标图标商标，是识别某商品、服务或与其相关具体个人或企业的显著标志。图形常用来表示某个商标经过注册，并受法律保护。如果是驰名商标，将会获得跨类别的商标专用权法律保护。中国一拖集团有限公司，拥有的"东方红"商标为中国"驰名商标"商标要标注在产品的明显部位，产品说明书上也常附有商标。

（三）标牌

农机产品投放市场后，固定在产品上向用户提供厂家商标识别、品牌区分、产品参数、生产日期、出厂编号、厂名厂址、联系电话等信息的标牌，又称铭牌。它主要用来记载生产厂家及标定工作情况下的一些技术数据，以供正确使用而不致损坏设备。标牌的材料多为铝、铜制品。

综前所述，在农机产品上应标注商标、牌号和名称，但产品牌号和名称前一律不标注型号，型号应标注在产品铭牌上。商标需要注册，而牌号、名称、型号也应先办理申请手续，经有关部门批准后可使用。

（四）质量检验合格证

质量检验合格证是指生产者为表明出厂的产品经质量检验合格，附于产品或者产品包装上的合格证书、合格标签或者合格印章。这是生产者对其产品质量作出的明示保证，是机车上户的重要凭证之一，也是法律规定生产者所承担的一项产品标识义务。

### （五）使用说明书

农机产品说明书是生产者按照国家或行业标准规定编写的，向用户全面明确地介绍产品名称、适用范围、规格型号、技术性能、工作条件、安全操作、警示标志、注意事项、产品三包说明、售后服务电话通讯地址等内容的随机技术文件。它是指导用户正确安装、使用操作、维修保养、运输和贮存机具的重要依据，也是解决产品质量纠纷的必要凭证。

### （六）三包凭证

三包凭证指生产者随机出厂，提供给用户进行修理、更换、退货重要的证明凭据。农机产品三包凭证一般有以下内容：

①产品基本信息。包括产品名称、规格、型号、产品编号等主要内容。

②配套动力信息（自走式产品或有配套动力产品）。包括牌号、型号、产品编号、生产单位等内容。

③生产者信息。包括企业名称、地址、电话、邮政编码等内容。

④修理者信息。指企业建立的维修服务网络。其主要包括名称、地址、电话、邮政编码等内容。

⑤整机三包有效期。一般不少于1年；主要部件三包有效期，一般不少于2年。

⑥主要部件清单。清单上所列的主要部件应不少于国家三包规定的要求。

⑦修理记录内容。包括送修日期、修复日期、送修故障、修理情况、换退货证明等。

⑧不实行三包的情况说明。

## 二、产品认证标识

### （一）3C 强制认证标识

3C 是中国强制性产品认证（英文缩写 CCC），它是我国政府为保护消费者人身安全和国家安全、加强产品质量管理、依照法律法规实施的一种产品合格评定制度，未通过 3C 认证的产品禁止生产和销售。

依据市场监督管理总局颁布的《中国农机产品质量认证管理办法》的规定，以单缸柴油机或 25 马力及以下多缸柴油机为动力的轮式拖拉机以及植物保护机械（背负式喷雾喷粉机、背负式喷雾机、背负式喷雾器、背负式电动喷雾器、压缩式喷雾器、踏板式喷雾器、烟雾机、担架、手推、车载式机动喷雾机、喷杆式喷雾机、风送式喷雾机、其他植物保护机械）必须通过国家强制性产品认证才能进行销售，并在产品明显部位张贴 3C 强制认证标识。

需要注意的是，3C 并非质量标志，而只是一种最基础的安全认证，它的某些指标代表了产品的安全质量合格，但并不意味着产品的使用性能也同样优异，因此，购买商品时除了要看它有没有 3C 标志外，其他指标也很重要。

### （二）推广鉴定标识

为促进先进农机产品的推广应用，确保农业机械的适用性、安全性和可靠性，维护农机使用者、生产者及销售者的合法权益。农机产品生产企业自愿申报，取得农业机械推广鉴定证书和标志，并在销售产品的明显部位张贴农业机械推广鉴定证章。通过推广鉴定的农机产品，可以依法纳入国家农机化技术推广的财政补贴、优惠信贷、政府采购、农机购置补贴产品目录等政策支持的范围。

### （三）质量认证（CAM）标识

除了《中国农机产品质量认证管理办法》的规定农机产品必须通过强制认证以外，企业可自愿向中国农机产品质量认证中心申请其他类别的农机产品的质量合格认证和质量安全认证，合格后颁发相应证书，有效期为 5 年。建议用户购买农机时优选张贴 CAM 认证的产品。

## 三、安全警示标识

安全警示标识的主要作用是提醒人们在进行机具操作时存在的危险或有潜在危险，指示危险，描述危险的性质，解释危险可能造成潜在伤害的后果，指示人们如何避免危险，确保人机安全。农机产品虽然通过产品设计或是在危险部位加设防护装置，可基本满足安全方面的要求，但是由于产品结构本身或操作者在使用过程中忘记风险的存在，需要在机具适当的部位标注安全警示标识。安全标志一般根据危险情况的相对严重程度，以三个等级标志词警示，即危险、警告、注意。

# 第四节　农机技术保养

农业机械在使用过程中，由于运转、摩擦、振动、负荷变化多种因素的作用，不可避免地出现燃料、润滑油、冷却液消耗，连接螺丝松动，零件磨损或损坏，各滤清器脏物堵塞等，使整机技术状态恶化，如功率下降，消耗增加，作业质量变坏。为维持农机完好技术状态或工作能力而进行的作业称为农机技术保养。技术保养是保证农业机械在作业时能始终保持正常的技术状态，是农业机械实现高效、低耗、优质、安全生产和延长使用寿命关键的技术措施。随着农业机械的不断大型化和性能多元化，其技术保养大多是由农机维修人员完成。

## 一、技术保养内容

农机技术保养的基本内容，可概括为：清洗、添加、紧固、调整、更换。

（一）清洗

清洗分外部清洗和内部清洗。

1. 外部清洗

一般采用清扫、擦拭和刷洗的方法。所用的清洗剂有清水、洗涤剂、柴油和汽油等。对于复杂表面、狭窄空间采用压力水冲洗或压缩空气吹洗效果较好。当用水清洗时，应对加油口、电气设备等部位加以保护，防止水侵入机械内部，同时应注意，如果机体过热，须降温后冲洗，冲洗后如果水分不易蒸发掉，须用布擦干，以防锈蚀。内部清洗有拆卸清洗与不拆卸清洗两种方法。

2. 内部清洗

①拆卸清洗。将有关零部件从整机上拆下，置于柴油、汽油或金属清洗剂容器中清洗，可采用刷洗、擦洗、压力油冲洗、压缩空气吹洗等方法。

②不拆卸清洗主要用于清洗机械内部腔室和管道，将内部腔室和管道内的原有工作液体放出来，加入合适的清洗剂，利用摇转曲轴或使发动机运转的方式，使清洗剂不断循环搅动，达到彻底清洗内部的目的。如后桥室、润滑油道、冷却水道等的清洗。

（二）添加

添加的物质有冷却水、燃油、润滑剂等。冷却水要添加软水，以避免产生大量水垢，影响散热性能。添加燃油要注意密封和过滤，以避免杂质混入，增加精密偶件的磨损。添加润滑油要严格保证净化和防止漏洒损失。添加润滑脂应当利用新注入的和内部未受污染的润滑脂，将表面上脏污失效的润滑脂排挤出去，使摩擦面间完全充满洁净的润滑脂，因此，润滑脂注入器必须保证能以一定的压力并按规定注入。

（三）紧固

连接件的松动会引起配合件相互位置改变，使机构运动和受力状况恶化。在技术保养中十分重视连接件的正确紧固。农业机械的连接件主要是螺钉、螺栓。

①对于受动载荷较大的固定螺栓，如连杆轴承、汽缸盖、车轮等的固定螺栓，其紧固力都有严格要求，应按规定扭矩拧紧。在螺栓变形生锈时，由于紧固阻力较大，会给人以已经拧紧的假象，对此必须予以注意。

②新的或大修后机械的某些螺栓，如缸盖螺栓，在试运转后会产生初始伸长现象，应及时予以再次拧紧。

③对固定螺栓螺母的防松装置，必须加以重视，切勿漏装。防松装置必须按规定选用，不合规定的应予以更换。当用弹簧垫圈防松时，垫圈应当完整，弹力足够，拧紧螺母后垫圈的两端面应贴合在零件与螺母上。当用锁紧螺母防松时，如果两个螺母厚度不同，锁紧螺母应当采用较厚的，以增加锁紧力。当用开口销子防松时，销子直径应与销孔紧密配合，销子头部应沉入到螺母切槽中，销尾沿螺栓的轴向分开，一端贴在螺栓上，另一端倒向螺母平面。当用钢丝串联拉住几个螺栓防松时，钢丝绕向应当这样选择：当有一个螺栓发生松动时，钢丝将会张紧，并拉着串联的其他螺栓向拧紧方向转动，使串联的螺栓彼此间相互制约，避免防止任何一个螺栓松动。

（四）调整

农业机械上需要调整的部位较多，调整参量有间隙、压力、转速、角度、张力、位移等。在使用过程中，由于多种因素的作用，这些参量会不同程度地偏离正常数值，因此，在技术保养中必须及时调整补偿，使机械性能得以保持或恢复。各种参量的具体调整方法和数据在生产厂的使用说明书中都有明确的规定。

（五）更换

技术保养中的更换包括更换新件与零件换位。

1. 更换新件

一些易损、易老化、起保洁作用的零件，必须及时定期更换新件，换件时最好采用与原件同一型号和规格的产品，如果采用代用品，则应当保证其结构和性能与原件相同。

2. 零件换位

一是转换一下安装方位，如气缸套转动90度；二是与其对称的零件互换安装位置，如左右车轮的调换，零件换位必须注意换位时间，适时进行，避免等到零件严重磨损时才换位。

## 二、技术保养规程

农机技术保养，通常按照"防重于治、养重于修"的原则进行。各种农业机械的保养要求在其使用说明书中都有规定，如拖拉机的技术保养，要严格按照使用说明书规定的内容，由维修技术人员在室内进行。各种农业机械的具体结构不同，其保养内容也有所差别。但其技术保养规程是基本相同的。农业机械的技术保养规程包括日常保养、班保养、定期保养和技术保管。

（一）日常保养

日常保养是以清洁、补给和安全性能检视为主要内容的维护作业。

（二）班保养

班保养是指在班前、班后或作业中进行的技术维护。其保养主要项目有：

①清除尘土和油污，如果工作环境尘土较多，还要清洗空气滤清器。

②检查水箱水面、燃油箱油面、曲轴箱油面、变速箱油面及液压油箱油面，在不足时应添加。

③根据使用说明书的要求，向各润滑点加注黄油。

④检查螺栓、螺母有无松动，必要时紧固。

⑤检查和排除"三漏"（漏油、漏水、漏气）。

⑥检查轮胎气压，不足时应充气至规定值。

⑦观察机油压力表工作是否正常，禁止在润滑系统有故障的情况下工作。

⑧检查发电机、开关及前后灯工作是否正常。

⑨检查各操作机构工作情况，各部位有无不正常响声。

### （三）定期保养

定期保养是指按技术文件规定的工作时间或完成的工作量进行的技术维护。谷物联合收获机定期保养分1、2号保养；拖拉机定期保养分1、2、3、4号，1、2号为低号保养，3、4号为高号保养。高号保养包括低号保养的全部内容。目前，拖拉机生产企业将定期保养直接采用工作小时数，而没有低号保养和高号保养之分，通常规定50小时、100小时、500小时、1 000小时和1 500小时保养内容。

#### 1. 低号保养

低号保养包括1、2号保养，是指每经过100～500小时工作之后进行的技术保养。其保养项目主要有：

①清理空气滤清器，清洗机油滤清器和柴油滤清器，清洗液压系统的滤油器。

②检查并调整气门间隙和离合器分离间隙。

③清洗燃油箱、水箱、液压油箱及液压系统管路；清洗喷油嘴，清除积碳并检查喷油情况，校准喷油压力；清洗曲轴箱，更换新机油；清洗正时齿轮室及凸轮轴总成；清洗变速箱并更换润滑油。

④检查并调整前轮前束值；检查调整转向盘空转角度。

⑤用汽油或肥皂水清洗制动蹄的摩擦片。

⑥给发动机轴承补加润滑油。

#### 2. 高号保养

高号保养包括3号保养和4号保养，是指每经过1000～1500小时工作后进行的技术保养。其保养项目包含低号保养的所有项目，还包括：

①逐个拆卸、清洗各主要零部件。

②检查各部件的技术状态及磨损情况，确定进行修理或更换。

③对各部件进行装配和重新调整。

④清洗发动机轴承，更换润滑脂。

⑤按规范进行试运转。

### （四）技术保管

技术保管是指农机存放过程中，保持完好技术状态而进行的技术与组织活动。在入库停歇期间，空气中的灰尘和水汽容易从一些缝隙、开口、孔洞等处侵入机器内部，使一些零部件受到污染和锈蚀；相对运动的零件表面、各种流通管道和控制阀门，由于长期在某一位置静止不动，在长时间闲置期间失去流动且具有一定压力的油膜的保护，也会产生蚀损、锈斑、胶结阻塞或卡滞，以致报废。因此技术保管要做到以下几点：

①建立健全技术保管制度。

②存放保管前必须进行技术保养。

③做好定期维护。如定期检查农机放置的稳定性，检查润滑油有无渗漏，轮胎气压等，发现问题，立即排除；定期检查拆下的总成、部件和零件，其中橡胶件每2～3

个月拿出室外晾晒后重新放置，必要时擦干并涂敷上一些滑石粉；定期用干布擦拭蓄电池顶面灰尘，并检查蓄电池电解液的液面和比重，每月应对蓄电池补充充电 1 次；每月启动发动机或摇转发动机曲轴 1 ～ 2 次。

# 第五节　农机维修常用术

## 一、农机主要性能指标

农业机械性能主要指标有生产能力、能源消耗、工作速度、转速、转矩、功率以及作业质量指标等。

### （一）生产能力

生产能力指单位时间内所能完成的作业量，常用的有小时生产率和班次生产率，连续作业的农机，用日生产率表示。

### （二）能源消耗

能源消耗指完成单位数量的作业所消耗的能源，例如每亩的耗油量、每吨原料的耗电量、烘干机械中烘干每吨成品的煤耗等。

### （三）工作速度

工作速度指单位时间内农业机械所走过的距离。常用单位是千米 / 小时（km/h）、米 / 秒（m/s）等。

### （四）转速

转速是指单位时间内旋转部件所转过的圈数，用转 / 分（r/min）表示。

### （五）转矩

转矩是指在额定条件下运行时，旋转部件所能产生的最大转动力矩。常用的转矩单位为牛·米（N·m）。在标示转矩的同时须注明转速，如 125 牛·米（1500 转 / 分）。

### （六）功率

输出功率是指单位时间内原动机对外所发出的功率；输入功率是指从动机械单位时间内所吸收的功率。发动机通过飞轮对外输出的功率称为有效功率。

柴油机铭牌或使用说明书中所给出的功率是标定状况的有效功率即标定功率，按不同的作业用途和使用特点，标定功率有 4 种：

#### 1.15 分钟功率

发动机允许连续运转 15 分钟的最大有效功率。多适用于需要有短时良好超负荷和加速性能的汽车、摩托车等。

### 2.1 小时功率

发动机允许连续运行 1 小时的最大有效功率。适用于需要有一定功率储备以克服突然增加负荷的轮式拖拉机、机车、船舶等。

### 3.12 小时功率

发动机允许连续运转 12 小时的最大有效功率。多适用于需要在 12 小时内连续运转又需要充分发挥功率的拖拉机、排灌机械、工程机械等。

### 4. 持续功率

发动机允许长期连续运转的最大有效功率。适用于需要长期持续运转的农业排灌机械、船舶、电站等。

在标示功率的同时必须注明转速，如 125 千瓦（2000 转 / 分钟）。

### （七）排量与压缩比

发动机活塞从上止点到下止点所扫过的容积称气缸工作容积，多缸发动机各缸工作容积之和称为气缸容积或排量。排量越大，发动机输出功率就越大。活塞位于上止点时，活塞顶上方的空间为燃烧室容积，气缸容积与燃烧室容积之比称为压缩比。同排量的发动机，压缩比越高，输出功率越大。汽油机压缩也比一般为 6～10，柴油机为 15～22。

### （八）燃油消耗率

柴油机在 1 小时内所消耗的燃油重量叫作小时耗油量，单位为千克 / 小时（kg/h）。燃油消耗率是指柴油机在 1 小时内每发 1 个单位有效功率所消耗的燃油量，简称耗油率。单位为每千瓦·时克或每马力·时。通常在使用说明书中标明 12 小时功率（标定功率）时的耗油率。一般农用柴油机燃油消耗率为 170～220 克 /（马力·小时）。耗油率越低，表明柴油机的燃料经济性越好。

## 二、农机零件缺陷

缺陷是指农机零件任一参数不符合技术文件要求的状况。农机零件常见缺陷形式主要是磨损、腐蚀、变形、疲劳、断裂和老化。

### （一）磨损

磨损是指由于摩擦，工作表面上出现材料损耗的现象。

### 1. 按磨损程度

可分为正常磨损、异常磨损、极限磨损和允许磨损。

①正常磨损。农机零件磨损率在设计允许或技术文件规定的范围内。

②异常磨损。农机零件磨损率超出设计允许或技术文件规定的范围。

③极限磨损。导致配合副进入极限状态，又不能保持技术文件规定的工作能力的农机零件磨损量。

④允许磨损。技术文件规定的不需修理或更换，即仍可继续使用一个修理间隔期

的最大磨损量。

2. 按磨损机理

可分为磨料磨损、腐蚀磨损、黏着磨损和疲劳磨损。

①磨料磨损。是指间隙配合的零件在摩擦过程中磨粒或凸出物使表面材料耗失一种磨损。如发动机的气门及气门座、气缸、活塞与活塞环磨损的主要形式是磨料磨损。使配合件产生磨料微粒来源主是来自零件表面磨损产生的金属微粒和来自机器外部，如空气、燃油、润滑油带入的杂质，制造或修理加工时未清除的金属屑和沙粒等。

因此，修理时，要保证配合件的合适间隙，认真做好装配零件清洁，彻底清洗各油道等。使用中，保证各润滑部位有清洁、充足的油脂润滑，加注清洁油料，定期清洗空气、燃油、机油的滤清器；避免发动机超负载工作，减少轴和瓦的磨损；发动机的工作温度要保持正常；及时调整、保养等措施可有效减少农机零件的磨损。

②腐蚀磨损。指在周围介质的作用下，摩擦表面发生的以化学或电化学反应为主的磨损。如齿轮面齿的腐蚀麻坑，齿面沿滑动方向并伴有磨蚀痕迹。由于进入润剂中的活性成分和轮齿材料发生化学和电化学反应，由此引起齿面腐蚀，在摩擦或冲刷作用而使蚀斑被磨失或冲掉，形成腐蚀磨损。

③黏着磨损。指两个固体摩擦表面在相对运动过程中，由于固相焊合作用引起接触点材料由一个表面转移至另一个表面所造成的磨损。如发动机粘缸和烧瓦即为黏着磨损。

④疲劳磨损。是指配合表面由于交变接触应力的作用而产生表面接触疲劳，配合表面出现麻点和脱落。如滚动轴承、齿轮及凸轮的磨损大多是疲劳磨损。

## （二）腐蚀

农机零件表面与周围环境中某种物质发生化学或电化学反应所引起的耗损现象。

### 1. 化学腐蚀

金属直接与周围介质起化学作用而引起的腐蚀。例如润滑油中的酸碱杂质或在工作中机油被氧化而产生的有机酸，都会对金属零件产生化学腐蚀。金属在高温下氧化也是一种化学腐蚀现象，例如发动机的排气门、气门座、燃烧室的烧损。

### 2. 电化学腐蚀

金属与电解液（酸、碱、盐的水溶液）起电化学作用而引起的腐蚀。无任何保护而直接暴露在大气中的金属零件将不可避免地遭受不同程度的电化学腐蚀；发动机在低温工作时，燃油中的硫与气缸壁表面的冷凝水形成酸，使气缸壁表面受到电化学腐蚀。

防止零件腐蚀的方法主要是防止腐蚀物质的产生和侵入，如正确地选用并及时更换润滑油，金属零件表面涂黄油、机油、油漆等，可以防止金属与腐蚀介质接触。

生锈专指钢铁和铁基合金而言，它们在氧和水的作用下形成了主要由含水氧化铁组成的腐蚀产物铁锈。有色金属及其合金也可以发生腐蚀，但并不生锈，而是形成与铁锈相似的腐蚀产物，如铜和铜合金表面的铜绿，也被称作铜锈。

### （三）变形

变形是农机零件在使用过程中，其零件要素的形状和位置发生的变化。零件变形主要有弯曲和扭曲、翘曲、歪扭等形式。

**1. 弯曲和扭曲**

通常是长轴和杆件的变形形式。如四缸发动机的曲轴和连杆的变形，大多是弯曲或扭曲变形，或者弯曲和扭曲变形同时存在，它是气缸异常磨损的主要原因。

**2. 翘曲**

零件的平面发生变形的主要形式，如发动机气缸盖经常发生翘曲，往往就是漏气漏水、压缩力不足的主要原因。

**3. 歪扭**

机构比较复杂的基础件变形的形式。如车架、发动机体、变速箱体等基础件经常会发生歪扭，这些基础件的歪扭变形对整台拖拉机或联合收割机来说，影响是极大的。

### （四）疲劳

疲劳是农机零件在变动负荷下，经过较长时间工作而发生强度下降的现象。

### （五）断裂

在外力作用下，零件产生裂纹以致断开的现象称为断裂。断裂又分为脆性断裂、韧性断裂和疲劳断裂，曲轴、连杆、连杆螺栓等零件是最容易产生疲劳断裂的。

### （六）老化

农机零件材料的性能随保管或使用时间的增长而逐渐衰退的现象为断裂，如橡胶件变硬、塑料件变脆等属于老化。

## 三、农机故障

农业机械由很多零件、组合件、部件以及总成按照一定的技术条件组合而成，它们之间有严格的相互关系。如果相互关系破坏，以及零件出现缺陷，就会形成故障。农机故障是指农机完全或部分丧失工作能力的现象。

### （一）轻微故障

不会导致停止工作和能力下降，不需要更换零件，用随车工具在很短时间内能容易排除的故障。

### （二）一般故障

农机运行中能及时排除的故障或不能及时排除的局部故障。

### （三）严重故障

导致农机或总成丧失工作能力，且无法排除故障。

（四）致命故障

导致农机或总成重大损坏的故障。

（五）农机故障形成的主要原因

①零件间配合关系破坏。例如气缸壁与活塞间隙变大。

②零件间相互位置关系破坏。如变速器、后桥壳体发生变形。

③零件及各机构间相互性能关系破坏。如配气相位、供油时间不正确。

④零件出现缺陷。活塞环磨损，气缸体破裂，油封老化等。

⑤使用操作不当。如超载速作业、润滑不良等会加剧零件损伤。

⑥制造维修不当。零件制造不合格，选配、调整不当，装配质量差等。

## 四、农机维修

农机维修是农机维护和农机修理的泛称。

（一）农机维护

农机维护是为维持农机及其组成部分正常技术状态和工作能力而进行作业。

（二）农机修理

农机修理为恢复农机完好技术状况（或工作能力）和寿命而进行的维护性作业。

1. 农机大修

通过修复或更换农机零部件（包括基础件），恢复农机完好技术状态和完全（或接近完全）恢复农机寿命的修理。

2. 农机小修

通过修理或更换农机零部件，消除农机在运行过程、维护过程中发生或发现的故障及隐患，恢复农机工作能力的作业。

3. 总成修理

为恢复农机总成完好技术状态（或工作能力）和寿命而进行的作业。

4. 发动机检修

通过检测、试验、调整、清洁、修理或更换某些零部件，恢复发动机性能（动力性、经济性、运转平稳性等）的作业。

5. 发动机大修

通过修理或更换零部件，恢复发动机完好技术状态与完全恢复发动机寿命的修理。

6. 零件修理

恢复农机零件性能和寿命的作业。

7. 视情修理

按技术文件规定对农机技术状态进行检测或诊断后，决定作业内容和实施时间的作业。

**8. 整车修理**

用修理或更换零部件（包括基础件）的方法，恢复农业机械整车的完好技术状况和完全（或接近完全）恢复农业机械寿命的恢复性修理。

**9. 局部性修理**

用局部更换或修理个别零件的方法，保证或恢复农业机械工作能力而进行的修理。

### （三）维修方式

**1. 预防性维修**

为防止农机性能劣化和降低农机使用中的故障概率，可按事先规定的计划和技术要求进行的维修。

**2. 视情维修**

根据对农机技术检验所提供的信息决定维修内容和实施时间的维修。

**3. 季节维修**

为保证农时季节中农机可靠性而有计划按季节安排的维修。

**4. 故障维修**

农机出现故障后进行的维修。

**5. 计划维修**

按预先安排的或技术文件规定的时间和内容进行的维修。

**6. 维持性修理**

仅以维持被修农机产品的正常运转的修理。

**7. 恢复性修理**

使被修农机产品（整机、总成、部件）恢复或接近原有工作能力修理。

### （四）维修形式

**1. 自修**

由农机使用人员自己组织并实施的维修。

**2. 送修**

将农机送交维修网点，由专业维修人员进行的维修。

**3. 专项维修**

从事单项或以一项为主，兼营几项的农机维修业务。

**4. 维修点等级**

县级以上农机维修行业主管部门对辖区内农机维修点按规定的技术等级标准展开审定。

5. 维修网体制

地方性维修网体系、制造厂维修服务体系与专业化维修体系有机结合的综合性农机维修网体制。

6. 农业机械综合维修点

从事农业机械的整机、各个总成和主要零部件综合维修业务的企业和业户。农业机械综合维修点按维修作业的复杂程度分为三个等级。

一级农业机械综合维修点。从事农业机械整机维修竣工检验，以及二级农业机械综合维修业务的所有项目的农业机械综合维修点。

二级农业机械综合维修点。从事各种农业机械的整车修理和总成、零部件修理，以及三级农业机械综合维修业务的所有项目的农业机械综合维修点。

三级农业机械综合维修点。从事常用农业机械的局部性换件修理、一般性故障排除以及整机维护工作的农业机械综合维修点。

7. 农业机械专项维修点

从事农机电器修理、喷油泵和喷油器修理、曲轴磨修、气缸镗磨、液压系修理、散热器修理、轮胎修补、电气焊修理、钣金修理和喷漆等一项或多项农机专项维修业户。

## 五、报　废

报废是指农机装备的技术状态或经济性等原因不宜进行修理后继续使用，必须退出服役的技术措施。

### （一）拖拉机报废条件

国家规定，具有下列条件之一的拖拉机报废：

①使用年限：履带拖拉机超过 12 年（或累计作业超过 1.5 万小时）；大、中型轮式拖拉机超过 15 年（或累计作业超过 1.8 万小时）；小型拖拉机超过 10 年（或累计作业超过 1.5 万小时）的。

②严重损坏，无法修复的。

③在标定工况下，燃油消耗率上升幅度大于出厂标定值 20% 的。

④大、中型拖拉机发动机有效功率或动力输出轴功率降低值大于出厂标定值 15% 的。小型拖拉机发动机有效功率降低值大于出厂标定值 15%。

⑤预计大修费用大于同类新机价 50% 的。

⑥未达报废年限，但技术状况差且无配件来源的。

⑦国家明令淘汰的。

### （二）联合收割机报废条件

国家规定，具有下列条件之一的联合收割机报废：

①使用年限：自走式超过 12 年；悬挂式超过 10 年。

②造成严重损坏无法修复的。

③评估大修费用大于同种新产品价格 50% 的。

④国家明令淘汰的。

# 第六节 农机维修配件选购

农机维修配件质量的优劣不仅影响修理质量，且直接关系到农机作业的安全和效益。目前我国农机维修以换件为主，配件使用量大，而农机维修配件市场鱼龙混杂，配件质量良莠不齐，假冒伪劣产品屡禁不止，因此，农机维修人员应熟悉机械常识、构造原理，掌握正确的选购方法，不断提高对劣质产品的识别能力，同时应了解农机产品质量投诉等相关法律法规，维护自身的合法权益。

## 一、农机配件选购要点

### （一）正规店选购

即到原机生产厂或特约维修站及农机公司等有一定经营规模、信誉好的农机配件经销店，选购原厂正品配件和整机配套厂生产的零配件。原厂配件无论在材料、尺寸和质量上都与农机有着最佳的匹配性，而且有完善的售后服务。

### （二）摘记数据

在选购配件之前，根据产品说明书及零件图册等技术文件，摘记配件名称、型号、商标、单台数量、技术要求（如材料、尺寸、公差、机械强度及连接方式等）资料，以便购买时对照参考。要注意区别不同年代生产的配件规格差异，如新、老机型的同一种零件外形虽然相似，若只要编号改了，其参数就有变化。一定要弄清型号、生产年份，同时也要掌握选购配件的性能和参数。

### （三）检查标识

法定标识主要有产品质量检验合格证，中文标明的产品名称、生产厂名和厂址，产品规格型号、等级和注册商标等。检查商标是否清楚、图案是否清晰、色彩是否鲜艳，厂名、厂址、等级和防伪标记是否真实。正规厂商在零配件表面有硬印或化学印记的商标，并注明了零件的编号、型号、出厂日期，一般采用自动打印技术，字母排列整齐，字迹清楚，小厂和小作坊一般是做不到的。还要注意识别不同厂家配件的特殊标记，如无锡威孚油泵油嘴厂的防伪标记是两台油泵试验台，且防伪标记是一次性的。洛阳拖拉机厂、青海油泵油嘴厂生产的柱塞呈黑色；兰州油泵油嘴厂生产柱塞、油阀上都有一个弧形的退刀细印。

**（四）检查包装**

农机零配件如发动机配件的互换性很强，精度很高，为能较长时间存放、不变质、不锈蚀，在出厂前用低度酸性油脂涂抹。正规的生产厂家，对包装盒的要求也十分严格，在箱、盒大都采用防伪标记，常用的有镭射、条形码、暗印等。国产农机配件有正厂配件、副厂配件；进口农机和中外合资厂生产的农机配件，除正厂配件、副厂配件外，还有国产配件。这些配件的共同特点是包装规范、有配件商标图案、零件号标注清楚。包装盒上有生产厂名、厂址、零件名称、零件编号，包装盒内附有合格证；进口配件有中文说明，有的还有产地、经销点等信息。

**（五）检查产品说明书**

产品说明书是生产厂商进一步向用户宣传产品，一些大型或重要零部件出厂时还配有使用说明书、合格证和检验员印章，选购时应认清，以免购买假冒伪劣产品。

**（六）检查配件外观**

打开包装应认真检查配件的表面，如铸件表面不允许有裂纹、孔眼、缩孔和疏松、夹渣，其加工面应平整、清洁，不应有磕碰、划痕、毛刺和锈蚀；冲压件表面应光滑，不得有折皱、裂纹和锈蚀；磨削加工件表面应光亮如镜，不可有划痕、黑点、碰伤、腐蚀，用放大镜检查时加工面不得有未磨光的部分；焊接件的焊缝厚度均匀整齐，表面无波纹、夹渣和裂纹。一般非配套厂生产的配件外表面粗糙度、尺寸精度、硬度达不到技术要求。由多个零件组成的配件，不允许连接件有松动现象，如油泵柱塞与调节臂，离合器从动鼓与钢片，摩擦片与钢片等，如有松动将影响零件的正常工作。还要特别"以次充好"的配件和"以旧充新"的翻新件。某些经维护换下的总成，可能通过更换简单的零件，外表重新油漆，充当新的配件出售。但只要仔细观察，就可以发现可疑处，如拆卸敲打的痕迹、抹油漆处有油污等。

**（七）索要一票二证**

一票即销售发票；二证是指产品合格证和"三包"凭证，这是"农业机械产品修理、更换、退货责任规定"的重要凭证。农机产品实行谁销售谁负责的"三包"原则，即销售者、修理者、生产者均应承担农机产品修理、更换、退货责任和义务。"三包"有效期内产品出现故障，可凭发票及"三包"凭证办理修理、更换、退货手续。

**（八）金属零配件保管要点**

金属零件应放在阴凉干燥通风处，表面干净，必要时涂油或防护漆，防锈蚀。

①精密零件：如喷油器偶件等，不用的切勿拆开原包装，要放在通风干燥处保存。用过的，应用清洁的柴油洗去积炭等污物，成对装配好后，放入盛有清洁机油的容器内。

②轴类零件：表面精加工的部位都应涂上润滑脂后包好，放在干燥通风处保存。传动带、长刀杆件、较长的轴要平放或垂直放置，切忌斜放，以免变形。

③滑动轴承：如轴瓦、铜套、粉末冶金衬套应保持油蜡层完好，切忌与其他杂件、工具等混合存放，以免碰撞变形和锈蚀。

④滚动轴承：暂不使用的切忌拆封，应放干燥通风处保存。用过轴承应清洗掉油污，除上润滑脂，装入塑料袋或用牛皮纸封好保存。

## 二、农机配件质量鉴别

### （一）假冒伪劣配件常见特征

假冒产品是指使用不真实的厂名、厂址、商标、产品名称、产品标识等从而使用户误以为该产品就是被假冒的产品。伪劣产品是指质量低劣或者失去使用性能的产品。

#### 1. 假

假产品的标识不全，"三无"产品居多。有严重的超差和损坏，如配件尺寸、形状或位置超差，或有划痕、开裂、残缺不全以及严重锈蚀等。通常在结构比较简单、加工制造容易的主机和零部件中多见，如旋耕机刀片、粉碎机锤片、筛片等，这些产品在外观、尺寸、油漆色泽等方面相互间差异较大。

#### 2. 冒

冒用正规厂家的注册商标、合格证和包装。这类产品在选材、加工工艺上偷工减料，如不按技术要求进行切削加工、热处理以及未按正确的方法进行连接等。这种情况主要发生在农机具的零配件当中，如柴油机的连杆、曲轴、喷油嘴等。因此，用户在选购时，不要只看包装而要看产品的技术文件和产品的外观、色泽，必要时，索要产品鉴定证书，也可以拿一个样品，做一下对比试验。

#### 3. 伪

伪造商标、合格证和包装，用廉价的、易加工的材料代替原设计要求的材料，以次充好，以假充真，最常见的有用普通灰铸铁代替优质铸铁、铸钢、优质钢及粉末冶金材料。

#### 4. 劣

劣质配件是指配件在材料上存在缺陷，这些缺陷往往会影响配件的强度以及其他配件的配合关系。如铸件有严重的气孔、缩孔和裂纹等。

假冒伪劣农机配件之所以有市场，一是农机生产企业售后服务能力弱，不能及时提供维修配件。二是为获取高额利润，生产者减少生产成本，降低工艺标准，采用低劣材料加工配件或旧物翻新，以次充好、以假乱真或劣品优销；经营者通常以假标志、假包装、假证书、假广告等形式，甚至打着"名牌产品""专卖"或"特约经销"的牌子，采取"示真隐假暗中卖、真有一起卖、假品真价卖"等多种手段，欺骗诱惑用户。三是用户缺乏辨别能力或者是贪图便宜而吃亏上当。

### （二）配件质量鉴别方法

常用农机配件质量鉴别方法主要有目测法、触摸法、听声法、查询法、简单测试法、价格判断法和精确判断法。

## 1. 目测法

指通过眼睛来观察配件本身及附属物是否合格的方法。其主要是通过检查配件的标识、包装、外观、使用说明书"三包"凭证等判断其真伪。如在观察金属配件切削加工面时，钢制件有较亮的光泽（但铸钢略暗），组织细密，磨削或较削的表面亮如镜面；铬钢的磨削面常见细小的亮斑；灰口铸铁呈灰色，光泽很暗，表面看来较粗糙；球墨铸铁灰色，光泽较灰铁亮，表面粗糙程度似灰铁；铁基粉末冶金呈银灰色，组织细密，其光泽在钢、铁之间。

目测法的优点是比较直接，简便易行，对部分农机配件可以直接进行判断。如仿制较差的假冒产品，外观质量明显差的产品，从外观观察可以很容易进行判断；缺点是只看表面不能了解实质，有可能被表面现象所迷惑，尤其是一些仿制较好的假冒产品、外观质量区别不大的产品，仅靠外观观察就不能准确判断。因此，目测法是对要选购的配件有一个总体的了解，特别是从说明书和有关随机文件中，可以了解生产者的质量承诺，出现问题便于解决。目测法是判断假冒伪劣农机配件首选，也是最常用的方法。当目测法无法准确进行假冒伪劣产品的判断时，要结合其他方法进行判断。

## 2. 触摸法

指通过手直接触摸农机配件加工表面，以判断其质量的方法。触摸法可以判断机加工表面的粗糙度，一般机加工表面应光滑不刮手，如果刮手，而且手能明显感觉到粗糙，说明粗糙度太大了。如用手触摸钢件的切削加工面时感觉细腻光滑，灰口铸铁可使手染成黑灰色，且不易擦去，球墨铸铁也可使手染黑，但较灰口铸铁的铁轻，而钢则不染手（灰尘除外）。如判断等离子淬火的气缸套时，用手伸入内孔触摸，应光滑一致，没有扎手的感觉，硬化带与非硬化带高度差手感分辨应不明显。

触摸法的优点是简便易行，缺点是应用产品范围较窄，对于粗糙度和机加工质量有特殊要求的产品，可以作为其首选的判断方法。

## 3. 听声法

可悬吊起配件，以受锤或其他金属物敲击，敲击力不要过大，并用耳朵贴近或被试件细听，它们所发出的声响是不同的。灰铁的声音低沉，持续时间极短。球铁的声音清脆，有余音，持续时间较短。钢的声音清亮，余音似细细的铃声，持续时间较长。例如，将一把旋耕刀扔在地上，听到"当"的清脆声说明质量好，声音"闷"说明刀的硬度不够好，听到"嘶"的声音说明刀身有裂纹。听声法简便易行，但需要有一定的经验。

## 4. 查询法

指购买农机配件产品时，从网上或农机管理部门查询确认配件生产企业的地址、电话、各种证章等信息真实性的判断方法。查询法的优点是通过查询确认信息的真伪，间接地获知产品的质量、上述企业信息及认证标志正确的产品，若是正规企业生产，其质量就有保证。缺点是比较费时，不够便捷，尤其是上网不方便的地区，不便于查询。查询法多适用于购买较贵重的配件或是用来判断是否为假冒产品时使用。

### 5. 简单测试法

简单测试法指在购买农机配件时，通过借助简单的工量具测试来判断产品质量的方法。用于判断偷工减料的农机配件可采用重量比较法和量尺寸、厚度法，鉴别配件材质可用破坏测试法。

①重量比较法。由于减料的农机配件重量下降，用衡器分别称出样件和被试件质量进行比较，如果两者一致，可视为合格，重量明显轻，肯定是减料的。

②量尺寸、厚度法。部分农机配件的尺寸或厚度有标准要求，可以用直尺测量判断。对于标准没有尺寸、厚度要求的农机配件，可以现场进行测量判断，标准中没有明确规定的，厚度要求不能过薄。如长度、厚度或孔距等超差，当尺寸与要求相差较大时，应放弃购买。

③破坏测试法。部分农机配件产品可进行破坏性试验以判断其质量好坏。例如，在确定购买及经销商方同意承担质量责任后，选择非配合表面用普通锉刀锉削金属配件。由于材质不同，各种金属材料在被锉削时的反应也不同。灰口铸铁的锉削阻力较小，锉削时发出"唰唰"声，锉刀面上基本不粘屑，屑末呈灰黑色，有少量银白亮点，细看颗粒大小不一，以小颗粒细末为主，用手指碾磨，很容易使手指染黑；球墨铸铁的锉削时阻力比灰铁略大，也有较明显的"唰唰"声，极少粘屑，屑末呈灰黑色，有细密的亮点，屑末颗粒大小不等，但以大颗粒为主，用手指碾磨屑末可使手指染黑，但较灰铁染黑程度轻；白口铸铁锉削时发出响亮的"咯咯"声，无屑末，被锉处只见光亮，不见锉痕，锉刀面上可出现划痕。钢制件多数经过热处理，表面较硬，锉时也发出"呼呼"声，但较锉削白口铁时发声轻得多，被锉面光亮，锉削后，锉刀后粘有少量屑末，呈亮灰色，颗粒较均匀，手碾不染指。低碳钢在被锉削时发声很小，且有绵软感，下屑容易，被锉面留有较明显锉痕。铜件在墙削时，最明显的特征是锉刀易打滑，屑末易粘锉，被锉面呈明亮的铜黄色或铜红色。铝件锉削非常容易，下屑多而快，锉面呈灰白色或银白色，粘锉很重且不易刷掉。铁基粉末冶金的锉削阻力较小，手感同低碳钢，声音似灰铁，不粘锉，屑末颗粒类似球铁，颜色偏黑且染指，便较球铁略轻。

简单测试法的优点是能够比较准确地判断产品质量，缺点是必须具备相应产品的知识，针对产品的特点采取测试方法。简单测试法中的一些方法可以为一般用户购买时判断质量，如重量法、量尺寸、厚度法等，破坏测试法必须事前征得经销商方同意后再进行测试。

### 6. 价格判断法

指通过在市场上比较同类型产品的价格来判断质量优劣的方法。假冒伪劣产品一般采用各种手段降低成本，牺牲产品质量，以低的价格销售，来迎合购买者买便宜货的心理。因此，应对选购农机配件的市场价格有个大致了解，一般低于市场价格20%以上的产品，则有假冒伪劣产品的嫌疑。但是价格受多种因素影响，不排除促销、以次充好出售等因素，若价格相差太大则要提高警惕，"一分钱一分货"，把配件低价卖给你肯定是有原因的。价格比较法多作为一种辅助判断方法，初步判断农机配件的质量。

### 7. 精确判断法

即按照产品的相关标准进行关键性能指标的检测，可通过检测值与标准值进行比较来精确判断产品质量。精确判断法一般由具有相应检验资质的检验机构进行。其优点是能够准确判断农机配件质量优劣，是否为假冒伪劣产品；缺点是成本太高，仅在大批量购买或是发生质量纠纷时采用。

## 三、常用农机配件选购

### （一）柱塞偶件

观察柱塞在柱塞套内活动是否灵活、表面是否有磨损痕迹，然后作滑动性试验：用手指拿住清洗后的柱塞套，倾斜 45°，轻轻抽出柱塞约 1/3，然后松开，柱塞应在自身重量下自由下滑落在柱塞套支撑面上，再将柱塞抽出，转动任何角度，用同样办法试验，结果应该相同。密封性实验：用一个手指堵住柱塞套的进油口，回油口及导向孔，另一只手拉出柱塞，并将它放在中等或者最大供油位置，将柱塞由最下位置往外拉，拉出的距离以柱塞上沿不露出柱塞油孔为限，此时感觉到有明显吸力，松开柱塞时，柱塞能迅速地回到原来的位置。

### （二）出油阀偶件

首先检查减压环带、密封锥面有无磨损，然后做滑动性和密封性试验。滑动性试验：拿住在柴油中清洗过的出油阀阀座，并在垂直位置抽出阀体的 1/3，松开阀体应能在自身重量下，自由落在阀座支撑面上，将阀体旋转任意角度，重复上述做法，结果相同为正品。密封性试验：密封锥面，用大拇指和中指拿住出油阀阀座，食指按住出油阀阀体下平面的孔，将出油阀阀体放入阀座中，当减压环带进入阀座时，轻轻按下阀体，若感觉到空气压缩力，松开手时，阀体能弹出来。

### （三）喷油嘴偶件

看外表如果有积炭形成的痕迹或针阀变黑则说明已经用过，在油嘴试验器上检查，在规定压力下喷油嘴喷油开始和终了应明显，不允许有滴油现象，喷油时应伴有清脆的声音，喷出的油束应均匀呈雾状，不应有明显的飞滴和浓淡不均的现象。

### （四）滤清器

合格的滤清器滤纸微孔间隙为 0.04 ~ 0.08 毫米，滤纸排列有序，质硬坚挺，吸油后不变形；滤芯的中心管材料为优质钢，管上网孔大小适中，经得起油压力，不易变形。若滤纸较软，装排无序，网孔大小不一，滤纸与上下接盘接不牢，说明质量不佳。

### （五）活塞环

合格件表面精细光洁，无制造缺陷，无扭曲变形、弹性好，用断茬钢锯条划活塞环的棱角时，环的棱角无破损现象；如果活塞环无弹性，表面粗糙，棱角有破损，则说明活塞环质量差。

### （六）V 带

合格的 V 带表面光滑，接头胶接无缝外缘表面有清晰的商标、规格及厂家名称等标识，同一型号的 V 带长度应一致。若 V 带外观粗糙，胶接头不平或开口，边缘有帘线头露出，无标识或标识字迹模糊及各 V 带间长短不一，则为伪劣品。

### （七）V 带轮

合格的 V 带轮表面无气孔、裂纹，带槽光滑，V 带、扣住带槽时，V 带略高出槽口且 V 带底部不与槽底接触，若发现轮槽气孔等缺陷或槽面形状和合格的 V 带不配套等现象，则为劣质件。

### （八）链条

农机商品链条都涂有防锈油，附有合格证，连接板光滑、无毛边，圆柱销两端铆痕均匀，部分连接板上印有牌号。将链条摆在玻璃板上（销轴垂直），用两个手指夹住链条中部慢慢上提，当链条两头开始离开玻璃面时，停止上提，这时链条中部离玻璃板应在规定的最大范围内，否则表示间隙过大。

### （九）齿轮

合格的齿轮包装应完好，齿面应光滑无切削痕迹、无毛刺并涂有防锈油（或打蜡），齿轮侧面一般都有代号。用断茬钢锯条划齿轮的工作面，应无划痕或仅有较细的划痕。若齿轮面有毛刺、切痕或锈蚀，挫划时有屑末和划痕（硬度不足），则质量较差。

### （十）油封

合格的橡胶油封表面应平整光滑，无缺损变形，侧面有代号、规格及生产厂家等标识，油封的圆周刃口形状、厚度应一致，与配套件试装时，刃口在轴颈上应严密贴合；带骨架的油封形状应端正，端面呈正圆形，能与平板玻璃表面贴合无挠曲；无骨架油封外缘应端正，手握使其变形，松手后能恢复原状；带弹簧的油封弹簧应无锈蚀、无变形，弹簧紧扣在刃口内无松弛，若油封有外形不正、缺损，弹性减弱，刃口厚薄不均，弹簧锈蚀等现象，说明质量不合格。

### （十一）螺纹件

合格品外表面应光洁无锈蚀，螺纹无缺陷、连续，无毛刺，无裂纹。将被试件与标准配件旋合在一起，应能旋到终端，且在旋进过程中无卡滞现象。旋合后扳动连接件应无晃动和撞击声，若螺纹件有锈蚀、裂纹或毛刺等缺陷，旋合之后扳动连接件会晃动，则为劣质品。

### （十二）滚动轴承

合格的滚珠轴承是用优质轴承钢制成，其内外环及保持架在擦去防锈油后外观应光亮如镜，手摸时应如玻璃般平滑细腻。轴承外环端面上应刻有代号、产地及出厂日期等标识，且清晰显眼，保持架间的铆钉铆接应均匀，铆钉头形状端正。检查轴承转动时，用手指套住轴承内圈，在外圈做一个记号，多次随意转动轴承，每次记号停止位置不同者为正品。两手分别捏住内外环，使之在径向和轴向上做相对移动，应无间隙感，较大的轴承方可感觉出间隙，但应无金属撞击声。可在完成上述检查并决定购买后，可进行硬度试验（与商家先商定好，如硬度不符合要求则退货）。用锉刀或断茬钢锯条去锉划轴承内外环，应发出"咯咯"声且无屑、无划痕或仅有不明显的细痕。若轴承标识模糊、外观无光泽、晃动有间隙打拨外环时外环在同一位置停旋、锉划时有屑末或划痕以及保持架有锈渍等，说明轴承质量不合格。

（十三）轮胎

合格的轮胎外胎两侧面都有商标、型号、规格、层数和帘线材料等标识，且清晰、醒目，有的还印有生产号和盖有检验合格章；内胎表面应光洁有亮度，手握有弹性。若外胎表面标识不全或模糊，内胎无光泽，胎体薄且厚度不均，手握无弹性，为次品。

# 第二章 农机维修基本技能

## 第一节 常用工具使用

农机维修作业作为一项技术性很强的工作。农机维修人员必备的基本技能主要包括常用工具、量具、钳工、黏接、焊修、喷漆等使用操作技术。

农机维修常用工具主要有手动工具、电动工具和气动工具。

### 一、手动工具

手动工具主要包括扳手、钳子、螺丝刀、锤子、千斤顶、扭力扳手、拉拔器、台虎钳和手链葫芦等。

#### （一）扳手

扳手主要用来紧固和拆卸螺栓、螺母或带有螺纹的零部件。常用扳手种类如下。

#### 1. 开口扳手

开口扳手两端均为"U"形钳口，开口宽度是固定的，其大小与螺母或螺钉头部的对边距离相适应。开口扳手的钳口与手柄存在一定的角度，这样可以通过反转开口扳手来增加适用空间，开口扳手主要适用于无法使用套筒扳手和梅花扳手操作的位置。

选择开口扳手时，要根据螺栓头部的尺寸来确定合适的型号，以此来确保钳口与螺栓头部配合无间隙，才能进行操作。防止松动打滑，损坏扳手或螺栓。紧固燃油管、空调管路等的螺栓时，为防止零件相对转动，需要用两个开口扳手配合使用，一个扳手固定一端螺栓，另一个扳手紧固或拆卸另一端螺栓。

### 2. 梅花扳手

梅花扳手两端呈花环状，内孔是由两个正六边形相互同心错开30°而成。使用时，扳动30°后，即可换位再套，多数梅花扳手有弯头，弯头角度为10°～45°，因而梅花扳手适用于狭窄或凹陷的位置使用。使用时，一定要确保扳手和螺栓的尺寸及形状完全配合，否则会因打滑而造成螺栓损坏以及人身伤害。

### 3. 套筒扳手

套筒扳手是拆卸螺栓最方便且安全的工具，由多个带六角孔或十二角孔的套筒并配有手柄、接杆等多种附件组成。使用套筒扳手不易损坏螺母的棱角，使用方便，工作效率较高。使用时根据螺栓螺母尺寸选择合适的套筒，配合手柄使用，并根据需要连接长接杆或短接杆。用棘轮手柄扳转时，无法拆装过紧的螺栓螺母，以免损坏棘轮手柄。

### 4. 活动扳手

活动扳手又叫活络扳手，其开口宽度可以调节，能拆装一定尺寸范围内的螺栓或螺母，对不规则的螺栓、螺母，更能发挥作用。活动扳手是用来紧固和拧松螺母的一种专用工具。拆装大螺母时，手应握在接近手柄尾处；拆装较小的螺母时，手应握在接近头部的位置。施力时手指可随时旋调蜗轮，收紧扳唇，以防打滑。

使用中仅限于拆装开口尺寸限度以内的螺栓、螺母，不可用于拧紧力矩较大的螺栓、螺母，以防损坏扳手活动部分。拆装时，应使固定部分承受拉力，以免损坏活动部分；活动扳手不可反用，也不可用钢管接长手柄来施加较大的力矩。

扳手工具使用注意事项：

①扳手工具应按"先套筒、后梅花、再开口、最后活动"的原则选用。

②使用扳手时，用力方向应朝向自己，防止滑脱造成受伤。

③禁止将扳手当撬棍使用。

④禁止在扳手上加长管增加力矩或锤击，以免损坏扳手或损伤螺栓螺。

⑤严禁使用带有裂纹和内孔已经严重磨损的扳手。

### （二）钳子

钳子主要用于弯曲或切断小的金属材料，夹持扁形或圆形零件等。

钢丝钳是最常见的一种钳子，用来切断金属丝或夹持零件，当用于切断较硬的金属丝时，禁止使用锤子击打钳体来增加切削力，防止损坏钢丝钳。

鲤鱼钳主要用于夹持、弯曲和扭转工件。鲤鱼钳手柄一般较长，则可通过改变支点上槽孔的位置来调节钳口张开的程度。

尖嘴钳钳口细长，适合在狭窄空间使用，严禁对钳口施加过大的压力，以防止钳口扁形。

卡簧钳是专门用来拆卸和安装卡簧的工具。根据使用范围不同，卡簧钳分为轴用和孔用两种，这两种卡簧钳均有直嘴和弯嘴两种结构。轴用卡簧钳可用于将卡簧张开，以便将卡簧从轴上拆下，孔用卡簧钳可以将卡簧收缩，以便将卡簧从轴孔内取出。在拆装卡簧时，可先使用卡簧钳将卡簧旋转后进行拆卸，避免因工件生锈而增加操作难度。

管钳主要用于拆装管状零件，管钳的头部有活动钳口和固定钳口两部分，活动钳口可根据使用情况进行调整。管钳使用时要选择合适的规格，钳头卡紧工件后再用力扳，防止打滑伤人。用加力杆时，长度要适当，不能用力过猛，防止过载损坏。管钳牙和调节环要保持清洁，不能作为锤头敲击。

此外，还有用于拆装发动机活塞环的活塞环拆装钳。使用时，将拆装钳上的环卡卡住活塞环开口，握住手把稍稍均匀地用力，使拆装钳手把慢慢地收缩，环卡将活塞环徐徐地张开，使活塞环能从活塞环槽中取出或装入。使用活塞环拆装钳拆装活塞环时，用力必须均匀，避免用力过猛而导致活塞环折断，同时还能避免伤手事故。

### （三）螺丝刀

螺丝刀常用的是一字形和十字形两种。一字螺丝刀主要用于拆装一字槽的螺钉等；十字螺丝刀专用于拆装十字槽的螺钉。选用螺丝刀时，应先保证螺丝刀头部的尺寸与螺钉的槽部形状完全配合，选用不当会损坏螺丝刀。

使用螺丝刀时，应右手握住螺丝刀，手心抵住柄端，螺丝刀与螺钉的轴心必须保持同轴，压紧后用手腕扭转，拆卸时螺钉松动后用手心轻压螺丝刀，并用拇指、食指、中指快速旋转手柄。使用较长螺丝刀时，可用右手压紧和转动螺丝刀柄，左手握在螺丝刀柄中部，防止螺丝刀滑脱，以保证安全。

在使用过程中，要尽量避免将螺丝刀当撬棒，否则会造成螺丝刀的弯曲甚至断裂。禁止将普通螺丝刀当作錾子使用（通心式螺丝刀除外），否则也会造成头部缩进手柄内或断裂和缺口。

### （四）锤子

锤子是击打工具，由锤头和锤柄组成。常用的有圆头槌、橡胶锤和尖头锤。尖头锤也叫检修锤，常用于焊修时敲焊渣和锤击焊缝等。

使用锤子应注意，在使用前检查手柄是否松动，以免头部滑脱而造成事故；清除锤面和手柄上的油污，以防敲击时锤面从工作面上滑下造成伤人和机件损坏。

### （五）千斤顶

千斤顶是一种小型举升设备，有液压式千斤顶和机械式千斤顶两种。

千斤顶使用注意事项：

①使用前必须检查各部分是否正常。

②使用时应严格遵守主要参数中的规定，切忌超高超载，否则在起重高度或起重吨位超过规定时，油缸顶部会发生严重漏油。

③重物重心要选择适中，合理选择千斤顶的着力点，底面要垫平，同时要考虑到地面软硬条件，是否要衬垫坚韧的木材，放置是否平稳，避免负重下陷或倾斜。

④使用摇臂匀速给小活塞施加力，严禁使用猛力压摇臂以免引起泄压，工件落地伤人。

⑤使用时顶升高度不得超过活塞上的红线或活塞高度的3/4。

⑥泄压的时候必须保证工件能安全着地时才能泄压。

⑦千斤顶不可作为永久支承。如需长时间支承，应在重物下边增加支承部分，以保证千斤顶不受损坏。

### （六）扭力扳手

扭力扳手主要用于有规定扭矩值的螺栓和螺母装配，如气缸盖、连杆、曲轴主轴承等处的螺栓。常用的扭力扳手有指针式和预置力式两种。

#### 1. 指针式扭力扳手

其结构简单，有一个刻度盘，当紧固螺栓时扭力扳手的杆身在力作用下发生弯曲，通过指针的偏转角度大小表示螺栓、螺母的旋转程度，其数值可通过刻度盘读出，如下图2-1所示。维修中常用扭矩扳手的规格为300牛米。

**图2-1 指针式扭力扳手**

使用指针式扭力扳手时，应注意左手在握住扳手与套筒连接处时不要碰到指针杆，否则会造成读数不准。

#### 2. 预置力式扭力扳手

可通过旋转手柄预先调整设定扭矩，达到设定扭矩时，扳手也会发出警告声响以提示用户，如图2-2所示。当听到"卡塔"声响后，立即停止旋力以保证扭矩正确，当扳手设在较低扭矩值时，警告声可能很小，所以应特别注意。

图 2-2    预置力式扭力扳手

此外，还有数显扭力扳手，如图 2-3 所示。在施加的扭矩达到设定值时，扳手会发出"卡塔"声响，通过数字显示屏提示使用者，扭矩设定通过按键和数字显示屏完成，比非数显扭力扳手更方便更易于操作。

图 2-3    数显扭力扳手

（七）拉拔器

拉拔器主要用于轴承、带轮、齿轮等过盈配合件的拆卸，有两爪与三爪两种，如图 2-4 所示。使用拉拔器拆卸不会破坏工件配合性质和工作表面，如拆卸曲轴皮带轮、齿轮等零件应选用三爪拉拔器，而拆卸轴承等零件最好用两爪拉拔器。使用时，拉臂能抓住所要拆卸的部件，使用扳手旋进中心螺杆，随着中心螺杆的旋入，拉臂上就会产生很大的拉力，直到把部件拆下。

图 2-4　拉拔器

## （八）台虎钳

台虎钳是用来夹持工件的夹具，有固定式和回转式两种，如图 2-5 所示。其规格用钳口宽度表示，常用的有 100 毫米、125 毫米、150 毫米等。

图 2-5　台虎钳

台虎钳在工作台上安装时，必须使固定钳身的工作面处于工作台边缘之外，以保证夹持长条形工件时，工件的下端不受工作台边缘的阻碍。工作台装台虎钳时，为使操作者工作时的高度比较合适，一般多以钳口高度恰好与肘齐平为宜，即肘放在台虎钳最高点半握拳，拳刚好抵下颚，工作台的长度和宽度则随工作而定。

台虎钳使用注意事项：

①夹紧工件时松紧要适当，只能用手力拧紧，而不能借用助力工具加力，一是防止丝杆与螺母及钳身受损坏，二是防止夹坏工件表面。

②较大的力操作时，受力方向应朝固定钳身，以免增加活动钳身和丝杆、螺母的负荷，影响使用寿命。

③不能在活动钳身的光滑平面上敲击作业，以防破坏它与固定钳身的配合性。

④丝杆、螺母等活动表面，应经常清洁、润滑，防止生锈。

（九）手链葫芦

手链葫芦是一种使用简单、携带方便的手动起重机械，也称"倒链"，如图2-6所示。使用注意事项：

①严禁超载使用。

②严禁用人力以外的其他动力操作。

③使用前须确认机件完好、传动部分以及起重链条润滑良好、空转情况正常，起吊前要检查上下吊钩是否挂牢。

④操作者应站在与手链轮同一平面内拽动手链条，使手链条顺时针方向旋转，即可使重物上升；反向拽动链条，可使重物缓慢下降。

⑤操作中应用力均匀，不要用力过猛，若发现拉力大于正常拉力时，应立即停止使用。

⑥重物下严禁站人。

**图2-6　手链葫芦**

## 二、电动工具

电动工具是指以电动机为动力，通过传动机构驱动工作头进行作业的手持式或可移动式的机械化工具。具有携带方便、操作简单、功能多样等特点。农机维修中可常用砂轮机、手电钻、砂轮切割机和角向磨光机。

（一）砂轮机

砂轮机主要由电动机、砂轮、机体（机座）、托架和防护罩组成，如图2-7所示。砂轮质地较脆，工作转速高，使用时用力不当会发生砂轮碎裂造成人身事故。因此，应严格遵守以下安全操作规程：

①安装砂轮时一定要使砂轮平衡，装好后必须先试转 3 ～ 4 分钟，检查砂轮转动是否平稳，有无振动与其他异常现象。砂轮机启动后，应先观察运转情况，待转速正常后方可进行磨削。

②砂轮的旋转方向应正确，以使磨屑向下方飞离砂轮。使用砂轮时，应戴好防护眼镜。

③磨削时，工作者应站立在砂轮的侧面或斜侧位置，不要站在砂轮的正面。

④磨削时不要使工件或刀具对砂轮施加过大压力或撞击，以免砂轮碎裂。

⑤应保持砂轮表面平整，发现砂轮表面严重跳动，应及时修整。

⑥砂轮机的托架与砂轮间的距离一般应保持在 3 毫米以内，以免发生磨削件轧入而使砂轮破裂。

⑦应定期检查砂轮有无裂纹，两端的螺母是否锁紧。

图 2-7　砂轮机

（二）手电钻

手电钻主要用于钻孔，如图 2-8 所示。手电钻内部由电动机和两级减速齿轮组成，有外电源驱动和内置电池驱动两种形式，铭牌上标有最高转速和能使用最大钻头。

**图 2-8　手电钻**

使用手电钻必须要注意安全，操作时要戴上绝缘手套。使用时要用力压紧，且用力不得过猛，发现电钻转速降低时，应立即减小压力，否则会造成刃口退火或损坏手电钻。若工件松动或手电钻把持不稳都会造成钻头折断，所以，钻孔时应保持钻头与工件相对固定，并控制好钻削量。使用中电钻突然停转，应立即切断电源并检查原因。

**（三）砂轮切割机**

砂轮切割机（图 2-9）可对金属方扁管、方扁钢、工字钢、槽型钢、圆管等材料进行切割。

砂轮切割机安全操作注意事项：

①使用时严禁戴手套，戴首饰或留长发；严禁切割盛化学品的桶，防止火花发热引燃化学品。

②在潮湿地方工作时，必须站在绝缘垫或干燥的木板上进行；切割时操作者必须偏离砂轮片正面，必须戴好护眼镜。

③严禁在砂轮平面上，修磨工件的毛刺，防止砂轮片碎裂；并严禁使用砂轮切割机切割木材、塑料等非金属物品。

④使用砂轮切割机应使砂轮旋转方向尽量避开附近的工作人员。

⑤防护罩未到位时不得操作，不得将手放在距锯片 15 厘米以内。不得探身越过或绕过锯机，操作时身体斜侧 45° 为宜。

⑥移动式切割机底座上支承轮应齐全完好，安装牢固，转动灵活。安置时应平衡可靠，工作时不得有明显震动。

图 2-9　砂轮切割机

**（四）角向磨光机**

角向磨光机利用高速旋转的薄片砂轮以及橡胶砂轮、钢丝轮等对金属构件进行磨削、除锈、磨光加工，如图 2-10 所示。角磨机适合用来切割、研磨以及刷磨金属与石材，作业时不可使用水。

角磨机安全操作注意事项：

①带保护眼罩，长发者一定要先把头发扎起。

②打开开关之后，要等待砂轮转动稳定后才能工作。

③切割方向不能对着人。

④连续工作 30 分钟后要停 15 分钟。

⑤不能用手捉住小零件用角向磨机展开加工。

图 2-10　角向磨光机

电动工具安全使用注意事项：

①接线应符合标准。要确保电动工具使用的电线或插头完好无损，绝缘层无脱落，无金属丝外露。

②确保工作环境干燥。工作环境干燥无积水，避免电动工具以及其连接线与水接触。

③使用三相插头确保插座已连接好保护零线。操作电动工具时最好穿橡胶底鞋。

④通电之前要确保开关处于关闭状态。可使用设备开关电源，不能采用插上或拔

下电源插头的方式来代替开关。

⑤严格按照使用说明书和安全操作规程使用电动工具，并定期对电动工具进行安全检查。

## 三、气动工具

气动工具是指以空气压缩机产生的高压空气为动力带动工作头的手持式工具。农机维修中主要有气动扳手、气动螺丝刀、气动研磨机、气动喷枪。空气压缩机还是轮胎充气、清洁零件的气源。

### （一）空气压缩机

空气压缩机将驱动机（电动机或柴油机）输出机械能转化为气体的压力能，为气动系统提供动力。

空气压缩机安全操作规程：

①开机前应检查曲轴箱机油是否达到油位标位，检查各部件，紧固螺丝是否松动，检查风扇皮带紧度并调整合适。

②压力表、安全阀应保持良好技术状态。安全阀应调整在规定的压力位置，防止空压机超压运行。

③开机时注意电机，压缩机的运转是否正常，有无异响，如发现不正常情况应立即停机检查，待运转正常开机后才离开。

④定期排放贮气筒的油、水，停机后要切断总电源，并及时清洁整机。

⑤贮气筒应按规定进行水压试验。

### （二）气动扳手

气动扳手是一种用于快速拆装螺栓或螺母的操作工具，工作时噪声较大，俗称风炮。根据所拆卸的螺栓力矩大小不同，所采用的气动工具也不相同。

使用气动扳手时，一定要握紧，并站在一个安全舒适且容易施力的位置，用手按动气源开关，在气压作用下，使套筒带动螺栓、螺母自动拧紧或拧松。

气动扳手设有高低挡，使用中一定要注意扭矩大小，如果扭矩过大，可能会拧断螺栓。使用气动工具紧固轮胎螺栓时，要先用手拧上部分螺纹后，再使用最小功率挡紧固，紧固后，要使用专用扭力扳手进行复查，以确保达到正常扭矩。

使用过程中，要定期对气动工具进行维护，加注专用气动工具油为气动扳手进行润滑，并经常检查排气管是否清洁，同时要检查外形是否损坏。

### （三）轮胎气压表

轮胎气压表是轮胎充气常用工具。

充气注意事项：

①检查气门嘴。气门嘴和气门芯如果配合不平整，有凸出凹进的现象及其他缺陷，都不便于充气和量气压。

②要充清洁气体。充入的空气不能含有水分和油液，以防内胎橡胶变质损坏。

③充气不应超过标准过多。这是因为超标准过多会促使帘线过分伸张，引起其强度降低，影响轮胎的寿命。

④操作要仔细。充气前应将气门嘴上的灰尘擦净，不要松动气门芯。充气完毕后应用肥皂沫抹在气门嘴上，检查是否漏气，如果漏气会产生连续小气泡。而后将气门帽拧紧，防止泥沙进入气门嘴内部。

气动工具安全使用注意事项

①使用高速旋转的气动工具时，不允许戴围巾、领带及手套，若长发应戴安全帽，以免造成人身伤害。

②使用前检查空气软管及接头有无漏气及松动。

③选用合适气动工具，工具过大容易损坏工件，过小容易损坏工具。非气动工具附件一律不得用于气动工具上。

④使用过程中应轻拿轻放，不得带病作业，更不得抛、扔、摔、砸等。

⑤定期检查、保养工具，添加黄油于轴承等转动部位。

⑥使用完毕后应及时擦净工具表面污物等，并及时注油保养。

⑦对于已不能修复和已到报废期的气动工具，无法继续使用。

# 第二节　常用量具使用

农机维修常用量具主要包括钢直尺、厚薄规、游标卡尺、千分尺、百分表、气缸压力表和万用电表等。

## 一、钢直尺

钢直尺是最简单的长度量具。钢直尺用于测量零件的长度尺寸，测量时读数误差比较大，只能读出毫米数，即它的最小读数值为 1 毫米，比 1 毫米小的数值，只能估计而得。

如果用钢直尺直接去测量零件的直径尺寸（轴径或孔径），则测量精度更差。其原因是：除了钢直尺本身的读数误差比较大以外，还由于钢直尺无法正好放在零件直径的正确位置。所以，零件直径尺寸的测量，也可利用钢直尺和内外卡钳配合起来进行。

## 二、厚薄规

厚薄规也称塞尺，主要用来检验结合面之间的间隙大小。由许多层厚薄不一的薄钢片组成。每个薄钢片具有两个平行的测量平面，且都有厚度标记，以供组合使用。

测量时，根据结合面间隙的大小，用一片或数片重叠在一起塞进间隙内。例如用

0.03毫米的一片能插入间隙,来回轻轻抽动钢片,感到有轻微阻力,这说明间隙为0.03毫米。

使用厚薄规时要根据结合面的间隙情况选用钢片片数,但片数愈少愈好;由于厚薄规钢片很薄,测量时不能用力太大,以免钢片遭受弯曲和折断;厚薄规用完后,应及时擦净表面,合到夹板中去,以免损伤薄钢片。

## 三、游标卡尺

游标卡尺是一种测量精度较高,可直接测量工件的外径、内径、宽度、长度、深度尺寸等,其读数精度有0.1毫米、0.05毫米和0.02毫米三种。

### (一)读数方法

游标卡尺的读数装置,是由尺身和游标两部分组成,当尺框上的活动测量爪与尺身上的固定测量爪贴合时,尺框上游标的"0"刻线与尺身的"0"刻线对齐,此时测量爪之间的距离为零。测量时,需要将尺框向右移动到某一位置,在这时活动测量爪与固定测量爪之间的距离,就是被测尺寸。

游标卡尺读数时可分三步:

①先读整数。看游标零线的左边,尺身上最靠近的一条刻线的数值,读出被测尺寸的整数部分。

②再读小数。看游标零线的右边,数出游标第几条刻线与尺身的刻线对齐,读出被测尺寸的小数部分(即游标卡尺精度值乘其对齐刻线的顺序数)。

③得出被测尺寸。把上面两次读数的整数部分和小数部分相加,就是卡尺的所测尺寸。

如图2-11所示,游标零线左侧对应的主尺刻线数值为5毫米,即被测尺寸的整数部分为0毫米;游标尺第37条刻线与主尺刻线对齐,则被测尺寸小数部分为37×0.02=0.74毫米;则被测尺寸为0+0.74=0.74毫米。

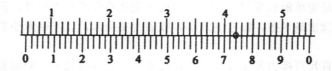

图2-11 气动扳手

### (二)使用注意事项

①测量前应把卡尺擦拭干净,检查卡尺的两个测量面和测量刃口是否平直无损,把两个量爪紧密贴合时,游标和主尺的零位刻线要相互对准。这个过程称为校对游标卡尺的零位。

②当测量零件的外尺寸时,卡尺两测量面的连线应垂直于被测量表面,不能歪斜。

③在游标卡尺上读数时，应使视线尽可能和卡尺的刻线表面垂直，避免由于视线的歪斜造成读数误差。

④为了获得正确的测量结果，可以多测量几次。对于较长零件，则应当在全长的各个部位进行测量，务使获得一个比较正确的测量结果。

数显游标卡尺，在测量零件尺寸时，直接可用数字显示出来，避免读数误差，使用方便，如图 2-12 所示。

图 2-12　数显游标卡尺

## 四、深度尺和高度尺

### （一）深度尺

深度尺用于测量零件的深度尺寸、台阶高低或槽的深度，深度尺尺框的两个量爪连在一起成为一个带游标测量基座，基座的端面和尺身的端面就是它的两个测量面。如测量内孔深度时应把基座的端面紧靠在被测孔的端面上，使尺身与被测孔的中心线平行，伸入尺身，则尺身端面至基座端面之间的距离，则被测零件的深度尺寸。其读数方法和游标卡尺相同。

### （二）高度尺

高度尺用于测量零件高度和精密划线。测量时，高度尺应放在平台上，当量爪的测量面与基座的底平面位于同一平面时，主尺与游标的零线相互对准。在测量高度时，量爪测量面的高度，就是被测量零件的高度尺寸，其读数方法和游标卡尺相同。

用高度尺划线时，要把被测件放置在平板上，移动尺框使划线量爪接近需要的高度尺寸，在拧紧微动装置上的紧固螺钉，然后旋转微动螺母，使划线量爪对准所需尺寸，再用紧固螺钉把尺框固定好。用手握住底座并稍加压力，沿着平板均匀地滑动，在被测件上划出需要的水平线。

## 五、外径千分尺

外径千分尺多用于精确测量零件的外部尺寸，测量精度是 0.01 毫米。外径千分尺由固定的尺架、测砧、测微螺杆、固定套管、微分筒、测力装置、锁紧装置等组成。固定套管上有一条水平线，即基准线，这条线上、下也各有一列间距为1毫米的刻度线，上面的刻度线恰好在下面二相邻刻度线中间。微分筒上的刻度线是将圆周分为50等分的水平线，它是旋转运动的。

### （一）使用方法

①根据要求选择适当量程的千分尺。

②清洁千分尺的尺身和测砧。

③把千分尺安装于卡座上固定好然后校对零线。

④将被测件放到两工作面之间，调微分筒，使工作面快接触到被测件之后，调测力装置，直到听到三声"咔、咔、咔"时停止。

### （二）读数方法

①由固定套筒上露出的刻度线读出工件的毫米整数和半毫米数。

②看微分筒上哪一条刻线与固定套筒上的基准线对齐，读出小数部分（百分之几毫米），不足一格的数（千分之几毫米）可用估读法确定。

③将两次读数值相加就是工件的测量尺寸。

## 六、百分表

百分表主要用于校正零件的安装位置，检验零件的形状精度和相互位置精度，以及测量零件的内径等。百分表由表盘、表圈、测量杆、测量头、主指针、转数指针等组成。数显百分表显示精确，读数也一目了然。

### （一）使用方法

百分表的带有测头的测量杆，对刻度圆盘进行平行直线运动，并把直线运动转变为回转运动传送到长针上，此长针会把测杆的运动量显示到圆形表盘上。

大指针回转一圈等于测杆移动1毫米，大指针读数可以精确到0.01毫米。刻度盘上的小指针，以长针的回旋一圈为一个刻度。

百分表的指针随测量杆的轴向移动而改变，因此测量时只需读出指针所指的刻度，图2-13左为测量段的高度，首先将测头接触到下段，把指针调到"0"位置，然后把测头调到上段，读指针所指示的刻度即为高度值。若长针指到10，台阶高差是0.1毫米。

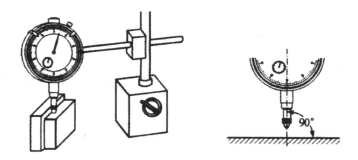

图 2-13　百分表的使用方法和读数

（二）使用注意事项

①测量面和测杆要垂直，如图 2-13 所示。

②使用规定的支架。

③测头要轻轻地接触测量物。

④测量圆柱形零件时，测杆轴线和产品直径方向一致。

## 七、量缸表

量缸表即内径百分表，是由百分表和带有杠杆传动的表架组成的。可用比较法测量精度较高的孔径，如测量气缸套内径、圆柱度、圆度，检验主轴瓦、连杆轴瓦的圆度等。

（一）读数方法

当表架下端的活动测头被压缩时，通过等臂杠杆（杠杆比为 1：1 无放大作用），经传动杆推动百分表测杆，在百分表上指示出的数值，就是活动测头的位移量。

表架下端的活动测头与固定测头处在同一轴线上。为了扩大测量范围，固定测头备有若干可换测头，在测头上各自标有测量范围，可按所测尺寸选换或调整其伸出长度。在更换与调整固定测头后，要拧紧测头的锁紧螺母，以免在测量过程中再有变动。为使两测头的轴线通过被测孔的中心，应在活动测头一侧装有定位板，定位板两端的中垂线与两测头的轴线重合。

（二）使用注意事项

①将百分表插入表架弹力夹头中，使测头与传动杆接触，在大指针转过约 1 圈后，拧紧锁紧夹头的螺母，夹紧力不宜过大。

②根据被测尺寸，选取相应的固定测头装到表架上。固定测头调节的位置要留有余地，保证在活动测头自由状态下，两测头间的距离大于被测孔径 1 毫米左右。

③用百分表按被测孔的基本尺寸来调整内径百分表的零位。调整时为避免测头在

百分表的两测量面间歪斜，应微微来回摆动内径百分表，并找出百分表大指针摆动的极限位置（"拐点"，即其最小指示值）。转动百分表表圈，使刻度盘零线对准指针摆动的极限位置。再摆动几次测头，检查零位是否稳定。

④使用内径百分表时，手应握在隔热手柄上。当把测头伸入被测孔径时，将活动测头和定位板稍微压缩，然后使固定测头进入，以免损伤测头。

⑤为得到被测孔的径向平面上的直径，需要将内径百分表微量摆动。在摆动过程中，读取大指针摆动在极限位置时的读数。如果大指针摆动的极限位置在刻度盘上正对零线，说明被测孔径与基本尺寸相同，实际偏差为零。若是大指针摆动的极限位置没有达到或超越了零线，说明被测孔径大于或小于基本尺寸，在刻度盘上可读出对基本尺寸的正偏差或负偏差。

⑥内径百分表使用完毕后，要擦拭干净，卸下固定测头，其在用过的测量工作面上涂上防锈油，将表架和所有附件放回专用盒内。

## 八、气缸压力表

气缸压力表主要用于检测气缸压力。检测气缸压力时，需使发动机正常运转，水温达 75℃以上。停机后，拆下空气滤清器，用压缩空气吹净喷油器周围的灰尘和脏物，拆下喷油器上的高压油管和回油管接头，拆下喷油器，并将喷油泵操纵杆置于停油位置，排除气缸内的废气，将带有螺纹接口的气缸压力表接头旋入喷油器座孔内，用起动机带动柴油发动机运转 3～5 秒，转速保持在 500 转/分，气缸压力表指针不再上升为止，此时压力表所指压力值就是该缸压缩压力。为使测得的数据准确，每个气缸测量时，该缸活塞必须运动 3 个压缩行程以上，每缸测量两次之上。

## 九、万用电表

万用电表主要用于电流、电压、电阻以及导线通断性的测试和电子元件的检测。常用的万用电表有数字式和指针式两种。数字式万用电表灵敏度高，准确度高，显示清晰，过载能力强，便于携带，使用更简单。

### （一）使用方法

1. 电压测量

①将黑表笔插入 COM 端口，红表笔插入 VΩ 端口。

②功能旋转开关打至交流或直流电压挡，并选择合适的量程。

③红表笔探针接触被测电路正端，黑表笔探针接地或接负端，即与被测线路并联。

④读出 LCD 显示屏数字。

2. 电阻测量

①关掉电路电源。

②选择电阻挡（欧姆）。

③将黑表笔插入 COM 插口，红表笔插入 VΩ 端口。

④将探头前端跨接在器件两端，或是想测电阻的那部分电路两端。

⑤查看读数，确认测量单位——欧姆（Ω）、千欧（kΩ）或兆欧（MΩ）。

### 3．电流测量

①断开电路。

②黑表笔插入COM端口，红表笔插入毫安（mA）或者20安（A）端口。

③功能旋转开关打至电流挡，并选择合适的量程。

④断开被测线路，将数字万用电表串联入被测线路中，被测线路中电流从一端流入红表笔，经万用电表黑表笔流出，再流入被测线路中。

⑤接通电路。

⑥读出LCD显示屏数字。

### 4．短路检查（判断线路通断）

将转盘打在短路（廿）挡，将黑表笔插入COM端口，红表笔插入VΩ端口。用两表笔的另一端分别接被测两点，若此两点确实短路，则可用电表中的蜂鸣器发出声响。

### （二）使用注意事项

①如果无法预先估计被测电压或电流的大小，则应先拨至最高量程挡测量一次，再视情况逐渐把量程减小到合适位置。测量完毕，应将量程开关拨到最高电压挡，并关闭电源。

②满量程时，仪表仅在最高位显示数字"1"，其他位均消失，这时应选择更高的量程。

③测量电压时，应将数字万用电表与被测电路并联。测电流时应与被测电路串联，测直流量时不必考虑正、负极性。

④当误用交流电压挡去测量直流电压，或者误用直流电压挡去测量交流电时，显示屏将显示"000"，或低位上的数字出现跳动。

⑤禁止在测量高电压（220伏以上）或大电流（0.5安以上）时换量程，以防止产生电弧，烧毁开关触点。

⑥在超出30伏交流电压均值，42伏交流电压峰值或60伏直流电压时，使用万用电表应请特别留意，该类电压会有电击的危险。

⑦测试电阻、通断性、二极管或电容以前，必须先切断电源，将所有的高压电容放电。

⑧使用测试表笔的探针时，手指应当保持在表笔保护盘后面。

# 第三节　钳工技术

农机维修中常用的钳工技术主要包括锯削、锉削、钻孔、攻丝和套扣等。

## 一、锯削

锯削是指利用锯条锯断金属材料（或工件）或在工件上展开切槽的操作。手工锯削用锯弓和锯条。锯弓是用来夹持和拉紧锯条的工具，有可调式和固定式两种。常用锯条是长300毫米、宽12毫米、厚0.8毫米。

锯削操作要点：

①夹紧工件。

②安装锯条时应锯齿向前，锯条的松紧要适当。

③两腿自然站立，身体重心稍微偏于后脚，身体略向前倾。

④推锯时身体上部稍向前倾，给手锯以适当的压力而完成锯削。拉锯时不切削，锯割时，右手握住手柄向前施加压力，左手轻扶在弓架前端，稍加压力。

⑤锯割到材料快断时，用力要轻，以避免碰伤手臂或折断锯条。

## 二、锉削

用锉刀对工件表面切削加工的方法称为锉削。锉刀由锉身和锉柄两部分组成。

### （一）锉削操作要点

①工件必须牢固地夹在虎钳钳口的中部，需锉削的表面略高于钳口夹持已加工表面时，应在钳口与工件之间垫以铜片或铝片。

②右手推动锉刀并决定推动方向，左手协同右手使锉刀保持平衡。

③两腿自然站立，身体重心稍微偏于后脚，略向前倾，膝盖处稍有弯曲，保持自然视线要落在工件的切削部位上。

④锉削时右手的压力要随锉刀推动而逐渐增加，左手的压力要随锉刀推动而逐渐减小。回程时不加压力，以减少锉齿的磨损。在推出时稍慢，回程时稍快，动作要自然协调。

### （二）锉削安全注意事项

①锉刀必须装柄使用，以免刺伤手腕。松动的锉刀柄应装紧后再用。

②不准用嘴吹锉屑，也不要用手清除锉屑。当锉刀堵塞后，应用钢丝刷顺着锉纹方向刷去锉屑。

③对铸件上的硬皮或黏砂、锻件上的飞边或毛刺等，应先用砂轮磨去，然后锉削。

④锉削时不准用手摸锉过的表面，因手有油污、再锉时打滑。

⑤锉刀不能作橇棒或敲击工件，防止锉刀折断伤人。

⑥放置锉刀时，不要使其露出工作台面，以防锉刀跌落伤脚；也不能把锉刀与锉刀叠放或锉刀与量具叠放。

## 三、钻孔

用钻头在实体材料上加工孔叫钻孔。常用的钻床是台式钻床，简称为台钻。

台钻是一种在工作台上作用的小型钻床，其钻孔直径一般在 13 毫米以下台钻小巧灵活，使用方便，结构简单，主要用于加工小型工件上的各种小孔。

钻头是在实体材料上钻削出通孔或盲孔，并能对已有的孔扩孔的刀具。常用钻头是麻花钻头。

（一）钻孔操作要点

①钻孔前一般先划线，确定孔的中心，在孔中心先用冲头打出较大中心眼儿。

②钻孔时应先钻一个浅坑，以判断是否对中。

③在钻削过程中，特别钻深孔时，要经常退出钻头以排出切屑和进行冷却，否则可能使切屑堵塞或钻头过热磨损甚至折断，并影响加工质量。

④钻通孔时，当孔将被钻透时，进刀量要减小，避免钻头在钻穿时的瞬间抖动，出现"啃刀"现象，影响加工质量，损伤钻头，甚至发生事故。

⑤钻削直径大于 30 毫米的孔应分两次钻削，先选用 0.5～0.7 倍的钻头直径钻底孔，然后再用所需直径钻头扩孔。

⑥钻削时的冷却润滑：钻削钢件时常用机油或乳化液；钻削铝件时可常用乳化液或煤油；钻削铸铁时则用煤油。

（二）钻孔安全注意事项

①操作钻床时不可戴手套，袖口必须扎紧，女工必须戴工作帽。

②用钻夹头装夹钻头时要用钻夹头钥匙，不可用扁铁和手锤敲击，以免损坏夹头和影响钻床主轴精度。工件装夹时，必须做好装夹面的清洁工作。

③工件必须夹紧，特别在小工件上钻较大直径孔时装夹必须牢固，孔将钻穿时，要尽量减小进给力。在使用过程中，工作台面必须保持清洁。

④开动钻床前，应检查是否有钻夹头钥匙或楔铁插在钻轴上。使用前必须先空转试车，在机床各机构都能正常工作时才可操作。

⑤钻孔时不可用手和棉纱头或用嘴吹来清除切屑，必须用毛刷清除，钻出长条切屑时，要用钩子钩断后除去。钻通孔时必须使钻头能通过工作台面上的让刀孔，或在工件下面垫上垫铁，以免钻坏工作台面。钻头用钝后必须及时修磨锋利。

⑥操作者的头部不准与旋转着的主轴靠得太近，停车时应让主轴也会自然停止，不可用手去刹住，也不能用反转制动。

⑦严禁在开车状态下装拆工件。检验工件和变换主轴转速，必须在停车状况下进行。

⑧清洁钻床或加注润滑油时，必须切断电源。

## 四、攻丝和套扣

攻丝和套扣是手工加工螺纹的方法。用丝锥在孔内加工螺纹的操作称为攻丝；用板牙在圆柱杆加工外螺纹的操作称为套扣。

丝锥和板牙攻丝和套扣的专用工具，如图 2-14 所示。丝锥是用来加工较小直径内螺纹的成形刀具，通常用 M6～M24 的丝锥一套为两支，称头锥、二锥；M6 以下及

M24 以上一套有三支，即头锥、二锥和三锥；铰扛用来夹持丝锥，常用的是可调式铰扛。板牙相当于一个高硬度螺母，螺孔周围有排屑孔，螺孔两端磨有切削锥，圆板牙的应用最广，规格范围为 M0.25 ～ M68 毫米，板牙架用来夹持板牙。

图 2-14　丝锥和板牙

### （一）攻丝操作要点

①根据查表或计算得出底孔直径，进行钻孔。钻孔直径要大于螺丝标准中规定的内螺纹内径，但也不能大得太多，否则攻出的螺牙太浅不能使用。在攻制不通孔的螺纹时，因丝锥起刃部分不能攻出完整螺纹，故钻孔深度应等于需要攻出的螺丝深度加上起刃的长度，起刃长度约等于螺纹外径的 0.7 倍。

②在底孔的两端倒 45° 角，以便于攻丝时切削。

③先用头锥切削。丝锥刚进入孔时，两手用力轻而均匀，使它垂直于工作表面。当丝锥已开始切削时，就不必再施加压力了，用扳手转动丝锥，注意每转一圈或半圈应回转 1/2 或 1/4 圈，以便切断切屑并从孔中排出。

④攻不通孔，要经常退出丝锥，排出孔中的切屑，尤其当将要攻到孔底时，更应及时清除积屑，避免丝锥攻入时被轧住。

⑤攻塑性材料的螺孔时，要加煤油或机油等切削液，以减少切削阻力、减少螺孔的表面粗糙度和延长丝锥的使用寿命。

⑥攻螺纹过程中换用丝锥时，要用手将丝锥先旋入已攻出的螺纹中，至不能再旋进时，然后继续用二锥、三锥按上述方法进行攻丝，直到完成。

### （二）套扣操作要点

①选择直径合适的圆杆。套扣的圆杆直径应略小于螺纹外径，并将端部倒角 15°，以便于起削，否则，会造成套扣歪斜的现象。

②垫上软钳口，将圆杆夹正、夹牢。

③将板牙装在板牙架上，当板牙套住圆杆后，应垂直于圆杆轴线，即可施加适当压力均匀扭转。套出几个螺纹后，就不需要施加压力，只要旋转板牙，每转一圈或半圈应退回 1/2 或 1/4 圈，以折断切屑，排出孔外。

④套扣时，要随时采用机油或煤油冷却润滑，以此来减少摩擦和螺纹的粗糙度，延长刀具使用寿命。

# 第四节　黏接技术

黏接是利用化学黏结剂与零件之间所起的复杂的结合作用，来黏结零件或粘补零件裂纹、孔洞等缺陷的一种修复工艺。

## 一、黏接应用

在农机维修中，黏接主要用来修复各种零件的裂纹和孔洞，滚动轴承与座孔的过盈配合，堵塞三漏，可用于修复电器零件或易受腐蚀的零件，也可用来代替钾接（如黏接离合器摩擦片）或提高零件的绝缘性能和抗腐蚀性能等。

黏接主要优点是能黏接各种金属和非金属零件；不需加热或只需低温加热，不引起零件金属组织改变和变形；操作简单，工艺简单，成本低廉。其缺点是胶黏一般不耐高温、有机胶黏剂的最高使用温度一般在 $100 \sim 150℃$，无机胶黏剂最高只能达 $800℃$；黏接胶层易老化，黏接强度会下降；黏接接头的抗冲击、抗弯曲能力较差，所以对受力较大的部位需辅以机械加固。

常用胶黏剂分为结构胶黏剂、通用胶黏剂和特种胶黏剂。

①结构胶黏剂。可在一定的温度范围内显示出高黏接力的胶黏剂，通常能在较高的负荷下使用，用于黏接受力的结构件，如 J-04。

②通用胶黏剂。黏接强度一般，使用工艺简便（通常是在室温即可固化的）、综合性能较好、价格较低，适合于黏接多种金属材料和非金属材料，黏接金属零件的受力不大的部位，或修补壳体裂纹，如农机 1 号胶、农机 2 号胶。

③特种胶黏剂。具有某些特殊性能的胶黏剂，如导电胶、耐高温胶、耐低温胶、水中黏接用胶等。

## 二、黏接工艺

### （一）选胶

选用黏接剂的主要根据是被黏接零件的材料、受力情况、工作温度、外形尺寸等。如果零件受力较大，工作温度较高，则应选用高强度，耐高温的结构胶黏剂；如果零件外形很大，不便加温，则应选用常温固化型的通用胶黏剂；如果有特殊性能要求，选用特种胶黏剂。成品胶的使用非常方便，打开封装，搅拌均匀即可使用。

### （二）黏接前准备

①清洁与检查。除去零件表面油泥、污物，检查破坏部位和范围，制定胶黏工艺

方案。

②机械处理。用钢丝刷、粗砂纸或钢锉、手砂轮等除去表面油漆、锈迹，露出基体金属光泽，进行表面粗糙；对于裂纹，可先在裂纹两端钻直径 3 ～ 5 毫米的止裂孔，防止裂纹延伸发展。然后沿裂纹开出 V 形槽，槽深为壁厚的 1/2 ～ 1/3，并在槽的两侧打磨出一定宽度的黏接面；例如金属孔洞，也须在孔洞边缘打磨出金属光泽。如采用镶、铆、焊等辅助加强工艺方案，在准备工作中要统筹考虑。

③除油处理。黏接表面必须保证无油、无锈、无水、无污物，否则会使黏接强度下降，甚至失败。除油的方法可以是用碱性溶液清洗，也可用有机溶剂擦拭（如丙酮、无水乙醇等）。

### （三）调胶

调胶工具可用陶瓷或玻璃容器，使用前要保持清洁。当室温低于 20℃时，环氧树脂黏度较大，调胶时不易调匀，且易裹入气泡，可用水浴法将环氧树脂加热，但不允许用明火或电炉直接加热。按选用胶黏剂的规定配比称量或挤出定量包装的各组分，置于调胶容器中。调胶时调胶量不宜过大，加入固化剂时，环氧树脂的温度不宜高于 40℃，否则可能在搅拌过程中发生固化。调胶之后立即进行黏接，最好在半小时之内使用完，否则黏结强度会降低。

### （四）涂胶

用刮抹工具涂胶，涂胶要均匀，并使胶液与黏接面充分浸润，不得有缺胶和气孔。如果对接和套接，胶层厚度以 0.1 ～ 0.2 毫米最好。胶层过厚，易在胶层内产生气孔。一般说胶层越厚，黏接强度越低。粘补裂纹时，先涂一层胶液，并边涂边用手锤敲打工件，使胶液渗入裂缝中去。如部位允许，最好在破损处覆盖 1 ～ 2 层脱碱去脂的玻璃丝布，玻璃丝布要用胶液充分浸润，并注意不要裹入气泡。

黏接以后的零件已处于固化过程中，不允许再错动黏合面。用手指蘸丙酮轻轻擦抹黏接表面，以使黏接表面平整光亮。

### （五）固化处理

固化规范对黏接强度有很重要的影响，固化规范的主要参数是压力、温度和时间。不同品种的胶都要按照规定的规范进行固化处理。一般要求在室温下固化 6 小时或在 60℃下固化 2 小时。加温固化有利于提高黏接强度，零件黏接前加温或固化加温时，最好用红外线灯、电吹风，也可用电炉或喷灯烘烤；对胶黏接头加压固化可以使黏接表面相互贴紧，利于排出气体，保持胶层厚度和工件黏接后形状。

检查黏接表面是否已完全固化，可采用脱脂棉蘸丙酮擦拭黏接层来观察。若发现有溶解现象，即说明未完全固化。用环氧树脂黏接的零件，允许对黏接层进行机械加工，如车、说、磨、钻、锉等整形加工，但要注意吃刀量不可过大，速度也不可过高，刀具应较锋利，不可冲击或敲打。

（六）质量检验

黏接常采用外观检验，胶层表面应光滑，无翘起、剥离、气孔、裂纹。严禁用锤击、剥皮、刮削等破坏性试验办法检验黏接强度。

# 第五节　焊修技术

农机维修中常用的焊修方法有电焊、气焊、气割和钎焊。

## 一、电焊

电焊就是利用电弧的热量加热并熔化金属进行的焊接。手工电弧焊设备简单，操作方便，是最常用的焊接方法。

（一）焊接设备

手工电弧焊焊接设备主要有电焊机与电焊条。

1. 电焊机

手工电弧焊所用的电焊机有交流电焊机和直流电焊机两种。

①交流电焊机。交流电焊机是一种特殊的降压变压器，将220伏或380伏交流电变为低压的交流电，又称焊接变压器。电流的调节分为两级：一级是粗调，常用改变输出线头的接法；另一级是细调，常用改变电焊机内"可动铁芯"或"可动线圈"的位置，细调节的操作是通过旋转手柄来实现的，当手柄逆时针旋转时电流值增大，手柄顺时针旋转时电流减小，细调节应在空载状态下进行。

②直流电焊机。直流电焊机焊接时，焊件接正极（＋），焊条接负极（－）时叫作正接法；反之叫反接法。正接法焊件温度较高，熔化速度较快；反接法焊件温度较低，熔化速度较慢。一般根据焊件的材料、厚度与焊条开展选择。

2. 电焊条

电焊条由焊丝和药皮组成。焊丝主要起填充焊缝金属和传导电流的作用，它的化学成分直接影响焊缝的质量。不同的焊接材料需要选择不同的焊丝；药皮主要作用是保证焊缝金属有合乎要求的化学成分和机械性能，并使焊条有良好的焊接工艺性能。

电焊条的牌号以汉语拼音的大写字母加上二位数字表示。字母表示电焊条的大类，三位数字中前二位数字表示焊缝强度，第三位数字表示药皮类型及电源种类。例如J422焊条，"J"表示结构钢用焊条，前二位数字"42"表示焊缝金属的抗拉强度大于420兆帕，第三位数字"2"表示药皮类型是钛钙型，电源种类也是交直流两用。

### （二）焊接工艺

**1. 接头型式**

常用的焊接接头型式有对接接头、角接接头、T字接头和搭接接头。

**2. 焊接规范**

手工电弧焊的焊接规范主要指焊条直径、焊接电流与焊接速度等。

①焊条直径。主要取决于焊件的厚度，厚度越大所选用的焊条直径越粗。但焊厚板时，对接接头坡口内的第一焊层要用较细的焊条。

②焊接电流。根据焊条直径选择焊接电流。焊接低碳钢时，按下面经验公式选择焊接电流：电流为30～50倍焊条直径。增大焊接电流能提高生产率。但电流过大易造成焊缝咬边、烧穿等缺陷；电流过小易造成夹渣、未焊透等缺陷，且降低生产率。故应适当地选择电流。

③焊接速度。指焊条沿焊接方向移动的速度，手弧焊时，焊接速度由操作者凭经验来掌握。

**3. 施焊要领**

①引弧。引燃并产生稳定电弧的过程称为引弧。引弧方法有敲击法和摩擦法两种。引弧时焊条提起动作要快，否则容易粘在焊件上。

②运条。焊接时，焊条应有三个基本运动：焊条向下送进，以便弧长维持不变；焊条沿焊接方向向前运动；横向摆动，焊条以一定的运动轨道周期地向焊缝左右摆动，以获得一定宽度的焊缝。

③收尾。在焊缝焊完时，若收尾时立即拉断电弧，则会在焊缝尾部出现低于焊件表面的弧坑，所以焊缝的收尾不仅要熄弧，还要填满弧坑。

④焊前点固：为了固定两焊件的相对位置，焊前要在焊件两端进行定位焊（通常称为点固）。点固后要把渣清理干净。若焊件较长，则可每隔200～300毫米点固一个焊点。

### （三）操作安全要求

①焊前应熟悉所使用的设备、器具的性能，遵守操作规程，预防设备事故或人身事故的发生。应使焊接场所的焊件、用具、工具等放置合理，并检查设备，注意电气连线及保护接地线正确可靠，电线接线点应接触良好，以免发热或产生火花。

②焊接过程中，要注意避免被灼热的焊条头及焊件烫伤。更换焊条时，身体不可直接触及焊钳与焊件，以免遭到电击。

③如果必须在潮湿地带工作，焊工站立的地方应铺有绝缘物，以此来避免电流通过人体。如焊接有色金属器件及在有毒有害气体场所作业，应加强通风，戴供氧面具或戴防毒面具。在狭小的场所作业，应配备抽风机更换空气，以减少焊接烟尘对焊工的危害。

④工作结束停机时，应先按动接触器的停止按钮，切断电焊机电源，再拉断电源刀闸开关。切不可在有人焊接时带负荷拉闸，烧伤拉闸者。离开场地前，必须扑灭残

留的火星。

## 二、气焊

气焊是利用可燃气体燃烧产生的热量进行焊接的方法。常用的可燃气体是乙炔和石油液化气。与电焊相比，气焊火焰温度较低、加热慢、生产率低，焊接过程中热量散失较大，焊件受热范围大，热影响区较宽，焊件焊后易变形，焊接时火焰对熔池保护性差，焊接质量不高。但气焊火焰易于控制和调整，灵活性强。

气焊主要用于焊接薄钢板和黄铜、补焊铸铁、焊接有色金属及其合金、热处理加热等，也可以对焊件进行焊前预热和焊后缓冷。

### （一）气焊设备

气焊设备与工具主要包括乙炔瓶、氧气瓶及焊炬等，如图 2-15 所示。

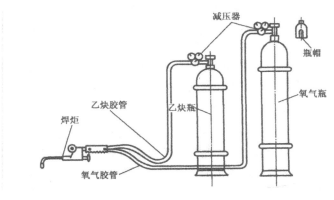

**图 2-15 气焊设备**

①乙炔瓶。贮存乙炔气体的容器。

②回火防止器。防止火焰倒流进入乙炔瓶而发生爆炸的安全装置。

③氧气瓶。是贮存氧气的高压容器。其容积为 40 升，贮氧最高压力为 15 兆帕，气瓶通常漆成天蓝色。

④减压阀。用来将氧气瓶中的高压氧降低到工作压力，并保持焊接过程中压力稳定。

⑤焊炬。是使乙炔和氧气按一定比例混合，并获得气焊火焰的工具。

### （二）气焊火焰

根据氧和乙炔或者石油液化气的比例不同，气焊火焰可分为中性焰、氧化焰和碳化焰 3 种。

#### 1. 中性焰

氧与乙炔的容积比值为 1～1.2。焰芯特别明亮。内焰颜色较焰芯暗，呈淡白色，其温度最高达 3150℃。焊接碳钢时将焊件放在距焰芯尖端 2～4 毫米处的内焰进行。外焰温度较低，呈淡蓝色。

中性焰应用最广泛，一般常用来焊接碳钢、紫铜与低合金钢等。

## 2. 氧化焰

氧与乙炔的容积比值大于 1.2。焰芯、内焰、外焰都缩短。焰芯与内焰已分不清，温度高达 3400℃左右。氧化焰会氧化金属，一般不用氧化焰施焊。但是焊接黄铜时却正要利用这一特点，使熔池表面生成一层氧化物薄膜，防止锌的进一步蒸发。

## 3. 碳化焰

氧与乙炔的容积比值小于 1.2。焰芯较长，呈蓝白色，内焰呈淡蓝色，外焰带橘红色，最高温度达 3000℃。由于火焰中有过剩的乙炔，焊接碳钢时，焊缝中含碳量增加，使焊缝金属强度提高和塑性降低，因此它适用于焊接高碳钢、铸铁及硬质合金等材料。

### （三）焊丝与焊粉

焊丝的化学成分直接影响到焊缝金属的机械性能，应根据焊件成分选择，或从被焊板材上切下一条作焊丝。气焊低碳钢时常用的焊丝为 H08 和 H08A。

焊粉的作用是去除焊接过程中的氧化物，保护焊接熔池，增加熔池的流动性，改善焊缝成型等。一般低碳钢焊接时，不必用焊粉。

焊粉种类很多，如粉 101 用于不锈钢和耐热钢的焊接；粉 201 用于铸铁的焊接；粉 301 用于铜及铜合金的焊接；粉 401 用于铝及铝合金焊接。

### （四）气焊安全注意事项

气焊的安全，关键是乙炔、石油液化气及氧气瓶的安全，主要是防火与防爆。氧气瓶一般在温度为 20℃时，压力为 15 兆帕，所以在运输、贮存和使用中要防止震动和碰撞。氧气瓶要预防直接受热，避免阳光暴晒。不能将氧气瓶内的氧气全部用完，应有剩余氧气（氧气瓶内剩余压力应为 0.1～0.2 兆帕），主要是为了防止其他气体进入。要定期检查瓶阀、接管螺丝、减压器等。不能使氧气瓶与油脂接触。氧气瓶与乙炔瓶要分开存放，安全距离为 2 米。

## 三、气割

气割是利用氧乙燃火焰将工件切割处的金属预热到燃点，之后喷出高速切割氧流将金属燃烧成熔渣并从切口吹掉，从而将工件分离。气割具有效率高、成本低、设备简单、能在多种位置进行作业的优点。气割常用来切割低、中碳钢和低合金钢，但不能用来切割铸铁、铜、铝等金属。

### （一）气割设备

气割设备与气焊相同，不同的是采用割炬。割炬是进行气割的主要工具，割炬有射吸式和等压式两种。

## 1. 射吸式割炬

射吸式割炬的氧气通过喷嘴以很高的速度射入射吸管，把低压燃气吸入射吸管，氧气与燃气以一定的比例在混合管内混合后流出，点燃后成为所需的预热火焰。当被切割处金属预热到燃点后给出切割氧，移动割炬形成割口，实现切割。射吸式割炬可采用低压燃气，也可用中压燃气。射吸式割炬是普遍使用的手工割炬。

2. 等压式割炬

等压式割炬的燃气、预热氧分别由单独的管路进入割嘴内混合。等压式割炬采用中压燃气，具有气体调节方便、火焰燃烧稳定、不易回火等优点。

（二）气割操作要点

气割基本过程为预热、燃烧和吹渣，操作要点如下：

1. 切割氧压力

切割氧压力与工件厚度有关。压力太低，切割过程缓慢，容易吹不透，黏渣。压力太大，氧气浪费，切口表面粗糙，切口加大。

2. 预热火焰能率

预热火焰采用中性焰，应提供足够的热量把被割工件加热到燃点，预热火焰能率和工件厚度有关，厚度越大，预热火焰能率越大。

3. 割嘴型号

割嘴型号分为1号（切割钢材厚度1～8毫米）、2号（切割钢材厚度4～20毫米）、3号（切割钢材厚度12～40毫米），根据工件厚度选择割嘴型号。

4. 割嘴与工件的距离

根据工件的厚度选择，厚度越大，距离越近，一般控制在3～5毫米，薄工件应把距离拉开，以免前割后焊。

5. 割嘴与工件表面倾斜角

倾斜角大小根据工件厚度而定，切割厚度小于30毫米钢板时，割嘴向后倾斜20°～30°。厚度大于30毫米钢板时，开始气割时应将割嘴向前倾斜5°～10°，全部割透后再将割嘴垂直于工件，当快切割完时，割嘴应逐渐向后控制在5°～10°。

6. 切割速度

根据工件厚度选择，工件越厚，速度越慢，反之则快。

## 四、钎焊

钎焊是使用比焊件熔点低的金属材料作钎料，将焊件和钎料加热到高于钎料熔点、低于焊件熔点的温度，利用液态钎料润湿焊件，填充接口间隙并与焊件实现原子间的相互扩散，从而实现焊接的方法。

（一）钎焊应用

钎焊的焊接过程加热温度低于母材熔点，母材变形小，焊接工艺简单、快捷，但焊接强度取决钎料的强度。钎焊分为软钎焊和硬钎焊。软钎焊的焊料大多采用锡基合金，又称为锡焊，焊炬为电烙铁，应用于散热器的修补和电器元件的焊修；硬钎焊的焊料多为铜合金，又称为铜焊，焊炬为气焊焊炬，适用于油管等焊补。

### （二）锡焊操作

锡焊用的焊料为焊锡，焊剂为焊膏，工具是烙铁。烙铁有电烙铁和非电加热烙铁（简称烙铁）两种。电烙铁规格有 25 瓦、45 瓦、75 瓦和 100 瓦等多种，功率越大烙铁头的温度也就越高，应根据焊件的大小选用合适功率的电烙铁。

焊接操作要点如下：

①用锯条或砂纸清除焊接处的油污和锈蚀，露出光亮清洁表面，并涂上焊膏。

②接通电源将电烙铁加热到 250～550℃，先蘸焊膏，再蘸上一层焊锡。把烙铁头放在焊缝处，稍停片刻，使焊件表面发热，使焊锡黏附上焊缝后缓慢而均匀地移动，使焊锡填满焊缝。

③清理焊缝，检查焊接质量。

### （三）铜焊操作要点

铜焊连接强度高，并可承受较高的温度。铜焊用的钎料为铜焊条，焊剂为硼砂，热源为氧乙炔火焰，施焊时，把氧乙炔火焰调成中性火焰。操作要点如下：

①锉削、打磨将要焊接的部位，彻底去掉连接处的油污。

②焊炬按"8"字形不断移动，均匀加热焊件到合适温度（表面呈暗红色）。

③在被焊部件处加铜焊条和焊剂，使焊条融化，但不要用焊炬直接加热熔化铜焊条。

④移开火焰，冷却焊接点，用刷子蘸水彻底清洗，应除去残留的硼砂，检查焊接质量。

## 五、铸件焊修

农机许多壳体零件，如发动机的气缸盖、气缸体、齿轮室，底盘的变速箱体、后桥壳体等，大都是灰铸铁铸造，它们的主要缺陷之一是受力部位容易断裂。由于壳体件结构复杂，加工精度高，制造成本高，对其修复的经济效益也较高。受力部位的断裂多用焊接工艺修复。

### （一）焊修特点

铸铁零件的可焊性较差，焊缝中产生硬而脆的白口组织，难于机械加工；焊接接头中产生裂纹和气孔，使焊接强度等质量难以保证。所以，铸铁零件焊修比较困难。

### （二）焊修方法

铸件焊修常用的方法是气焊法、电焊法和加热减应焊法。

1. 气焊法

用氧炔热焊时，将焊件整体缓慢地加热到 600～650℃，在焊接过程中始终保持这一温度，焊后要缓慢冷却。热焊法能消除裂纹的产生。然劳动生产率很低，劳动强度大，因而只有结构复杂的铸铁件才用氧炔焰热焊法。

2. 电焊法

在焊前和施焊过程中，焊件不预热或预热温度低于200℃时的焊接称为冷焊。冷焊可改善焊工的劳动条件，提高劳动生产率，省去加热设备而降低成本，但因焊件受热不均匀，冷却快，易产生白口组织和裂纹。为此在冷焊时需要从两方面采取预防措施：一是采用合适的焊接材料，以调整焊缝的化学成分与力学性能；二是在焊接过程中采取适当的工艺措施。

①电焊条种类。为改善焊缝质量，常用铸铁焊条有氧化型钢芯铸铁焊条、钒钢铸铁焊条、镍铜铸铁焊条、铜铁铸铁焊条等。

②焊修要点。铸件电焊时，必须采取相应的工艺措施，如在施焊中应采取短段、断续、分散焊、锤击焊缝和多层堆焊操作。

如将焊缝分成数段施焊，每焊好一段后，待焊缝冷却至用手摸不烫手后（50～60℃），再焊下一段，就可避免焊缝中应力越来越大。

在用镍基或铜基焊条施焊时，焊缝金属的塑性较好，焊后趁热（800℃左右）用圆头小锤轻快敲击，焊缝将在宽度方向延伸，与其冷却时的收缩相抵消，从而减小应力，并可消除气孔。

用小直径焊条，以较小电流多层堆焊时，可以减小熔深，避免焊件中的碳硅向焊缝扩散，同时上层焊层可以使下层焊层退火，改善其机械加工性能。如焊件厚度在4～8毫米时，选择焊条直径为2～3毫米，焊接电流为80～110安；焊件厚度在8～20毫米时，选择焊条直径为4～5毫米，焊接电流为100～200安。

3. 加热减应焊法

加热减应焊是在焊件上选定加热部位，在焊前或焊后加热，以减小或消除焊缝收缩引起的应力而产生裂纹。所选的加热部位称为加热减应区。焊前加热减应区一般选在裂纹延长线上，减应区受热膨胀，将使裂纹张开加宽，在焊接后减应区收缩方向与焊缝收缩方向一致，将减小焊缝收缩引起的应力。

当裂纹靠近零件或壳体的边端时，可以在裂纹焊接后，在靠裂纹一侧的边端加热，塑性增强，使焊缝能够自由收缩而减小应力，加热部位要逐渐由裂纹一侧移往壳体的边端，将应力释放。

加热减应焊用氧炔焰，加热减应区的加热温度应为650～700℃。焊前加热减应区在焊后也应继续加热，直到焊缝温度下降到300～400℃，低于减应区温度时才可停止减应加热。

# 第六节　喷漆技术

农机维修多采用手工喷漆。喷漆工具主要包括刮刀、锉刀、砂布等清除工具、刮涂工具、打磨抛光工具、空气压缩机、喷枪与个人防护用具。喷漆材料主要包括油漆、稀料和腻子。

## 一、喷枪

喷枪是喷漆作业的最重要工具，按工作原理分重力式、虹吸式和压送式三种。正确规范使用喷枪可以提高工作效率，保证喷漆作业质量。喷枪使用要领如下：

### （一）握枪姿势

喷枪是靠手掌、拇指、小指及无名指握住的，中指和食指用以扣动扳机。

### （二）喷枪对车身表面方位

喷枪对车身表面应该保持垂直，如果喷枪有歪斜，会造成喷幅带偏向一边流淌，而另一边则显得干瘦、缺漆，极有可能造成条纹状涂层。

### （三）喷枪至车身表面距离

对虹吸式喷枪，最佳工作距离为 15～20 厘米。若距离太近，则可能产生流淌，甚至可能造成颜色与预期的不一致。如果距离超过 20 厘米，则可能导致干喷、过喷，使涂料的流平性变差。压送式喷枪可以离车身远一些，一般最佳距离为 20～30 厘米。

### （四）喷枪移动速度

喷枪的移动速度约为 0.3 米 / 秒，移动速度过快，会使漆膜粗糙无光，漆膜流平性差；移动过慢，会使漆膜过厚发生流挂。

### （五）喷枪运行方法

喷枪运行方法有纵行重叠法、横行重叠法和纵横交替喷涂法。喷涂路线应从高到低、从左到右，从上到下、先里后外顺序进行。应按计划好的行程稳定地移动喷枪，在抵达单方向行程的终点时放开扳机，然后再扳扳机，开始相反方向仍按原线喷涂。在行程终点关闭喷枪可以避免出现流挂，并将飞漆减少到最低。

### （六）喷枪调整

主要是气压、雾形和漆流调整。喷涂压力与漆料的黏度有关，一般调节气压为 0.35～0.50 兆帕；喷涂前必须在遮盖纸上测量雾形，雾形旋钮可以调节雾形；控制阀拧出时漆流量增大，控制阀拧进时漆流量减小。

### （七）喷枪养护

为防止喷枪内漆道被喷涂后余漆凝固堵塞，每次喷涂完毕，必须清洗干净。清洗后的喷枪要注几滴机械润滑油，将喷枪各部位零件润滑。

## 二、油漆、稀料和腻子

### （一）油漆

油漆按用途分为底漆、中间漆和面漆三类。

底漆的主要作用是防锈、提高附着力，常用底漆品种：C06-1铁红醇酸底漆、A06-1铁红氨基底漆、环氧底漆；中间漆的主要作用是隔绝、填充和衬托面漆，常用硝基二道漆；面漆的主要作用是添加色彩、赋予光泽，常用各种颜色的醇酸磁漆。

### （二）稀料

又叫稀释剂，用来降低油漆的黏度，便于喷漆操作。而常用稀料有硝基漆稀料、过氯乙烯漆稀料和氨基漆稀料，也可以用汽油作为稀料。不同油漆选用不同的稀料。

### （三）腻子

腻子是一种黏稠物质，用在已涂底漆的车身表面上，以填平车身及部件表面凹坑、擦伤等缺陷，经过一层层涂刮及打磨直至形成平整光滑的表面。成品腻子，如醇酸腻子、硝基腻子、原子灰。

## 三、喷漆操作要点

### （一）喷漆前清洁

用砂布打磨金属蒙皮表面，再用汽油对待喷表面进行清洁。在喷涂底漆前，将车身上有水的地方用吹枪吹干，贴护所用的材料是胶带和报纸及专用遮盖纸，贴护完成后，喷涂铁红醇酸底漆。

### （二）打腻子

对车身非正常的凹陷部位进行填平，每道腻子厚度不超过1毫米，每道腻子之间应保证干燥，直至填平为止。湿打磨后应无台阶刮板痕迹；车身车顶圆角位置过渡要圆滑平顺，特别是边角位置一定要修磨平滑。最后用400号水磨砂纸沾水打磨平滑，清理多余腻子和灰浆积水。

### （三）喷封闭漆

喷涂白色硝基封闭漆，干燥后检补腻子，并用400号水磨砂纸打磨检补部位，最后清理灰浆积水及灰尘、沙粒等。

### （四）喷面漆

根据车身颜色选购调配合适颜色的面漆，出厂的面漆黏度很高，使用时除了先充分搅拌均匀外，还要稀释到适合喷枪雾化的黏度。稀释后的漆料通常用孔径为0.080～0.125毫米的铜丝或不锈钢丝网筛过滤。

面漆分三道喷涂，每隔20分钟复喷，静置10～15分钟流平，目测油漆流平性、遮盖性等；检查有否漏喷及膜前病态，并及时采取补救措施。等待足够干燥后（自干一般需 24 小时以上），再喷涂文字或图案等。

对于全喷车辆，在全喷之前，应先计划好喷涂的次序。首先对喷涂较难达到的部位，如发动机盖的里面及边缘、缝隙及门的里层，进行喷涂。喷涂次序应先顶部，再至敞开的车门边，然后绕车体再回到车门处。

### 四、操作安全要求

①喷漆作业中，正确佩戴个人防护用具，可以保证作业安全。可在使用涂料稀释剂时，应佩戴橡胶手套和防护眼镜。进行涂装作业时，都应佩戴具有雾化过滤器的有机气体防尘面罩，以免将涂料颗粒吸入肺部。

②车间内严禁一切明火，车间内不得随地堆放其他物品，特别是可燃物品，以保持通道畅通，车间内应有灭火器材。

③喷漆车间应单独设置，并安装通风设备，以把挥发出的可燃气体迅速排出车间。

④车间内应采取措施防止产生火花，电器设备要符合防爆要求；排风扇叶轮应采用有色金属制造，并防止摩擦撞击；所有设备均应可靠接地。

⑤严格控制车间内油漆和溶剂的贮存量，在保证当天的使用量外，不应过多贮存。有少量使用剩下的油漆和溶剂，应盖好盖子，减少挥发。

# 第七节　农机故障诊断方法

农机故障诊断就是在机器不解体的条件下，确定机器的技术状态，查明故障部位及原因。常用的农机故障诊断方法有人工直接诊断法、仪器设备诊断法和故障树分析法。

### 一、人工直接诊断法

人工直接诊断法是通过对机器的观察和感觉，或采用简单工具来确定机器的技术状态和故障。这种方法不需要专用设备，诊断的准确性主要取决于人员的技术水平，要求诊断人员具有丰富的实践经验。

诊断时通过问、看、嗅、摸、敲、试、听等方法，弄清故障现象，然后由简到繁、由表及里，逐步深入，进行推理分析，最后作出判断。

#### （一）问

向驾驶员问询有关情况，如行驶里程，使用年限，维修情况，故障发生之前有何预兆及发生过程等。

#### （二）看

通过观察可以查明机构、总成和零件的状况，如连接是否松动，配合件的位置关系是否改变，有无漏油、漏水、漏气现象，排气烟色及仪表指示的读数是否正常，润滑油面高度，再结合其他有关情况分析，就可以判断机器的工作情况。如排气冒黑烟，表明燃烧不良，喷油泵和喷油器有故障。排气冒蓝烟，表明有烧机油现象。

（三）嗅

嗅闻机器运行中散发出的某些特殊气味，来判断故障部位。若有生汽油味，表明有漏油或燃烧不良；有焦臭味，可能是电气线路短路绝缘烧焦，或是离合器、制动器摩擦衬片发热烧毁。

（四）摸

用手触摸可能产生故障部位的温度、振动情况等。如用手触摸各缸喷油器（熄火后）的温度可知各缸的工作情况；用手触摸高压油管的脉动情况，可判断喷油泵和喷油器的工作情况；用手触摸轴承、变速器、制动鼓等，察觉振动与发热情况，可判断其有无故障。

一般用手感觉到机件发热时，温度在 40℃ 左右，感到烫手但还能触摸几分钟，则为 50 ～ 60℃，如果刚一触及就烫得不能忍受，则在 80 ～ 90℃。可用此方法诊断时应注意安全。

（五）敲

用小锤轻轻敲击故障部位，并听发出的声音，可以判断连接的紧固程度，焊接处的强度，轴承合金贴合的紧密性，零件有无破裂以及轮胎气压高低等情况。如果连接贴合紧密、无破裂，轮胎气压高，敲击声音是清脆的，反之则是沙哑的。

（六）试

就是进行试验验证。检验人员可亲自试车体验故障情况，可用单缸断火法判断不工作的气缸，或判断发动机异响部位等；可用更换零件或调整法来证实故障部位。

（七）听

凭听觉判别机器的声响，确定有无异响，判定异响的部位。明显异响，可凭耳朵直接听察；混杂难辨的异响，可用听诊器，或借助于长把螺丝刀、金属棒抵触相应的部位以提高听诊效果。听诊的要领有以下几点：

①听诊之前，应尽量使发动机各缸都能工作，若有一个或几个气缸断火或间歇断火，反常声音必然相互混杂，加之发动机运转时正常声音的合鸣，将会给判断造成困难。

②听诊时应将听诊器受音触头或旋具、金属棒尖端接触到要听诊部位。为分析故障位置，各缸相应部位应反复听诊，通过比较、分析来判断故障。

③为提高听诊效果，在听诊中可用改变发动机转速的方法，分析转速改变时声音的变化情况，以判断故障。

④为查清故障位置和故障情况，在听诊中可用逐缸断火或断油方法进行，通过断火或断油前后声音变化来分析。

听诊法常用来检查活塞销、连杆瓦、主轴瓦、气门间隙等是否过大，发动机气缸有无不工作等故障。"嘎嘎"沉闷声为气门脚间隙过大或过小的声音；"嘣嘣"巨响声一般是排气管或消音器破裂；"啾啾"尖锐声是皮带与皮带盘摩擦的声音；"咔嚓"嘈杂声可能为水泵轴承损坏，曲轴损坏，轴颈及轴销发出的异声"咣咣"撞击声可能是曲轴轴颈与轴瓦间隙过大而产生撞击声。

## 二、仪器设备诊断法

仪器设备诊断法是在总成不解体条件下，可用测试仪表与检验设备来确定机器的技术状况和故障，并以室内的道路条件模拟机械设备运行来代替路试的一种科学的诊断方法。

这种诊断方法具有诊断故障快、准确，不需解体，能发现隐蔽故障等优点，但需要采用多种设备，投资较大。常用的仪器设备有发动机综合检测仪、发动机测功仪、真空度检测仪、机油分析仪、底盘测功机、传动系异响及角隙检测仪、前轮定位检测仪以及车辆安全检测线。此外，还可以用一些仪表仪具，对发动机技术状态进行不解体检查，如气缸压力，机油消耗量、机油压力、进气管真空度、曲轴箱窜气量等的检查。

## 三、故障树分析法

故障树就是故障因果关系分析图，是分析故障的一种图形演绎方法。它利用逻辑推理，对确定的故障事件在一定条件下用图形表示导致此故障事件必然发生的所有可能原因，及与此故障的各种逻辑关系。然后再将这些可能原因逐步按上述方法制图表示。如此层层分析和制图，直至分析到基本故障原因或是不能再分解的最终故障原因为止，这样的图形就叫故障树。

进行故障分析时，一定要先思考后动手，应遵循的原则是：搞清现象，掌握症状；结合构造，联系原理；由表及里，由简到繁；按系分段，逐步分析。

# 第三章 耕作机械的维修

## 第一节 铧式犁的故障及排除

犁是传统的耕地机械，其中铧式犁使用最为广泛。按与拖拉机的挂接方式不同，铧式犁分为牵引犁、悬挂犁和半悬挂犁三种类型。目前，常用是铧式悬挂犁和铧式牵引犁。

### 一、铧式犁的构造和工作过程

铧式悬挂犁一般由主犁体、犁架、犁刀、悬挂轴、调节机构和限深轮等组成。

工作时，利用拖拉机的液压悬挂机构（悬挂犁）或犁组的起落机构（牵引犁）控制犁架下落，使犁体入土，将土壤沿垂直和水平两个方向切开，形成一定耕深和耕宽的土垡；犁体继续前进，土垡沿犁壁曲面升起，受挤压、推移和扭转的作用而使土垡松碎，并向犁沟方向翻转，达到耕地的基本要求。

铧式牵引犁一般由主犁体、犁架、地轮、尾轮、沟轮、调节机构和牵引杆等组成。

牵引犁与拖拉机间单点挂接，拖拉机的挂接装置对犁只起牵引作用，在工作或运输时，其重量均由本身具有的轮子承受。耕地时，借助机械或液压机构来控制地轮相对犁体的高度，从而达到控制耕深目的。

## 二、铧式犁的主要工作部件

### （一）主犁体

主犁体是完成耕翻的主要工作部件，主要由犁铧、犁壁、犁托、犁柱和犁侧板等组成。

犁铧又称"犁铲"，其作用是插入土壤，切开和抬起土垡，并将其送往犁壁。

犁壁是犁体工作曲面的主要部分，位于犁铧的后上方，起翻土和碎土作用。

犁侧板又称"犁床"，安装在犁体左侧的后下方，耕作时紧贴着沟墙滑行。其功用是支持犁体，平衡犁体工作时产生的侧压力，保证犁体工作中的横向稳定性，并防止沟墙倒塌。多铧犁最后一个主犁体的犁侧板较长，有的末端装有可更换的犁踵。

犁托是犁铧、犁壁和犁侧板的连接支撑件。犁托的表面应与犁、犁壁的背面紧贴，并安装牢固。犁柱是将犁镂、犁壁和犁侧板连接在一起的支柱，也是犁体与犁架的连接件和传力件，下端固定犁托，上端可用 U 形螺栓和犁架相连。

### （二）犁刀和小前犁

犁刀安装在主犁体的前方，其作用是沿主犁体胫刃线切出整齐的沟墙，以减少主犁体的阻力和减轻胫刃部分的磨损，并有切断杂草残茬、改善覆盖质量的作用。一般机力犁多采用圆犁刀。

小前犁装在主犁体的前面。我国使用最多的是链式小前犁，结构类似于铧式犁主犁体，其作用是先将土垡表层的部分土壤、杂草和肥料切出翻转，然后主犁体再将整个土垡切出翻转，将小土垡覆盖于沟底，以提高覆盖质量。在杂草少、土壤疏松地区，可不用小前犁。

### （三）牵引和悬挂装置

牵引装置将拖拉机与犁相连，实现犁与拖拉机的挂接。它主要由主拉杆、斜拉杆、横拉杆、挂钩和安全器等组成。

## 三、铧式犁的安装和技术检查

### （一）主犁体的装配与技术检查

为减小工作阻力、保证工作质量，犁体安装应满足以下技术要求：

①铧刃厚度应在 2～3 毫米，梯形和凿形犁的背棱宽一般应在 8～10 毫米。

②犁铧和犁壁的接缝应严密平滑，缝隙不应超过 1 毫米。安装时，犁壁不能高出犁铧。

③犁壁与犁铧构成的垂直切刃（犁胫线），多位于同一垂直面上，犁铧凸出犁胫线不允许大于 5 毫米。

④犁侧板前端与耕沟底垂直间隙值应在 10～12 毫米，夹角为 2°～3°。

⑤犁侧板前端与沟壁平面的水平间隙应在 5～10 毫米，其夹角为 2°～3°。

⑥犁铧和犁壁与犁柱的接触面间隙，下部不应超过3毫米，上部不应超过8毫米。

⑦犁体上所有沉头螺钉应与工作面平齐，不得凸出，下陷不得大于1毫米。

### （二）犁架的装配与技术检查

犁架是犁的骨架，是安装工作部件的基体，其技术状态好坏，直接影响犁的耕作质量。因此，犁架必须具有准确的尺寸及足够的强度和刚度。

①牵引犁多采用组合式犁架，它是用螺栓把热轧型钢纵梁和横梁组合在一起，要求各个螺栓必须紧固，各梁必须处于同一平面内，其纵梁高度差不大于5毫米，横向距离差不大于7毫米。

②悬挂犁多采用管材焊接式犁架，要求其焊接后没有漏焊、脱焊及焊后变形等缺陷，且各梁必须处于同一平面上。其主梁不直度应小于1∶1000，各梁与水平基面的高度差应小于3毫米。

### （三）犁的总装及技术检查

犁的总装技术状态是否正确，影响到耕地时是否会产生漏耕、耕深不一致等现象。总装检查的主要内容是犁体在犁架上的安装状态。

①各部分的螺栓、螺帽应拧紧，螺栓头应露出螺帽3～5扣。

②悬挂轴及调节机构应灵活，可靠。

③多桦犁的主犁体各铲尖与铲翼应分别在同一直线上，其偏差不得超过5毫米。

④圆犁刀旋转面应垂直地面，刃口应锐利，刃口两边距垂线的距离不大于3毫米，圆盘轴向游动量不大于1毫米。

⑤小前犁铧安装高度应使其耕作层不大于10厘米，小铧尖与大铧尖相距在25厘米以上。圆犁刀应安在小铧前方，圆盘中心应垂直对准小前铧的铧尖，并向未耕地偏出10～30毫米，刃口的最低位置要低于小前铧铧尖20～30毫米。

⑥犁轮的轴向间隙不大于2毫米，径向间隙不大于1毫米，轮缘轴向摆动不大于10毫米，径向跳动不大于6毫米，犁轮弯轴的弯曲度应符合设计，不得变形。

⑦牵引犁尾轮左侧轮缘较最后的主犁体的犁侧板向外偏1～2厘米，尾轮下缘比犁侧板底面低1～2厘米。尾轮拉杆的长度应保证犁体在耕作时放松，在运输时使犁体有不小于20厘米的运输间隙。

## 四、铧式悬挂犁的挂接与调整

### （一）铧式悬挂犁的挂接

悬挂犁与拖拉机的悬挂装置相连接，悬挂犁的上悬挂孔与拖拉机的上拉杆（中央拉杆）相连接。悬挂犁的两个下悬挂孔分别与拖拉机的两个下拉杆相连接。

### （二）铧式悬挂犁的调整

铧式犁与相应功率的拖拉机挂接后，还应对其进行必要的调整。犁达到规定的耕深和稳定的耕幅后，才能投入正常的耕作。

①犁的入土角和入土行程的调整。悬挂犁入土性能通常用入土行程来表示。入土行程是指最后犁体铧尖着地点至该犁体达到规定耕深时，犁所前进的距离；入土角是指第一犁体铧尖开始入土时，犁体支撑面与地平面的夹角，一般为3°～5°。当犁铧磨钝或土壤干硬时，为使犁能及时入土，可缩短悬挂机构上拉杆的长度．增大犁的入土角，缩短入土行程，以增强犁的入土性能，使犁容易入土。

②耕深调整。牵引犁利用深浅调整机构控制耕深，悬挂型利用拖拉机液压悬挂系统或限深轮配合作用控制耕深调节。只有改变拖拉机调节手柄的位置，液压系统方能根据犁的阻力变化，自动地调节犁的升降。

③犁架水平调整。为保证耕深一致，耕作时，犁架应保持水平。犁架的水平需从前后和左右两方面来调节：调节前后水平，一般是伸长或缩短悬挂机构的上拉杆；调节左右水平，一般是改变右提升杆的长度。轮式拖拉机耕地时，右轮走在犁沟里，左轮走在未耕地上。为使犁架左右保持水平，应将右提升杆缩短。

④耕宽调整。犁耕中，第一钟耕宽偏大或偏小，是形成漏耕或重耕的主要原因，是犁相对于拖拉机的横向位置配合不当所致。对多犁的耕宽调整，就是改变第一的实际耕宽，使之符合规定。悬挂犁的耕宽调整是通过改变下悬挂点和犁架的相对位置，使犁侧板与机组前进方向成一倾角来实现的。

## 五、犁使用的注意事项

①挂接犁时应低速小油门。

②落犁时应缓降、轻放，防止犁及犁架等受到撞击而损坏。③在过硬或过黏的土壤中耕作时，应适当减少耕深和耕宽，以免阻力过大而损坏机件。

④地头转弯时应减小油门，将犁体提升出土后方可转弯。

⑤在机组运行中或犁被提升起来而无可靠支撑时，不准对犁进行维护、调整和拆装。

⑥犁在长距离运输时，悬挂机组需将悬挂锁紧轴锁紧，应适当调紧限位链；牵引机组要将升起装置锁住。

## 六、铧式犁常见故障及其排除方法

### （一）犁不入土

犁不入土故障原因与维修方法

1. 故障原因

①犁铲刃口过度磨损；

②犁身太轻；

③土质过硬；

④限深轮没有升起；

⑤上拉杆长度调整不当；

⑥下拉杆限动链条拉得过紧；

⑦犁柱严重变形；

⑧上拉杆位置安装不当。

**2. 维修方法**

①修理或更换新犁铲；

②在犁架上加配重；

③更换新犁铲，调节入土角，并在犁架上加配重；

④将限深轮调到规定耕深；

⑤重新调整上拉杆使犁有入土角；

⑥放松链条；

⑦矫正或更换犁柱；

⑧重新安装上拉杆。

### （二）犁耕阻力大

**1. 故障原因**

①犁铲磨钝；

②耕深过大；

③犁架因偏牵引歪斜；

④犁柱变形，犁体在歪斜状态下工作。

**2. 维修方法**

①维修或更换犁铲；

②用液压机构耕深调节手柄或用限深轮减少耕深；

③重新调整；

④矫正或更换犁柱。

### （三）沟底不平或耕深不一致

**1. 故障原因**

①犁架不平；

②犁铲过度磨损；

③犁柱变形或犁架变形。

**2. 维修方法**

①用上拉杆调节犁架前后水平，可用右提升杆调节犁架左右水平；

②修理或更换犁铲；

③修理或更换犁柱或犁架。

### （四）重耕或漏耕

**1. 故障原因**

①犁架因偏牵引歪斜；

②犁体前后距离安装不当；

③犁柱变形。

2. 维修方法

①按规定调整悬挂轴；

②重新安装；

③修理或更换犁柱。

### （五）犁钻土过深

1. 故障原因

①液压系统调节机构失灵；

②将没有限深轮的犁用到分置式液压系统的拖拉机上；

③上拉杆位置安装不当或调节不当。

2. 维修方法

①检修、调整液压系统调节机构；

②换用带有限深轮的犁或加装限深轮；

③重新安装或调整。

# 第二节　圆盘犁的维修

## 一、工作时，传动轴偏斜大，操纵费力

### （一）故障原因

①尾轮倾角太小；

②尾轮入土量太小；

③尾轮损坏或连接螺栓松动；

④拖拉机左右限位链长度太长；

⑤犁盘偏角太大（牵引式）。

### （二）维修方法

①加大尾轮倾角；

②增大下垂量；

③更换或修理尾轮零件，扭紧连接螺栓；

④调节拖拉机的限位链；

⑤逐个调小犁盘偏角。

## 二、十字轴损坏

### （一）故障原因

①传动轴装错；

②倾角过大；

③缺少黄油。

### （二）维修方法

①应将中间两只叉口装在同一平面上；

②限制提升高度；

③每班注黄油一次。

## 三、齿轮箱有杂音

### （一）故障原因

①有异物进入箱内；

②齿轮侧隙过大；

③轴承损坏；

④齿轮牙齿折断。

### （二）维修方法

①取出异物；

②调整齿轮侧隙；

③更换轴承；

④更换齿轮。

## 四、犁盘轴转动不灵活

### （一）故障原因

①齿轮、轴承损坏咬死；

②圆锥齿轮无侧隙；

③犁盘轴连接松动；

④犁盘轴轴承座缠草。

### （二）维修方法

①更换损坏件；

②调整圆锥齿轮侧隙；

③扭紧连接螺栓；

④清除杂草。

## 五、尾轮浮动状态不灵活

### （一）故障原因

①尾轮调节杆变形；

②摆杆钗链生锈。

### （二）维修方法

①矫正尾轮调节杆；

②除锈，加油。

## 六、传动箱漏油

### （一）故障原因

①油封、纸垫等损坏；

②箱体有裂纹。

### （二）维修方法

①更新油封、纸垫；

②修复或更新传动箱。

# 第三节　圆盘耙的维修

## 一、耙的构造和工作原理

耙，主要介绍圆盘耙和水田耕。

### （一）圆盘耙的整机构造及工作过程

圆盘耙主要用于犁耕后的碎土和平地，也可用于搅土、除草、混肥、浅耕、灭茬、松土、盖种；有时为了抢农时保墒，也可以耙代耕，是一种应用广泛的机具。

圆盘耙一般由耙组、耙架、悬挂架和偏角调节机构等组成。针对于牵引式圆盘耙，还有液压式（或机械式）运输轮、牵引架和牵引器限位机构等，有的耙上还设有配重箱。

工作时，在牵引力的作用下，圆盘滚动前进，并在耙的重力作用下切入土壤。随着耙片滚动，在耙片刃口和曲面的综合作用下，进行推土、铲土（革），并使土壤沿耙片凹面上升和跌落，从而起到碎土、翻土和覆盖等作用。

### （二）水田耙的整机构造及工作过程

水田耙通常为悬挂对称式，采用整体框架式耙架，主要由悬挂架、轧滚，耙架、星形耙组和偏角调节装置等组成。工作时，耙组星形耙片纵向切割土壤，将土壤搅碎，把杂草切断或向下压，然后轧滚叶片对土壤进一步切碎和搅浑，并把杂草压到底层。

## 二、耙的安装和技术检查

### （一）圆盘耙组的安装和技术检查

①圆盘耙片的检查。一个完好的耙片，其表面不得有疤痕和裂纹，圆盘中心孔对圆盘外径的偏心不应大于 3 毫米。圆盘扣在平台上检查时，刃口局部间隙不应大于 5 毫米。

圆盘耙片采用单面外磨刃（刃口在凸面一侧），刃口厚为 0.1～0.5 毫米。若刃口有残缺，其深度不应大于 1.5 毫米，长度不应大于 15 毫米，且整个耙片缺损处不应多于 3 处。

②耙滚的安装与检查。耙滚安装是在各零件技术符合要求后进行的，如耙片要完好、方轴要平直等。组装耙滚时应注意以下几点：

第一，对缺口式圆盘耙，其相邻的耙片缺口要相互错开，缺口按 0°、9°、18°、27°、36° 的顺序，在方轴上排列成螺旋形。

第二，为了避免总装时轴承位置与耙架轴承连接支板对不上，必须保证轴承在耙滚上的位置不装错。

第三，为了使间管与耙片紧密贴合，应使间管大头与耙片凸面相靠，间管小头与耙片凹面相靠。若其接触面之间有局部间隙．应不大于 0.5 毫米。

第四，最后应把方轴螺母完全拧紧并予锁定。

③耙滚轴承的安装与检查。耙滚轴承有滚珠轴承，木轴承与橡胶轴承等类型。滚珠轴承和木轴承内应注足清洁的润滑油。若是耐磨橡胶轴承，切勿沾染油质物体，以免引起橡胶迅速老化。

严重磨损的轴承（轴衬）应及时更换，新轴承（轴衬）装上去后，要注意保持耙滚的灵活转动。必须拧紧轴承和耙架轴承支板之间的连接螺栓。若因耙架或轴承支板变形，造成轴承和轴承支板之间安装孔对不上，或勉强装上去后拧紧螺栓，耙滚部不能转动时，不得用旋松螺栓来调节耙滚转动的灵活性，而应校正耙架或轴承支板的变形。在变形不大时，可在轴承和轴承支板安装配合面之间适当的加装垫片，来调节耙滚转动的灵活性。

④圆盘耙总装的技术检查。

第一，认真检查耙架是否变形和是否有开裂现象。变形严重时必须及时校正。

第二，对于前、后列耙组，要保证后列耙组耙片的切土轨迹与前列耙组耙片的切土轨迹均匀错开。

第三，刮土铲上下位置要求铲刃与圆盘中心水平面齐平或略高，左右位置要求铲刃外侧处在圆盘耙片刀口内 20～30 毫米，多与圆盘旋转面之间构成的倾角为 20°～25°。

### （二）水田耙的安装和技术检查

水田耙装配要求与缺口圆盘耙基本相似。要注意的是：

第一，在耙滚轴圆筒上焊接或在方管轴上套装星形耙片时，应使相邻耙片刀齿错开20°～30°，让整个耙滚刀齿呈螺旋状排列。

第二，为了使整个耙在水平内保持平衡，在同一列上的左、右耙组螺旋线方向应相反。

第三，轧滚装配时，应使轧滚左、右侧叶片螺旋方向相反，且整个轧滚应是中部叶片先入土，然后再逐渐趋向两旁。

第四，最后重点检查星形耙片或轧叶有无脱焊。将耙架起，用手转动耙滚或轧滚，观察其转动是否灵活，及耙片是否有晃动等现象。

## 三、圆盘耙的使用和调节

### （一）耙深调节

耙深调节主要是改变耙组的偏角。偏角大，耙深大；偏角小，耙深小。调节时先将耙升起，松开角度调节器的调节螺栓后，推动耙组横梁，即可改变连接孔位，可分别将耙组调成11°、14°、17°和20°四个偏角位置。调节角度调节器时，前梁和前耙架的连接也要做相应的改变。

另外，改变配重和拖拉机的液压悬挂机构也能控制耙深。

### （二）耙组水平调节

耙的水平调节机构，主要用来调节耙的纵向水平。转动水平调节丝杆，即可达到调节前，后水平的目的。另外，用水平调节机构还可调节拖拉机行驶的直线性，如拖拉机向左偏驶，则转动水平调节丝杆，使后耙组降低，增加耙深，即可纠正向左偏驶现象；如拖拉机向右偏驶，则转动水平调节丝杆，使后耙组稍微升起，减小耙深，即可纠正。

耙组的左、右水平（横向调平），一般可通过拖拉机右提升杆来调节的。

### （三）刮土铲调整

刮土铲与耙片凹面应保持3～6毫米的间隙，与耙片外缘距离应为20～25毫米；如不符合规定，可通过改变刮土铲在耙架上的位置予以调整。

## 四、耙的故障及其排除方法

以悬挂式缺口圆盘耙和水田耙为例，其常见故障及排除方法见表3-1。

表 3-1　耙常见故障及其排除方法

| 故障现象 | 故障原因 | 排除方法 |
|---|---|---|
| 耙片等零件脱落 | 方轴螺母未拧紧或轴承螺母松脱。 | 重新拧紧或更换。 |
| 耙不入土或耙深不够 | 耙片偏角太小；<br>耙片磨钝；<br>土质太硬，配重不够；<br>耙片间有堵塞。 | 调大耙片偏角；<br>磨说耙片刃口；<br>增加配重或换用重型耙；<br>清除堵塞。 |
| 耙后地表不平 | 前后耙组偏角未调好或不一致；<br>配重不一致；<br>耙架纵向不平；<br>个别耙组不转动或堵塞。 | 调整偏角；<br>调整配重；<br>调整牵引点位置；<br>清除堵塞。 |
| 耙片堵塞 | 土壤太黏、太湿；<br>杂草太多刮泥板不起作用；<br>耙组偏角太大；<br>前进速度太慢。 | 等水分适宜时再耙地；<br>调整刮泥板的位置和间隙；<br>调小偏角；<br>加快前进速度。 |
| 碎土不好 | 前后列耙组未错开；<br>耙速太慢；<br>土壤太黏、太湿。 | 调好左右位置；<br>适当加快前进速度；<br>适时耙地。 |
| 水田耙耙绿肥田时拖堆 | 灌水层不够深；<br>土华浸水时间太短；<br>犁耕翻质量不高；<br>耙架不平；<br>耙片偏角太大。 | 再灌水；<br>延长浸垡时间；<br>提高犁耕翻质量；<br>调平耙架；<br>调小耙片偏角 |

# 第四章  小型农机具的维修

## 第一节  微耕机的拆装、保养和维修方法

微耕机作为一种新兴的农业机械，被广大农民所接受，逐渐成为农民种田必不可少的农业机械。微耕机使用的发动机90%都是用的铝合金壳体发动机，做工精细，保养要求高，与传统的水冷柴油机比有很大的区别，若保养不好，可能好事变坏事。

### 一、微耕机的拆装

#### （一）场地、机器的清洁

微耕机有故障时，选一块干净的场地，将机器清洗干净再修理，否则，掉一个小元件都可能误工误时。

#### （二）维修工具准备和选择

微耕机维修有很多地方必须用专用工具拆装，否则容易损坏。

#### （三）微耕机拆卸的原则

先总成后部件，分片按序摆放。同时要注意记号、间隙、方向和螺丝的归位，必要的时候可以用笔做一个记号或者记录一下。

（四）装配

清洗所有的配件，按拆卸相反顺序装配。

## 二、微耕机的保养

### （一）微耕机用油

微耕机的发动机加工是很精密的，用油也要求很高，必须使用合格的听装柴机油，秋冬季使用 CC30 柴机油，春夏季使用 CC40 柴机油，并严格按照工作时间进行更换，磨合是微耕机工作 15 ～ 20 小时后更换机油，第二次是工作 50 小时，第三次是工作 100 ～ 150 小时。变速箱也必须用柴机油，不可以用齿轮油。因为微耕机属于轻型机械，必须使用低浓度的轻负荷机油。

微耕机的燃油也很重要，燃油必须使用合格的 0 号和 -10 号柴油。因为，这种发动机的油路元件都很精密也很昂贵，用好了可以用几年，用不好，可能半天一个。

### （二）及时紧固和调整

微耕机的离器、倒挡、油门、转向等是通过拉线操作的，而拉线又容易变形拉长，所以要通过调整螺丝及时进行调整。还有齿轮传动箱的一轴、二轴、两对锥形齿轮等使用一段时间后，会产生一定的间隙，一轴、二轴通过紧后端螺丝进行调整，两队锥形齿轮通过增加钢垫片来调整。在使用过程中，每天要进行必要的紧固。但要特别注意的是，发动机的螺丝不要轻易去紧它，尤其是那些直接上在铝合金壳体的螺丝。

### （三）保养维修

保养主要是使用后每天都要清洗干净并紧固螺丝，及时校正变形，冬季要进行防锈处理。

## 三、微耕机常见故障与排除

### （一）以柴油机为动力的微耕机

常见故障与排除参见拖拉机部分柴油机的故障与排除。

### （二）以汽油为动力的微耕机

汽油微耕机常见故障与排除

| 故障现象 | 故障原因 | 排除方法 |
|---|---|---|
| 汽油发动机启动不了 | 1. 无汽油或油路开关没打开，或阻风门开度不对。2. 火花塞损坏，导致无火。3. 气缸燃烧室内机油或汽油进得过多，使火花塞不能点火。 | 1. 加入燃油，打开燃油箱开关，冷机启动时关闭阻风门开度的2/3，热机启动时全开阻风门。2. 更换火花塞3. 拆下火花塞，关闭燃油箱开关，然后拉动启动盘，观察火花塞口有无油排出，并判断是机油还是汽油：若是机油，则应更换活塞环或修理缸筒并配活塞；若是汽油，则应多拉几次启动盘以排出汽油，再等一段时间让汽油挥发掉，并适当调整浮子室的油面高度。 |
| 工作时汽油机乏力，排气口冒黑烟 | 空气滤清器堵塞 | 清洗空气滤清器 |
| 工作时汽油机乏力，加油后无改变 | 1. 化油器；堵塞。2. 阻风门未打开。3. 燃烧室积炭过多，导致进、排气门关闭不严，或进、排气门座磨损严重。 | 1. 清洗油箱过滤器、化油器。2. 检查阻风门拉杆、弹簧是否脱落，保证阻风门开度准确。3. 清除积炭，修理磨损的气门座。 |
| 汽油机不能熄火 | 熄火线断或接触不良 | 进行修理 |
| 汽油机工作时出现过大噪声和振动 | 汽油机出现爆燃现象 | 1. 适当调整点火提前角。2. 检查加注的汽油牌号是否偏低，更换高爆燃的高牌号的汽油。 |

# 第二节　旋耕机的使用与维修

## 一、旋耕机的构造和工作原理

旋耕机一般由工作部件、传动部件和辅助部件三部分组成。工作部件包括刀轴、刀片、刀座和轴头等；传动部件由万向节、齿轮箱和传动箱（齿轮和链轮）等组成；辅助部件由悬挂架、左右主梁、侧板挡泥罩板和平土拖板等组成。

旋耕刀片是旋耕机的主要工作部件，分为槽形刀片和弯刀片两种。弯刀片分为左弯刀和右弯刀两种，用螺栓固定在刀座上。刀座按螺旋线排列，焊在刀轴上，通过轴头配置的链轮或齿轮将动力传递给刀轴，使其旋转。

旋耕机工作时，刀片一方面由拖拉机动力输出轴驱动作回转运动，一方面随机组前进作等速直线运动。刀片在切土过程中，先切下土垡，抛向并撞击罩壳和平土拖板，细碎后再落回地表。随着机组不断前进，刀片则连续不断地对未耕地进行松碎。

## 二、旋耕机的安装和技术检查

### （一）刀滚安装和技术检查

①弯刀在刀滚上的安装。在刀滚上安装弯刀时，应严格按照使用说明书上的刀片排列图进行，以免因片位置装错而产生堵塞、漏耕、负荷不匀等不良现象。刀片在刀座上必须安装牢固，应有锁紧措施，防止松脱而造成人身事故或机具损坏。

弯刀的侧刃应顺着旋转方向用刀刃切土；左、右弯刀位置不能装错，其配装方法有交错安装法、向外安装法和向内安装法三种。

交错安装是左、右弯刀在刀轴上交错排列安装，耕后地表平整，多适于耕后耙地或播前耕地；向外安装是刀轴左边装左弯刀片，右边则装右弯刀片，耕后中间有浅沟，适于拆畦或开沟作业；向内安装是刀轴左侧全部安装右弯刀片，右侧则全部安装左弯刀片，耕后中间有隆起，适于筑畦或在中间有沟的地方作业。

②刀滚在机架上的安装。刀滚装到旋耕机上后，刀片顶端与罩壳的间隙以30～45毫米为宜。刀滚装到旋耕机上后，应进行空转检查，把旋耕机稍提离地面，接合动力输出轴，让旋耕机低速旋转，观察其各部件是否运转正常。

③刀片检查。刀片是旋耕机的最主要工作零件，也是最易磨损变形的零件。一般要求正切刃切土时，刀背应与未耕地保持适当隙角，以使刀片能很好地入土。没有隙角时，刀背将顶在未耕地上，隙角太大时刀面对垡块的挤压将加大。这些都会使功率消耗剧增，同时严重影响旋耕质量。

对刀片外形的检查，可用特制样板进行，也可挑选备用新弯刀代替样板来对照检查，其最大误差不大于3毫米；刀片刃口厚度为0.5～2.5毫米。刃口曲线过度，应平滑，若刃口有残缺，其深度要小于2毫米，且每把刀的残缺不可多于2处。

### （二）传动装置安装和技术检查

#### 1. 万向节总成安装

第一，悬挂式旋耕机应根据工作幅度的大小，选用强度与耕作阻力相适应的万向节总成。一般工作幅为1～1.5米的旋耕机，配用"跃进"牌汽车用的万向节总成；工作幅为1.5～2米的旋耕机，配用"解放"牌汽车用的万向节总成。

第二，在拖拉机和旋耕机之间安装万向节总成时，必须使方轴和方轴套的夹叉处于同一平面内；旋耕机工作时，万向节总成两轴线夹角应不大于10°。万向节方轴和方轴套的配合长度，在工作时要求不小于150毫米，在升起时要求不小于40毫米。

第三，万向节总成两端的活节夹叉与拖拉机动力输出轴轴头和中间齿轮传动箱轴头连接时，必须推到位，使插销能插入花键的凹槽内，最后还应用开口销将插销锁好，以防止夹叉甩出造成事故。

## 2. 传动装置安装

第一，各轴承盖与箱体间垫片要完好，其厚度应符合规定，确保不漏油。

第二，各传动轴能灵活转动，轴向窜动量小于 0.1 毫米；若窜动量超过 0.5 毫米，必须进行调整。第一、二轴用减少轴承盖与变速箱体间调节垫片的厚度来解决，第三轴用锁紧两端轴头处的圆头螺母来解决。

第三，滚动轴承在装配之前，必须除掉轴和轴承座配合面之间的油污、毛刺、锈斑等。用清洁的柴油洗净，并在其装配面上涂一层清洁的机油。装配时，轴承内圈必须紧贴在轴肩上，不准有间隙。装配后，用手转动轴承时，应转动较快且灵活。

第四，锥齿轮装配时，其齿侧正常间隙为 0.17～0.34 毫米，极限值不得超过 0.68 毫米。齿的正常啮合印痕为，齿长和齿高均不少于 40%。

第五，侧边传动箱的链传动，要求主动、被动链轮的中心平面在同一铅垂面内，其偏差不能超过 0.5 毫米。链条的张紧度应合适。一般用手按压链条，以感到尚能按动为可。若用劲按而不动，则说明太紧；轻轻即能按动，则说明太松，此时则需用链条张紧装置重新调节松紧度。

### （三）旋耕机的使用与调节

#### 1. 旋耕机与拖拉机的配套

我国旋耕机生产已经系列化，不同功率的拖拉机均有与之相应的配套旋耕机。由于各地自然条件和农业技术要求不同，旋耕机的工作幅宽，应根据拖拉机功率的大小和机组前进速度等因素来确定。一般要求拖拉机的轮距（指正悬挂时）必须小于旋耕机的耕幅，并要求旋耕机的耕幅偏出拖拉机后轮外侧 50～100 毫米。

#### 2. 旋耕机的耕法

①梭形耕法。拖拉机从田块一侧进入，耕完一趟后，转小弯返回，接着第一趟已耕地耕第二趟，如此依次往返耕作，此法操作简单。手扶拖拉机转小弯较灵便，多采用此法。

②单区套耕法。单区套耕法也是梭形耕法，只是采用隔行套耕；一般先正向隔行耕三趟，然后反向耕行间留下的二条未耕地。此法克服了小转弯问题，但易造成漏耕。

③回耕法。拖拉机从四周采用绕"回"字方法向中间耕，多用于水田作业。可避免地头转弯的困难，但拖拉机转直角弯时应注意提起旋耕机，防止刀轴、刀片变形。

#### 3. 旋耕机的安全操作

旋耕机是靠高速旋转的刀滚完成碎土作业的。为了保证人身和机具安全，应注意下列各点：

①新机使用前，应按照使用说明书规定的注意事项，检查各部分技术状态是否完好，紧固件是否固紧，传动箱是否按规定注足了润滑油，传动装置的齿轮间隙或链条松紧度是否符合要求。

②检查旋耕机的万向节总成，其方轴和方轴套购配合良度是否适当，工作时两轴夹角是否小于 10°；地头转弯升起旋耕机时，两轴夹角是否小于 25°。在长距离运

输时，应将万向节总成拆除。

③严禁在旋耕机刀片入土后接合动力输出轴；严禁急剧降落旋耕机，避免拖拉机和旋耕机的主要工作部件及传动件损坏。

④地头转弯和倒车时，应升起旋耕机。旋耕机工作时，拖拉机和旋耕机上不准乘人，机后不准站人。

⑤工作时要注意倾听各运转部件有无杂声或金属敲击声，如有杂声，应立即停机检查。严禁在传动中排除故障，如需换零件，拖拉机应先熄火。

⑥作业完成后，应按规定进行保养。旋耕机应涂油存放在地势较高的地方，若露天存放，应加掩盖物。

4. 旋耕机的调节

①耕深调节。有限深轮的旋耕机（拖拉机的液压悬挂系统只完成升降动作），由限深轮调节耕深。

没有限深装置的旋耕机，耕深调节由拖拉机液压悬挂系统的操纵手柄控制。当旋耕机与具有力位调节的液压系统配套时，禁用力调节，应把力调节手柄置于提升位置，由位调节手柄进行耕深调节。当旋耕机与具有分置式的液压悬挂系统配套时，用改变油缸定位卡箍的位置来调节耕深。每次降下旋耕机时，都应将液压操纵手柄迅速扳到浮动位置上，不要在压降和中立位置停留；提升时，应迅速将操纵手柄扳到提升位置，提到预定高度后，再将手柄置于中立位置。

手扶拖拉机旋耕机的耕深调节，是用调节手柄调节尾轮或滑橇（水耕时用）来实现的。

②提升高度调节。通过调节液压操纵手柄扇形板上的定位手轮，使操纵手柄每次都扳到定位手轮为止，从而达到限制提升高度的目的。一般要求刀片离开地面150～200毫米即可。

③水平调节。改变拖拉机上拉杆的长度，进行前后水平调节；改变拖拉机液压悬挂系统右提升杆的长度，进行旋耕机的左右水平调节。

④碎土性能调节。通过改变刀片数、刀滚转速，机组前进速度，调节旋耕机的碎土性能。

## 三、旋耕机的故障及其排除方法

### （一）旋耕机负荷过大

故障原因：耕深过度，土壤黏重、过硬造成的。

维修方法：减少耕深，降低机组前进速度和犁刀转速。

### （二）旋耕机工作时跳动

1. 故障原因

①土壤坚硬；

②刀片安装不正确，犁身太轻。

2. 维修方法

①降低机组前进速度和犁刀的转速；

②正确安装刀片。

### （三）旋耕后的地面起伏不平

故障原因：原因是机组前进速度与刀轴转速配合不当。

维修方法：适当调整二者之间的速度。

### （四）旋耕机工作时有金属敲击声

1. 故障原因

①刀轴传动链条过松；

②刀轴两端弯刀变形碰侧壁；

③万向节转动夹角过大；

④刀片松动或刀座损坏。

2. 维修方法

①调节链条张紧度；

②修复或更换弯刀；

③限制旋耕机提升高度，改变万向节倾角；

④拧紧螺栓或修复刀座。

### （五）犁刀变速箱有杂音

故障原因：安装时有异物落入，或轴承、齿轮牙齿损坏引起。

维修方法：设法取出异物或更换轴承或齿轮。

### （六）旋耕机间断抛出大土块

故障原因：刀片弯曲变形，刀片折断、丢失或严重磨损。

维修方法：矫正或更换刀片。

### （七）旋耕机犁刀轴转动不灵或咬死

1. 故障原因

①齿轮或轴承损坏，咬死；

②锥齿轮无啮合间隙；

③刀轴侧板变形；

④刀轴弯曲变形。

2. 维修方法

①更换齿轮或轴承；

②调整间隙至规定范围；

③矫正侧板；

④矫直刀轴；

⑤清除缠草、积泥；

⑥修复链条。

### （八）旋耕机脱挡

1. 故障原因

①旋耕机使用的是牙嵌式离合器，由于使用的时间过长，牙嵌齿啮合面较严重磨损，使啮合齿齿顶变秃呈圆弧形，丧失啮合后的自锁能力，在作业过程中易滑移而脱挡。

②啮合套定位弹簧弹力过小或折断，啮合齿受力或遇机组振动，啮合套产生轴向滑动而脱挡。

③啮合套的定向钢球槽轴向磨损大，机组在工作过程中钢球产生轴向游动，使啮合齿脱开。

④拨挡槽和操纵杆球头磨损过度，换挡过程中由于轴向自由间隙过大，即使挂上挡，啮合齿的啮合宽度也较小，遇负荷变化或者机组颠跳时很容易脱挡。

2. 维修方法

①离合器啮合齿磨秃时，应及时修复或更换。修复时可用碳铜焊条堆焊啮合齿，再用标准齿压痕进行焊后修整，并按规定进行热处理。

②用标准弹簧更换弹力过小或折断的弹簧，保证啮合套有足够的定位稳定性和可靠性。

③啮合套定位钢球的槽如磨损过度，应进行修补加工或更换新件。

④拨挡槽和操纵杆球头磨损过度时焊修，且经手工修整后进行热处理，不能修复的更换新件。

### （九）工作时万向节偏斜很大

1. 故障原因

①旋耕机左右不水平；

②拖拉机左右限位链调整不当。

2. 维修方法

①调节拖拉机右提升杆，使旋耕机左右水平；

②调节拖拉机限位链，使左右长短一致。

### （十）十字轴损坏

1. 故障原因

①缺润滑油；

②倾角过大；

③猛降入土。

**2. 维修方法**

①更换十字轴，注意定期向十字轴注黄油；

②工作中应限制提升高度，不可使倾角过大；

③降落时应缓慢入土。

### （十一）方轴脱出

**1. 故障原因**

①十字轴损坏；

②方轴插销脱落；

③旋耕机提升太高；

④方轴太短。

**2. 维修方法**

①修复或更换十字轴；

②装上插销；

③限制提升高度；

④按规定尺寸更换方轴。

### （十二）动力输出轴折断

**1. 故障原因**

①万向节倾角过大，咬死；

②猛降入土，输出轴负荷过大；

③方轴脱套，夹叉继续转动。

**2. 维修方法**

①限制提升高度，更换新轴；

②查出脱套原因，更换新轴。

### （十三）万向节飞出

**1. 故障原因**

①十字轴损坏；

②插销脱落；

③十字挡圈飞出。

**2. 维修方法**

①修复或更换十字轴；

②装上插销；

③装上挡圈。

（十四）齿轮箱有杂音

1. 故障原因

①有异物落入箱内；

②锥齿轮啮合间隙过大；

③轴承损坏；

④齿轮牙齿剥落或折断。

2. 维修方法

①取出异物；

②调整啮合间隙至规定范围；

③更换轴承；

④更换或修复齿轮。

（十五）齿轮箱、链轮箱漏油

1. 故障原因

①油封损坏；

②纸垫或软木垫损坏；

③箱体有裂痕；

④链条箱盖不平。

2. 维修方法

①更换油封；

②更换纸垫或软木垫；

③修复或更换箱体；

④矫正箱盖。

（十六）刀轴堵泥

1. 故障原因

①旋耕的土地过于潮湿而黏重；

②旋耕过深，刀轴转速太慢；

③刀轴缠草太多。

2. 维修方法

①注意适时耕作；

②适当减少耕深，提高刀轴转速；

③清除缠草，应检查弯刀刃口是否锋利。

（十七）刀片变形或折断

1. 故障原因

①刀片与坚石相碰；

②转弯时继续耕作；

③把旋耕机猛降在硬地上。

2．维修方法

①修复或更换刀片；

②转弯时升起旋耕机，严禁耕作；

③操作时应缓慢降落。

## （十八）旋耕机主要工作部件检修

### 1．弯刀

刃口磨钝的弯刀应重新磨锐，变形弯刀需加垫校正后淬火（柄部分不淬火），淬火弯刀硬度应为 HRC50-55，若损坏，应换新件。

### 2．刀座

刀座损坏多为脱焊、开裂或六角孔变形，对局部损坏的刀座可用焊条焊补，损坏严重的应予更换。但在焊接刀座时要注意刀轴变形。

### 3．刀轴管

断裂刀轴管可在断裂处的管内放一段焊接性较好的圆钢，焊后应进行人工时效及整形校直，然后检查两端轴承挡。如超差太大，需更换没有花键一端的轴头，应以原花键端外径为基准加工新轴头，保证刀轴转动平衡灵活。

# 第三节　水泵的使用与维修

## 一、水泵的使用与操作

### （一）充水

除立式、斜式轴流泵外，离心泵、蜗壳式混流泵、卧式轴流泵在启动前都必须充水，充水到位后才能启动。

### （二）启动

离心泵在启动前先关闭出水管路上的闸阀和机组上的压力表及真空泵，水分满后，关闭抽气孔或灌水装置的阀门（或放气螺塞），之后启动，待机组达到额定转速后，及时开启闸阀，出水正常后再开启水表、压力表。

轴流泵的启动比较简单，在完成各项检查和准备工作后，只要加水润滑橡胶轴承即可启动，待水泵出水后不再加水润滑。

（三）停车

离心泵停车时，先关闭压力表，再缓慢关闭出水管路闸阀，然后关闭真空表，最后关闭动力机。轴流泵停机只需关闭动力机即可。在离心泵停车后，若要隔几天使用，应放掉泵内余水，若停的时间不长，可不放水。

水泵在运行中，应随时检查整个系统的工作状况，监听有无异常声响、监测轴承部位温升、查看管道有无泄漏、注意水源水位变化，尽量保持水泵的正常运转，避免事故发生。一旦出现故障，应分析故障原因，及时排除。

## 二、离心泵的技术维护

离心泵的技术维护包括日常维护、小修和大修，维护内容包括：

①经常擦拭机组、设备和管路上的灰尘、水渍和油污，并使之经常保持清洁、整齐。

②定时更换轴承内的润滑油脂。对于装有滑动轴承的新泵，第一次运行 100 小时后应更换润滑油，以后每 300 ～ 500 小时换油一次。滚动轴承每运行 1200 ～ 1500 小时补充黄油一次（一般可在小修时更换）。

③随时检查填料的松紧度，经常检查并紧固各部件的连接螺钉。

④保证水泵进水管有足够的淹没深度，并经常清除拦污栅以及进水池的杂物，防止杂物堵塞进水管或吸入水泵而损坏叶轮、泵轴等零部件。

⑤当机组累计运行 1000 小时左右或排灌季节结束后，将泵拆卸，检查并紧固叶轮螺母。若叶轮磨损严重，应及时进行修理或更换；测量密封环的间隙，如果间隙过大，应予以调整或修理，必要时应更换新的密封环。否则，密封环处泄漏量太大，会使泵的出水量减小，效率降低。叶轮与密封环的径向间隙与密封环的内径有关，可参考下表 4-1 中的推荐值；清洗水封环，更换已经磨损或变硬的填料；拆下轴承进行检查、清洗，更换新的润滑油；对直接传动型机组，应检查联轴器的固定情况，发现螺母松动应紧固，并检验两轴的同轴度；对胶带传动型机组，应检验皮带轮的稳定性和皮带的磨损及张紧状态；紧固离心泵轴套及叶轮紧固螺母，并检查叶轮定位键的定位情况；拆卸水泵，并在各加工表面涂上润滑脂，然后重新装配水泵，紧固各部分的连接螺栓。

表 4-1　叶轮与密封环的径向间隙（毫米）

| 密封环内径 | 径向间隙 | 磨损极限间隙 | 密封环内径 | 径向间隙 | 磨损极限间隙 |
|---|---|---|---|---|---|
| 80 ～ 120 | 0.09 ～ 0.22 | 0.48 | 220 ～ 260 | 0.16 ～ 0.34 | 0.7 |
| 120 ～ 150 | 0.105 ～ 0.255 | 0.60 | 260 ～ 290 | 0.16 ～ 0.35 | 0.8 |
| 150 ～ 180 | 0.12 ～ 0.28 | 0.60 | 290 ～ 320 | 0.175 ～ 0.375 | 0.8 |
| 180 ～ 220 | 0.135 ～ 0.315 | 0.70 | 320 ～ 360 | 0.2 ～ 0.4 | 0.8 |

⑥当机组累计运行 2000 小时左右时，除完成上述的维护工作外，还要将水泵进行全面解体，清洗、除垢、去锈。包括清洗各加工面、轴承和各部分的连接螺丝，并除去叶轮、密封环、轴套、轴等部件的水垢和锈斑。检查泵壳有无裂缝、麻点或穿孔，检查各结合面有无漏水、漏气现象，必要时应进行修补或更换。及时检查叶轮、密封

环、轴套的磨损情况，必要时进行修补或更换新件。检查泵轴是否弯曲或磨损，如果已弯曲，要进行调直；如果磨损严重，则应进行修补或镀铬，必要时更换泵轴。检查轴承间隙，滑动轴承磨损严重时，应进行修正并做间隙调整；检查滚动轴承的滚珠有无损坏，间隙是否合格，必要时应进行更换新轴承，重新装配时应更换新的润滑脂。经检查各项均符合要求后，应在各加工表面涂抹钙基润滑脂，按照装配工艺要求重新装配水泵。

## 三、离心泵的拆卸

### （一）离心泵的拆卸顺序

按照泵的结构形式不同，各类离心泵的拆卸方法也有所不同，但各类泵的联轴器的拆卸方法是相同的，即先拧下轴上的螺母（有的不带螺母），用手锤沿联轴器的四周对称交替轻敲即可取下。若用此方法拆卸不下来，可用拉轮器（拉模）进行拆卸。

1. 单级单吸离心泵的拆卸

以 B 型泵为例来说明此类型泵的拆卸顺序及方法。单级单吸泵的泵壳是整体，转动部分套入壳内，叶轮呈悬臂状。具体拆卸顺序如下：

①从机组中拆卸水泵先拆下进、出水管，再拆开联轴器，最后松开地脚连接螺栓，将离心泵从机组中卸下。

②泵盖的拆卸先卸下泵盖与蜗形壳体固定螺母，然后敲击震动泵盖或用平头螺丝刀拨动结合处把泵盖取下。若带有顶丝，则可用顶出螺栓顶下。

③叶轮的拆卸用专用扳手拧下叶轮顶端轴头的反向螺母和止推垫圈，用木槌或铅锤沿叶轮四周轻轻敲击，叶轮即可从轴上脱下。若叶轮已锈在轴上，可先用煤油或汽油浸洗后再拆卸。

④泵体的拆卸卸下泵壳与托架之间的连接螺母，取下泵壳；再卸下填料压盖，取出填料函中的填料，此时应注意不要把水封环碰坏。

⑤泵轴的拆卸先卸下托架轴承体上的前、后轴承压盖，再用方木或纯铜棒由轴的前方向后（即联轴器方向）敲打，即可把泵轴取下。

在拆卸过程中应注意不能使轴弯曲或损坏，所拆出的键及其他小零件应编号存放，以免弄错。

2. 单级双吸式离心泵的拆卸

以 SH 型单级双吸式离心泵为例来说明此类型泵的拆卸顺序及方法。此类型泵的泵盖和泵体是上下装配，只需拆下泵盖转动部分就可拿掉。其拆卸顺序如下：

（1）泵盖的拆卸

先拧下泵体两边填料压盖与泵盖之间的连接螺母，将填料压盖向两边拉开，再拆下泵体与泵盖之间的连接螺母和定位销钉，即可取下泵盖。

（2）转子部分的拆卸

①卸下泵体两侧的轴承压盖即可取下叶轮和泵轴总成。注意，拆卸时不得碰伤叶

轮和轴颈等。

②用木槌敲打下轴承（安装滚珠轴承的应先去掉联轴器）。

③取下填料压盖、填料环及填料套。

④取出叶轮两侧的双吸口环。

⑤拧下轴套两端背帽，拆下轴套。

⑥用木槌轻打取下叶轮。若用此法不能取下叶轮，则可用压力机把叶轮由轴上压出。

（3）联轴器的拆卸

拆下联轴器上的螺母，用专用的胶带轮拉轮器把联轴器盘慢慢拉出。

### （二）离心泵的装配

离心泵的装配方法在产品使用说明书中都有说明，装配时要严格按照说明书进行或按照与拆卸顺序相反的顺序进行即可。现只将装配过程中应注意的事项及检查方法简述如下：

1. 装配前的准备工作

①仔细阅读泵的产品说明书及图样，了解泵的装配顺序及方法。

②准备好起重设备及装配时所用的工具和量具。

③清理装配地点。

④复核与各零件相关的装配尺寸的正确性。

2. 叶轮泵轴总成的装配与检查

单级泵的装配较为简单，这里以多级泵叶轮泵轴总成装配与检查为例进行说明。多级泵叶轮泵轴总成是由许多零部件套装在轴上而组成的，然后用锁紧螺母把它们固定在轴的各相应位置上。如果经过修复的各零部件不能满足工作要求，从而造成较大的径向跳动，泵在运行时就容易产生摩擦，破坏泵的正常工作。

在总装配前，转子要进行小装，即把叶轮、轴套和平衡盘等都装在轴上，然后放到两个 V 形铁或卧车的顶尖间用千分表进行检查。

第一步：检查每个轴套、挡套和平衡盘。转子每转 1 周，千分表就有一个最大值和一个最小值，把这两个值记录下来，经过几次检验后，两者之差即为径向跳动量。轴套、挡套和平衡盘轮毂外圆对两支点的径向圆跳动允许有误差。

第二步：检查叶轮口环，方法同第一步。叶轮口环外圆对两支点的径向跳动允许有误差。

平衡盘端面对轴两端支点的端面跳动允许有误差。

3. 装配结束后的试车及验收

离心泵装配结束后要进行试车，以便检查泵各部分是否还存在缺陷，特别是检查泵的工作能力是否合乎要求。试车时如果发现问题，必须在投入运行之前及时处理。

（1）离心泵的试车检查

①检测数据是否符合要求，检修记录是否齐全、准确。

②润滑油系统是否不堵、不漏。

③轴封渗漏是否符合要求。

④盘车是否有轻重不均匀的感觉，填料压盖是否歪斜。

（2）带负荷后应符合下列要求

①启动动力机使泵运转达到额定转速后，检查各部位有无杂音、摆动、剧烈振动或泄漏等不良情况。泵轴处振幅不得超过有关规定，如下表4-2。

表4-2　泵轴处振幅规定

| 泵轴转速（转／分） | 500 | 600 | 750 | 1500 | 3000 |
|---|---|---|---|---|---|
| 最大振幅 | 0.2 | 0.16 | 0.1 | 0.08 | 0.05 |

②在额定扬程下，排量不高于或低于额定排量的5%。

③在上面所规定的排量范围内，总扬程不低于额定扬程。

④在额定排量、总扬程及额定电压下，电流不超过额定电流。

⑤滑动轴承温度不大于65℃，滚动轴承温度不大于70℃。

⑥密封漏损不超过下列要求：对机械密封，轻质油10滴／分，重油5滴／分；对软填料密封，轻质油20滴／分，重油10滴／分。

（3）离心泵的验收要求

装配质量经检验符合规定要求，检修记录齐全、准确，试运转正常，则可办理验收手续，交付使用。

## 四、离心泵常见故障与排除

离心泵常见故障与排除方法见下表4-3：

表4-3　离心泵常见故障与排除方法

| 故障现象 | 故障原因 | 排除方法 |
|---|---|---|
| 1. 水泵不出水 | 1. 充水不足或泵内空气未排尽<br>2. 进水管路漏气<br>3. 水泵转向不对<br>4. 水泵转速太低<br>5. 叶轮损坏<br>6. 底阀锈死<br>7. 填料处漏气<br>8. 进水口堵塞 | 1. 继续充水或抽气<br>2. 进行堵漏修复<br>3. 调换电源相应接线<br>4. 提高水泵转速<br>5. 更换叶轮<br>6. 卸下底阀，修复底阀<br>7. 压紧或更换填料<br>8. 清除堵塞 |

## 五、水泵机组维护与保养

水泵机组应按使用说明书的规定进行定期保养。对于新泵，运行100小时应更换轴承机油，以后每500小时更换一次。采用润滑脂润滑的水泵，应1500小时更换一次。

| 故障现象 | 故障原因 | 排除方法 |
|---|---|---|
| 2. 水泵出水量不足 | 1. 进水管淹没深度不够，泵内吸入空气<br>2. 进水管接头漏气、漏水<br>3. 吸水扬程过大<br>4. 填料处漏气<br>5. 进水管路或叶轮处有杂物<br>6. 功率不足或转速不够<br>7. 底阀开度不够或逆止阀有障碍阻塞<br>8. 减漏环、叶轮磨损 | 1. 增加进水管长度<br>2. 压紧接头堵塞漏气漏水<br>3. 调整吸水扬程<br>4. 压紧或更换填料<br>5. 停机清除杂物<br>6. 更换动力机或提高转速<br>7. 开大底阀门或停机修理逆止阀<br>8. 修理或更换减漏环、叶轮 |
| 3. 水泵运行中突然停止出水 | 1. 进水管堵塞<br>2. 叶轮被杂物毁坏<br>3. 进水管淹没深度不够，泵内吸入空气 | 1. 清除堵塞<br>2. 更换叶轮<br>3. 加深淹没深度 |
| 4. 动力不足，有沉闷声响 | 1. 电源电压偏低或油机转速不够<br>2. 水泵转速太高<br>3. 泵轴弯曲、轴承磨损或损坏<br>4. 填料压得太紧<br>5. 流量与扬程超过使用范围<br>6. 直联传动两轴心没对准 | 1. 提高电压或加大油机转速<br>2. 降低水泵转速<br>3. 校直泵轴，更换轴承<br>4. 调整压盖螺栓<br>5. 调整流量、扬程到使用范围内<br>6. 校正轴心位置 |
| 5. 运行中有杂音和震动 | 1. 机脚紧固螺栓运动<br>2. 泵轴弯曲、轴承磨损或损坏<br>3. 电源电压偏低或油机转速不够<br>4. 吸水扬程太大，产生汽蚀<br>5. 直联传动两轴心没对准 | 1. 紧固松动螺栓<br>2. 校直泵轴，更换轴承<br>3. 提高电压或加大油机转速<br>4. 降低吸水扬程<br>5. 校正轴心位置 |
| 6. 轴承温度过高 | 1. 润滑油不足或油质太差<br>2. 泵轴弯曲、轴承磨损或损坏<br>3. 传动皮带太紧<br>4. 平衡孔堵塞，轴向推力太大 | 1. 加足或更换符合标准的油<br>2. 校直泵轴，更换轴承<br>3. 调整皮带至适合程度<br>4. 疏通平衡孔 |

　　在排灌季节结束或运行一定时期后，应根据使用情况做好相关维护保养工作：①将水泵及管路内的余水全部放出。②清除机组上的尘土、油污，表漆脱落的地方应补涂或涂抹防锈油脂。③若管路拆卸不便，可将其拆下除锈涂漆，放置在干燥地方贮存；若管路拆卸不便，应用盖板将出水口封好，以免杂物进入管路，甚至落入泵内。④消除填料上的潮气和腐蚀物，重新整修填料或更换填料。⑤利用停机间歇，认真检查机组各个部位，使之保持良好的技术状态。

# 第四节  喷灌机的使用与维修

## 一、喷灌机组的类型及组成

喷灌是一种发展较快的先进灌水技术。其原理为：利用水泵将水由输水管道压到喷头里面，然后由喷头把水喷到空中，散布成细小水滴，像下雨一样洒向作物和地面。

喷灌与普通漫灌相比，具有省水、省工及保土、保肥的优点，同时还能冲洗作物表面，改善田间小气候。因此一般旱作物采用喷灌后，均能确保增产。据调查，玉米、小麦、大豆等大田作物的增产幅度在 10% ～ 30%；而蔬菜的增产幅度更大，有的可达 1 ～ 2 倍。

喷灌机组包括动力机、水泵、管道和喷头等设备，若加上水源设施，则应称为"喷灌系统"。喷灌机按动力机，水泵、管道、喷头等的组合方式不同，可分为移动式、固定式和半固定式三种基本类型。

### （一）移动式喷灌机组

移动式喷灌机组是把动力机、水泵、管道和喷头组装在一起。工作时为定位喷洒，即在一个位置喷完后，由人工转移到另一位置。它具有机动性能好等优点。

### （二）固定式喷灌系统

固定式喷灌系统除喷头能够原位旋转外，其他动力机、水泵，管道等的位置均是固定的，喷头只能在预先布点的固定位置旋转，进行喷灌。

固定管道式喷灌系统的优点是：操作方便，管理费用少，生产效率高，便于进一步实行自动化控制。但它的一次性投资较大，而且竖管对田间机械化作业有一定影响，因此比较适合灌溉生长期比较长的苗圃、蔬菜地，以及其他需要频繁喷灌的经济作物。

### （三）半固定式喷灌系统

半固定式喷灌系统的动力机、水泵、主管道是固定的，喷头装在可移动的喷灌车或者可移动的支管上。它兼有移动式和固定式的特点，比较适合在平原地区进行大面积喷灌。

半固定式喷灌系统的泵站和主管道的位置固定不动。支管支承在大滚轮上，并通过连接软管上的快速接头与主管道上的给水栓连接，支管上喷头进行旋转喷灌。在某个给水栓附近的田块喷灌完后，将支管从给水栓上卸下，即可由驱动小车把支管向前牵引至另一个给水栓处，再次用快速接头进行连接和喷灌。若如此依次进行喷灌，直至田块喷灌完毕。

## 二、喷头

### （一）喷头的主要性能参数

①工作压力。工作压力指工作时接近喷头进口处的水流的压力，单位则为兆帕。一般压力增加时，射程增大而水滴变小。

②射程。射程指喷头喷出水流的水平距离，又称喷洒半径，单位为米。射程的大小一般受工作压力、喷嘴直径和旋转速度等因素的影响。当工作压力一定时，射程随喷嘴直径的增大而增加，随喷头转速的提高而减小。

③喷水量。喷水量指喷头在单位时间内喷出的水量，单位为"立方米／小时"。喷水量随工作压力的增加和喷嘴直径的增大而增加。

④喷灌强度。喷灌强度是指喷灌机单位时间内对单位面积喷洒的水量。喷灌强度受喷水量、射程等多种因素的影响。

### （二）喷头种类

喷头一般按工作压力大小来分类，分为低压喷头，中压喷头与高压喷头。其分类界限和射程见表 4-4。

表 4-4　喷头的分类和特点

| 分类 | 低压喷头 | 中压喷头 | 高压喷头 |
|---|---|---|---|
| 工作压力（兆帕） | 1～3 | 3～5 | ＞5 |
| 喷水量（立方米／小时） | 2～15 | 15～40 | ＞40 |
| 射程（米） | 5～20 | 20～40 | ＞40 |
| 应用场合 | 雾化较好，一般适合蔬菜和苗圃的灌溉 | 射程适中，一般多用于大田作物的喷灌 | 射程远、水滴粗，一般适合于草原喷灌 |

按结构形式分，则有旋转式、固定式和孔管式三种，其中最常用的是旋转式喷头，它是利用摇臂冲击力驱使喷头旋转，使用最为普遍。

### （三）摇臂式喷头

摇臂式喷头是靠水力推动摇臂，然后再由摇臂冲击喷枪，由此使喷头进行旋转喷灌。主要由喷枪、密封装置、摇臂转动机构等零部件组成。

摇臂式喷头的转动机构称为"摇臂"，摇臂轴上装有弹簧，摇臂轴则固定在喷体上。臂的前端有导水器，导水器由偏流板和导流板组成。不喷水时，摇臂轴上的弹簧不受力，导水器处在喷嘴的正前方。

当开始喷水后，水自喷嘴处射出，通过偏流板和导流板的转向，从侧面流出。这样，水流的冲击力使摇臂转动 60°～120°，并把摇臂弹簧扭紧。水对摇臂弹簧的侧向推力消失后，在弹簧扭转力的作用下，摇臂又反转回位，敲击喷管，使喷管转动

3°～5°。如此周期性的往复，使喷头不断地间歇旋转，将水喷向喷头的四周。

## 三、喷灌系统的使用和维护

### （一）使用前的准备工作

①使用人员必须熟悉喷灌系统的组成、喷头的结构、性能与使用注意事项，并逐次检查各组成部分：动力机、水泵、管道、喷头等，看各零部件是否齐全，技术状态是否正常，并进行试运转。如发现零部件损坏或短缺，应及时修理或配置，以保持系统完好的技术状态。

②检查喷头竖管，看是否垂直，支架是否稳固。竖管不垂直会影响喷头旋转的可靠性和水量分布的均匀性；支架安装不稳，则运行中可能会因喷头喷水作用力而倾倒，损坏喷头或砸毁作物。

### （二）运行和维护要点

①起动前首先要检查干、支管道上的阀门是否都已关好，然后起动水泵，待水泵达到额定转数后，再缓慢地依次打开总阀和要喷灌的支管上的阀门。这样可以保证水泵在低负载下起动，避免超载，并可防止管道因水锤而引起震动。

②运行中要随时观测喷灌系统各部件的压力。为此，在干管的水泵出口处、干管的最高点和离水泵最远点，应分别装压力表；在支管上靠近干管的第一个喷头处、支管的最高点和最末一个喷头处，也应分别装压力表。要求干管的水力损失不应超过经济值；支管的压力降低幅度不得超过支管最高压力的 20%。

③在运行中要随时观测喷嘴的喷灌强度是否适当，应要求土壤表面不得产生径流或积水，否则说明喷灌强度过大，应及时降低工作压力或换用直径较小的喷嘴，以减小喷灌强度。

④运行中要随时观测灌水的均匀度，必要时应在喷洒面上均匀布置雨量筒，实际测算喷灌的组合均匀度。其值应大于或等于 0.8。

在多风地区，应尽可能在无风或风小时进行喷灌。如必须在有风时喷灌，则应减小各喷头间的距离，或采用顺风扇形喷洒，以尽量减小风力对喷灌均匀性的影响。在风力达三级时，则应停止喷灌。

⑤在运行中要严格遵守操作规程，注意安全，特别要防止水舌喷到带电线路上，并且应注意在移动管道时避开线路，以防发生漏电事故。

⑥要爱护设备，移动设备时要严格按照操作要求轻拿轻放。软管移动时要卷起来，不得在地上拖动。

（三）喷灌系统的常见故障及其排除方法旋转式喷头常见的故障及其排除方法表 4-5。

表 4-5　旋转式喷头常见故障及其排除方法

| 故障现象 | 故障原因 | 排除方法 |
|---|---|---|
| 喷头转动部分漏水 | 垫圈磨损、止水胶圈损坏或安装不当；空心轴或垫圈中进入泥沙；喷头加工精度不够。 | 更换新件或重新安装；拆下清洗干净；拆下修理或更换新件。 |
| 摇臂式转头转动不正常 | 空心轴与套轴间隙太小或泥沙堵塞；摇臂张角太小； | 应适当增大间隙或拆开清洗干净，重新安装；摇臂弹簧压得太紧，应适当调松。 |
| 摇臂张角太小 | 摇臂和摇臂轴配合过紧，阻力太大；摇臂弹簧压得太紧；摇臂安装得过高；水压力不足。 | 应适当增大间隙；应适当调松；应调低摇臂的位置；应调高水的工作压力。 |
| 摇臂的张角正常，但敲击无力 | 导流器切入水舌太深。 | 应将敲击块适当加厚。 |
| 摇臂甩开后不能返回 | 摇臂弹簧太松。 | 应调紧弹簧。 |
| 喷头射程不够 | 喷头转速太快；工作压力不够。 | 应降低喷头转速；按要求调高压力。 |

# 第五章 农作物主推品种

## 第一节 水稻主推品种

### 一、早稻

#### （一）鄂早18

鄂早18品种来源：黄冈市农业科学研究所、湖北省种子集团公司。品种审定编号为鄂审稻002-2003。

特征特性：该品种属迟熟料型早稻。株型紧凑，叶片中长略宽，叶色浓绿，剑叶短挺。分蘖力中等，生长势较旺，抽穗后剑叶略高于稻穗，齐穗后灌浆速度快，成熟时叶青籽黄，转色好。区域试验中亩有效穗27.3万，株高86.8厘米，穗长20.2厘米，每穗总粒数97.9粒，实粒数77.8粒，结实率79.5%，千粒重25.34克。全生育期115.5天，比嘉育948长6.3天。米质主要理化指标：出糙率78.4%，整精米率54.9%，垩白粒率23%，垩白度2.9%，直链淀粉含量17.1%，胶稠度82毫米，长宽比3.3，达到国标优质稻谷质量标准。两年区域试验平均亩产458.94千克，比对照嘉育948增产9.47%。抗病性鉴定为中感白叶枯病和穗颈稻瘟病。

多适宜范围：适于湖北省作早稻种植。

### （二）两优 302

**品种来源：** 湖北大学生命科学学院。品种审定编号则为鄂审稻 2011001。

**特征特性：** 该品种属中熟偏迟籼型早稻，感温性较强。株型适中，茎秆较粗壮，分蘖力中等，生长势较旺。叶色浓绿，剑叶较短、挺直。穗层整齐，中等偏大穗，着粒均匀，穗顶部有少量颖花退化。谷粒长型，样尖无色。成熟时转色好。区域试验平均亩有效穗 20.3 万，株高 92.6 厘米，穗长 20.9 厘米，每穗总粒数 125.5 粒，实粒数 103.0 粒，结实率 82.1%，千粒重 25.06 克。全生育期 115.9 天，比两优 287 长 0.7 天。米质主要理化指标：出糙率 78.9%，整精米率 60.5%，垩白粒率 30%，垩白度 3.6%，直链淀粉含量 20.6%，胶稠度 60 毫米，长宽比 3.5，达到国标三级优质稻谷质量标准。两年区域试验平均亩产 493.30 千克，比对照两优 287 增产 5.38%。稻瘟病综合指数 6.1。抗病性鉴定为高感稻瘟病，中感白叶枯病。

**适宜范围：** 适于湖北省稻瘟病无病区或轻病区作早稻种植。

### （三）两优 287

**品种来源：** 湖北大学生命科学学院。品种审定编号为鄂审稻 2005001。

**特征特性：** 该品种属中熟偏迟籼型早稻，感温性较强。株型适中，茎秆较粗壮，叶色浓绿，剑叶短挺微内卷。分蘖力中等，生长势较旺，穗层较整齐，有少量包颈和轻微露节现象。谷粒细长，谷壳较薄，样尖无色，成熟时叶青籽黄，不早衰。区域试验中亩有效穗 21.2 万，株高 85.5 厘米，穗长 19.3 厘米，每穗总粒数 110～138 粒，实粒数 84～113 粒，结实率 79.3%，千粒重 25.31 克。全生育期 113.0 天，比金优 402 短 4.0 天。米质主要理化指标：出糙率 80.4%，整精米率 65.3%，垩白粒率 10%，垩白度 1.0%，直链淀粉含量 19.5%，胶稠度 61 毫米，长宽比 3.5，达到国标一级优质稻谷质量标准。两年区域试验平均亩产 458.27 千克，比对照金优 402 减产 2.21%。抗病性鉴定为高感穗颈稻瘟病，感白叶枯病。

**适宜范围：** 其适于湖北省稻瘟病无病区或轻病区作早稻种植。

## 二、中稻

### （一）广两优香 66

**品种来源：** 湖北省农业技术推广总站、孝感市孝南区农业局、湖北中香米业有限责任公司。品种审定编号为鄂审稻 2009005。

**特征特性：** 该品种属迟熟籼型中稻。株型较紧凑，株高适中，生长势较旺，分蘖力较强。茎秆较粗，部分茎节外露。叶色深绿，剑叶中长、挺直。中等偏大穗，着粒较密，谷粒长型，有少量短顶芒，样尖无色，成熟期转色较好。区域试验中亩有效穗 16.0 万，株高 128.4 厘米，穗长 25.3 厘米，每穗总粒数 177.5 粒，实粒数 140.3 粒，结实率 79.0%，千粒重 29.99 克，全生育期 137.9 天，比扬两优 6 号短 0.6 天。米质主要理化指标：出糙率 80.4%，整精米率 65.2%，垩白粒率 20%，垩白度 3.0%，直链淀粉含量 16.6%，胶稠度 86 毫米，长宽比 3.0，有香味，以便达到国标二级优质稻谷质量标准。

两年区域试验平均亩产 601.82 千克，比对照扬两优 6 号增产 2.64%。抗病性鉴定为感白叶枯病，高感稻瘟病。田间稻曲病较重。

适宜范围：适于湖北省江汉平原和鄂中、鄂东南的稻瘟病无病区或轻病区作中稻种植。

### （二）扬两优 6 号

品种来源：江苏里下河地区农业科学研究所。品种审定编号则为国审稻 2005024、鄂审稻 2005005。

特征特性：株型适中，叶片挺且略宽长，叶色浓绿，叶鞘、颖尖无色。抽穗至齐穗时间较长，穗层欠整齐，穗部弯曲，谷粒细长有中短芒。分蘖力及田间生长势较强，耐寒性一般，后期转色一般。区域试验中亩有效穗 17.3 万，株高 117.3 厘米，穗长 24.3 厘米，每穗总粒数 159.8 粒，实粒数 124.0 粒，结实率 77.6%，千粒重 27.43 克。全生育期 138.6 天，比对照 II 优 725 短 2.1 天。米质主要理化指标：出糖率 80.4%，整精米率 58.8%，垩白粒率 14%，垩白度 2.8%，直链淀粉含量 15.4%，胶稠度 83 毫米，长宽比 3.1，达到国标三级优质稻谷质量标准。两年区域试验平均亩产 555.80 千克，比对照 II 优 725 增产 4.87%。抗病性鉴定为高感穗颈稻瘟病，中抗白叶枯病。

适宜范围：适于湖北省鄂西南山区以外的地区作中稻种植，按照农业农村部第 516 号公告，该品种还适于在福建、江西、湖南、湖北、安徽、浙江、江苏的长江流域稻区（武陵山区除外）以及河南南部稻区稻瘟病轻发区作一季中稻种植。

### （三）新两优 6 号

品种来源：安徽荃银农业高科技研究所。品种审定编号为国审稻 2007016。

特征特性：属粒型两系杂交水稻。株型适中，叶色浓绿，熟期转色好，每亩有效穗数 16.1 万穗，株高 118.7 厘米，穗长 23.2 厘米，每穗总粒数 169.5 粒，结实率 81.2%，千粒重 27.7 克。在长江中下游作一季中稻种植全生育期平均 130.1 天，比对照 II 优 838 早熟 3.0 天。米质主要指标：整精米率 64.7%，长宽比 3.0，垩白粒率 38%，垩白度 4.3%，胶稠度 54 毫米，直链淀粉含量 16.2%。两年区域试验平均亩产 572.39 千克，比对照 II 优 838 增产 5.71%。抗病性：稻瘟病综合指数 6.6 级，穗瘟损失率最高 9 级，白叶枯病 5 级。

适宜范围：适于江西、湖南、湖北、安徽、浙江、江苏的长江流域稻区（武陵山区除外）以及福建北部、河南南部稻区的稻瘟病轻发区作一季中稻种植。

### （四）丰两优香一号

品种来源：合肥丰乐种业股份有限公司。品种审定编号则为国审稻 2007017。

特征特性：属籼型两系杂交水稻。株型紧凑，剑叶挺直，熟期转色好，每亩有效穗数 16.2 万穗，株高 116.9 厘米，穗长 23.8 厘米，每穗总粒数 168.6 粒，结实率 82.0%，千粒重 27.0 克。在长江中下游作一季中稻种植，全生育期平均 130.2 天，比对照 II 优 838 早熟 3.5 天。米质主要理化指标：整精米率 61.9%，长宽比 3.0，垩白粒率 36%，垩白度 4.1%，胶稠度 58 毫米，直链淀粉含量 16.3%。两年区域试验平均亩产 568.70 千克，比对照 Ⅱ 优 838 增产 6.17%0 稻瘟病综合指数 7.3 级，穗瘟损失率最高 9 级，白叶枯病平均 6 级，最高 7 级。

适宜范围：适于江西、湖南、湖北、安徽、浙江、江苏长江流域稻区（武陵山区除外）以及福建北部、河南南部稻区的稻瘟病、白叶枯病轻发区作一季中稻种植。

（五）深两优 5814

品种来源：国家杂交水稻工程技术研究中心、清华深圳龙岗研究所。品种审定编号为国审稻 2009016，为 2012 年农业农村部超级稻主推品种之一。

特征特性：该品种属籼型两系杂交水稻。株型适中，叶片挺直，谷粒有芒，每亩有效穗数 17.2 万穗，株高 124.3 厘米，穗长 26.5 厘米，每穗总粒数 171.4 粒，结实率 84.1%，千粒重 25.7 克。在长江中下游作一季中稻种植，全生育期平均 136.8 天，比对照 Ⅱ 优 838 长 1.8 天。米质主要指标：整精米率 65.8%，长宽比 3.0，垩白粒率 13%，垩白度 2.0%，胶稠度 74 毫米，直链淀粉含量 16.3%，达到国家《优质稻谷》标准 2 级。两年区域试验平均亩产 587.19 千克，比对照 Ⅱ 优 838 增产 4.22%。稻瘟病综合指数 3.8 级，穗瘟损失率最高 5 级，白叶枯病 5 级，褐飞虱 9 级。

适宜范围：适于江西、湖南、湖北、安徽、浙江、江苏的长江流域稻区（武陵山区除外）以及福建北部、河南南部稻区作一季中稻种植。

（六）珞优 8 号

品种来源：武汉大学生命科学学院。品种审定编号为国审稻 2007023、鄂审稻 2006005。

特征特性：株型紧凑，株高适中，茎节部分外露，茎秆韧性较好。叶色浓绿，剑叶较窄长、挺直，叶鞘无色。穗层整齐，谷粒长型，稃尖无色，部分谷粒有短顶芒。有两段灌浆现象，遇低温有包颈和麻壳，后期转色一般。区域试验中亩有效穗 17.9 万，株高 120.7 厘米，穗长 23.5 厘米，每穗总粒数 161.6 粒，实粒数 125.1 粒，结实率 77.4%，千粒重 26.83 克。全生育期 141.7 天，比 Ⅱ 优 725 长 2.0 天。米质主要理化指标：出糙率 80.9%，整精米率 62.8%，垩白粒率 19%，垩白度 1.9%，直链淀粉含量 21.78%，胶稠度 56 毫米，长宽比 3.2。而抗病性鉴定为高感穗颈稻瘟病，感白叶枯病。田间稻曲病较重。

适宜范围：适于湖北省鄂西南山区以外地区作中稻种植。按照中华人民共和国农业农村部第 928 号公告，该品种还适于在江西、湖南、湖北、安徽、浙江、江苏的长江流域稻区（武陵山区除外）以及福建北部、河南南部稻区的稻瘟病、白叶枯病轻发区作一季中稻种植。

（七）天优 8 号

品种来源：广东省农业科学院水稻研究所和广东省金稻种业有限公司。品种审定编号为鄂审稻 2007012。

特征特性：株型适中，植株较矮，茎秆较细，然韧性好，抗倒性较强。叶色淡绿，叶片略宽，剑叶较短、挺直。穗层欠整齐，穗型较小，谷粒长型，稃尖紫色，部分谷粒有中长顶芒。分蘖力中等,生长势较旺,后期转色一般。区域试验中亩有效穗18.4万,株高112.1厘米,穗长22.1厘米,每穗总粒数143.1粒,实粒数116.9粒,结实率81.7%,千粒重28.31克。全生育期131.5天,比Ⅱ优725短5.6天&米质主要理化指标:出糙率81.2%,整精米率61.3%,垩白粒率26%,垩白度3.8%,直链淀粉含量20.7%,胶稠度51毫米,长宽比3.1,达到国标三级优质稻谷质量标准。两年区域试验平均亩产560.90千克,比对照Ⅱ优725减产0.60%。抗病性鉴定为中抗白叶枯病,高感穗颈稻瘟病。

适宜范围:多适于湖北省鄂西南以外的地区作中稻种植。

### (八)Q优6号

品种来源:重庆市种子公司。品种审定编号为鄂审稻2006008。

特征特性:株型适中,茎秆轻度弯曲,茎节外露,抗倒性较差。叶色浓绿,叶片略宽长,剑叶较宽、挺直,叶鞘紫色。穗层整齐,穗型较大,但着粒较稀,谷粒长型,稃尖紫色,少数谷粒有顶芒。区域试验中亩有效穗17.3万,株高122.6厘米,穗长25.8厘米,每穗总粒数154.4粒,实粒数127.1粒,结实率82.3%,千粒重28.49克。全生育期134.0天,比Ⅱ优725短4.3天。米质主要理化指标:出糙率80.4%,整精米率56.0%,垩白粒率30%,垩白度3.8%,直链淀粉含量15.84%,胶稠度80毫米,长宽比3.2,达到国标三级优质稻谷质量标准。两年区域试验平均亩产578.78千克,比对照Ⅱ优725增产3.34%。抗病性鉴定为高感穗颈稻瘟病与白叶枯病。

适宜范围:适于湖北省鄂西南山区以外的地区作中稻种植。

### (九)培两优3076

品种来源:湖北省农业科学院粮食作物研究所。品种审定编号为鄂审稻2006004。

特征特性:株型适中,茎秆韧性较好,部分茎节轻微外露,抗倒性较强。剑叶长挺微内卷,叶色浓绿,叶鞘紫色。穗层欠整齐,谷粒长型,稃尖紫色,少数谷粒有短芒,灌浆期间部分谷粒颖壳呈紫红色。分蘖力一般,生长势较强,成熟时叶青籽黄。区域试验中亩有效穗17.4万,株高119.1厘米,穗长24.9厘米,每穗总粒数175.1粒,实粒数131.7粒,结实率75.2%,千粒重25.31克。全生育期135.7天,比Ⅱ优725短2.7天。米质主要理化指标:出糙率81.0%,整精米率66.8%,垩白粒率20%,垩白度2.0%,直链淀粉含量20.45%,胶稠度51毫米,长宽比3.0,达到国标二级优质稻谷质量标准。两年区域试验平均亩产564.54千克,比对照Ⅱ优725增产1.82%。抗病性鉴定为高感穗颈稻瘟病,感白叶枯病。

适宜范围:适于湖北省鄂西南山区以外的地区作中稻种植。

### (十)鄂中5号

品种来源:湖北省农业科学院作物育种栽培研究所、湖北省优质水稻研究开发中心。品种审定编号为鄂审稻2004010,商品名:润珠537。

特征特性:株型紧凑,分蘖力较强,田间生长势较弱,且耐寒性较差。叶色淡绿,剑叶窄、长、挺。穗型较松散，穗颈节短，有包颈现象。一次枝梗较长，二次枝梗较少，枝梗基部着粒少，上部着粒较密，孕穗期遇低温有颖花退化现象。区域试验中亩有效穗 18.7 万，株高 117.9 厘米，穗长 24.5 厘米，每穗总粒数 140.9 粒，实粒数 105.3 粒，结实率 74.7%，千粒重 23.99 克。全生育期 147.9 天，比Ⅱ优 725 长 11.9 天。米质主要理化指标：出糙率 78.1%，整精米率 60.0%，长宽比 3.6，垩白粒率 0.0%，垩白度 0.0%，直链淀粉含量 15.1%，胶稠度 83 毫米，达到国标三级优质稻谷质量标准。2003 年区域试验平均亩产 418.91 千克，而比对照Ⅱ优 725 减产 12.31%，减产极显著。抗病性鉴定为高感穗颈稻瘟病。

适宜范围：适于湖北省鄂西南山区以外的地区作中稻种植。

## 三、晚稻

### （一）金优 38

品种来源：黄冈市农业科学研究所。品种审定编号为鄂审稻 2004011，商品名：丰登 1 号。

特征特性：该品种属中迟熟籼型晚稻。株型较紧凑，茎秆粗壮，剑叶宽长、挺直，茎秆、叶鞘基部内壁紫红色。穗层整齐，穗大粒多、粒大，有轻度包颈现象。区域试验中亩有效穗 21.2 万，株高 98.0 厘米，穗长 23.7 厘米，每穗总粒数 109.9 粒，实粒数 86.5 粒，结实率 78.7%，千粒重 29.83 克。全生育期 116.4 天，比汕优 64 长 1.4 天。米质主要理化指标：出糙率 82.1%，整精米率 62.6%，长宽比 3.3，垩白粒率 15%，垩白度 2.4%，直链淀粉含量 22.1%，胶稠度 62 毫米，达到国标二级优质稻谷质量标准。两年区域试验平均亩产 509.80 千克，比对照汕优 64 增产 7.18%。高感穗颈稻瘟病，中感白叶枯病。

适宜范围：适于湖北省稻瘟病无病区或者轻病区作晚稻种植。

### （二）鄂晚 17

品种来源：湖北省农业技术推广总站、孝感市孝南区农业局和湖北中香米业有限责任公司。品种审定编号为鄂审稻 2006012。

特征特性：属中熟偏迟粳型晚稻。株型紧凑，植株较矮，茎秆韧性好，茎节部分外露。叶色浓绿，剑叶短小、窄挺。穗层整齐，穗型较小、半直立。有效穗较多，谷粒较小，卵圆形、无芒，稃尖无色，脱粒性一般，后期熟色好。区域试验中亩有效穗 26.3 万，株高 84.2 厘米，穗长 15.0 厘米，每穗总粒数 97.6 粒，实粒数 83.0 粒，结实率 85.0%，千粒重 23.24 克。全生育期 125.2 天，比鄂粳杂 1 号短 1.6 天。米质主要理化指标：出糙率 83.3%，整精米率 67.0%，垩白粒率 2%，垩白度 0.2%，直链淀粉含量 17.72%，胶稠度 83 毫米，长宽比 1.8，主要理化指标达到国标一级优质稻谷质量标准，并有香味。两年区域试验平均亩产 471.64 千克，而比对照鄂粳杂 1 号减产 1.61%。抗病性鉴定为高感白叶枯病和穗颈稻瘟病。田间纹枯病较重。

适宜范围：适于湖北省稻瘟病无病区或轻病区作晚稻种植。

### （三）A优338

品种来源：黄冈市农业科学院。品种审定编号为鄂审稻2009013。

特征特性：该品种属袖型晚稻。株型适中，植株较矮。茎秆粗细中等，剑叶较宽、挺直。穗层较整齐，中等穗，着粒均匀，两段灌浆明显。谷粒长型，释尖紫色、无芒，成熟期转色较好。区域试验中亩有效穗20.1万，株高102.5厘米，穗长23.8厘米，每穗总粒数145.1粒，实粒数105.9粒，结实率73.0%，千粒重27.32克。全生育期114.0天，比金优207长0.9天。米质主要理化指标：出糖率81.2%，整精米率60.6%，垩白粒率18%，垩白度2.3%，直链淀粉含量22.7%，胶稠度61毫米，长宽比3.1，达到国标二级优质稻谷质量标准。两年区域试验平均亩产526.26千克，比对照金优207增产4.13%。抗病性鉴定为感白叶枯病，高感稻瘟病。田间纹枯病较重。

适宜范围：多适于湖北省稻瘟病无病区或轻病区作双季晚稻种植。

### （四）鄂粳912

品种来源：湖北省农业科学院粮食作物研究所。品种审定编号为鄂审稻2010015。

特征特性：该品种属中熟偏迟粳型晚稻。株型适中，分蘖力中等，生长势较旺。茎秆韧性较好，茎节外露。叶色浓绿，剑叶较短、挺直。穗层整齐，半直立穗，中等大，穗数较多，着粒较密。谷粒卵圆形，释尖无色、无芒，脱粒性较好，成熟时转色好。区域试验中亩有效穗22.6万，株高92.4厘米，穗长15.6厘米，每穗总粒数102.1粒，实粒数88.3粒，结实率86.5%，千粒重26.06克。全生育期122.9天，比鄂晚17短0.7天。米质主要理化指标：出糖率82.5%，整精米率71.4%，垩白粒率14%，垩白度2.0%，直链淀粉含量16.2%，胶稠度82毫米，长宽比2.0，达到国标二级优质稻谷质量标准。两年区域试验平均亩产505.34千克，比对照鄂晚17增产5.81%。抗病性鉴定为中感白叶枯病，高感稻瘟病。

适宜范围：适于湖北省稻瘟病无病区或轻病区作晚稻种植。

### （五）鄂粳杂3号

品种来源：湖北省农科院作物育种栽培研究所。该品种审定编号为鄂审稻2004017。

特征特性：株型紧凑，茎秆粗壮，叶色深，剑叶较宽较挺。穗型半直立，穗轴较硬，谷粒椭圆形，有短顶芒，脱粒性中等。区域试验中亩有效穗19.7万，株高88.4厘米，穗长17.0厘米，每穗总粒数115.1粒，实粒数97.4粒，结实率84.5%，千粒重27.29克。全生育期126.9天，比鄂粳杂1号短2.6天。米质主要理化指标：出糖率84.3%，整精米率60.2%，长宽比1.8，垩白粒率23%，垩白度3.3%，直链淀粉含量17.3%，胶稠度85毫米。两年区域试验平均亩产491.83千克，而比对照鄂粳杂1号增产3.51%。感穗颈稻瘟病，中感白叶枯病。

适宜范围：适于湖北省稻瘟病无病区或轻病区作晚稻种植。

### （六）黄华占

**品种来源：**广东省农业科学院水稻研究所。品种审定编号为鄂审稻 2007017。

**特征特性：**株型适中，植株较矮，茎秆韧性好，抗倒性较强。叶片较窄，叶姿挺直。分蘖力强，有效穗多，结实率高，但千粒重较低。谷粒细长，稃尖无色、无芒。区域试验中亩有效穗 26.2 万，株高 93.6 厘米，穗长 21.7 厘米，每穗总粒数 119.6 粒，实粒数 100.4 粒，结实率 83.9%，千粒重 22.36 克。全生育期 117.6 天，比汕优 63 短 6.0 天。米质主要理化指标：出糙率 80.2%，整精米率 68.2%，垩白粒率 10%，垩白度 0.8%，直链淀粉含量 18.2%，胶稠度 70 毫米，长宽比 3.6，达到国标一级优质稻谷质量标准。两年区域试验平均亩产 535.93 千克，比对照汕优 63 增产 6.19%。抗病性鉴定为中感白叶枯病，高感穗颈稻瘟病。

**适宜范围：**适于湖北省稻瘟病无病区或者轻病区作一季晚稻种植。

# 第二节　油菜主推品种

## 一、华油杂 13 号

**品种来源：**华中农业大学。品种审定编号为国审油 2007002。

**特征特性：**属甘蓝型半冬性温敏型波里马质不育两系杂交种。全生育期 217 天左右，冬前、春后均长势强。幼苗直立，子叶肾脏形，苗期叶为圆叶形，有腊粉，叶深绿色，顶叶大小中等，有裂叶 2～3 对。茎绿色。黄花，花瓣相互重叠。种子黑褐色，近圆形。平均株高 188.6 厘米，株型扇形较紧凑，中上部分枝类型，一次有效分枝数 8.75 个，单株有效角果数 363.62 个，每角粒数 22.15 粒，千粒重 3.45 克。平均芥酸含量 0.35%，饼粕硫苷含量 21.93 微摩尔／克，含油量 42.15%。两年区试平均亩产 187.73 千克，比对照中油杂 2 号增产 6.59%。区域试验田间调查，平均菌核病发病率 5.02%，病指 2.9，病毒病发病率 1.84%，病指 0.57。抗病性鉴定为低抗菌核病，中抗病毒病。抗倒性较强。

**适宜范围：**适于湖南、湖北、江西三省冬油菜主产区种植。其在生产上适当推迟播期，防止早花早苔。

## 二、华油杂 62

**品种来源：**华中农业大学。品种审定编号为鄂审油 2009003、国审油 2010030。

**特征特性：**属半冬性甘蓝型油菜。株型紧凑，株高中等，生长势强，抗倒性较强，分枝性中等。苗期生长较慢，半直立，叶片缺刻较深，叶色浓绿。苔期生长势较强。茎绿色。花黄色，花瓣相互重叠。结荚性较好，籽粒中大小。区域试验中株高 176.4 厘米，单株有效角果数 323.3 个，每角粒数 20.3 粒，千粒重 3.63 克。粗脂肪含量

41.36%，芥酸含量 0.10%，饼粕硫苷含量 26.74 微摩尔／克，品质达"双低"油菜品种标准。两年区域试验平均亩产 212.11 千克，比对照中油杂 2 号增产 6.12%。菌核病发病率 12.91%，病指 8.06，病毒病发病率 0.75%，病指 0.53。出苗至成熟 216.7 天，与中油杂 2 号相当。

适宜范围：适于湖北省二熟与三熟制地区种植。

### 三、华油杂 12

品种来源：华中农业大学。品种审定编号为鄂审油 2005004。

特征特性：属半冬性甘蓝型油菜。株型扇形较紧凑，植株较高，生长势较旺，主花序较长，分枝部位较高。子叶肾形，苗期叶为圆叶形，叶深绿色，顶叶中等大小，有裂叶 2～3 对。茎绿色，花黄色，花瓣相互重叠。区域试验中单株有效角果数 376.9 个，每角粒数 20.0 粒，千粒重 3.06 克。粗脂肪含量 41.49%，芥酸含量 0.27%，饼粕硫苷含量 22.41 微摩尔／克。两年区域试验平均亩产 199.20 千克，比对照中双 9 号增产 10.96%。菌核病发病率 7.91%，病指 4.72，病毒病发病率 0.38%，病指 0.31，对菌核病和病毒病的抗（耐）病能力比中双 9 号略差。出苗至成熟 213.4 天，比中双 9 号短 1 天。

适宜范围：适于长江中游的湖北、湖南、江西三省及长江上游的云南、贵州、四川、重庆四省市和陕西汉中地区的冬油菜主产区种植。

### 四、中双 9 号

中双 9 号品种来源：中国农业科学院油料作物研究所。品种审定编号为国审油 2005014。

特征特性：属半冬性甘蓝型常规油菜品种。全生育期 220 天左右，比对照中油杂 2 号早 1 天。幼苗半匍匐，叶色深绿，长柄叶，叶片厚，大顶叶。越冬习性为半直立，叶片裂片为缺刻型，叶缘波状。花瓣淡黄色。株高 155 厘米左右，分枝部位 30 厘米左右，一次有效分枝数 9 个左右，主花序长度 65 厘米左右，单株有效角果数 331 个左右，角果着生角度为斜生型，每角粒数 20 粒左右，千粒重 3.63 克左右，种皮颜色深褐色 0 品质测定芥酸含量 0.22%，饼粕硫苷含量 17.05 微摩尔／克，含油量为 42.58%。两年区域试验平均亩产 172.74 千克，比对照中油 821 增产 7.29%。田间抗性调查结果：菌核病平均发病率 6.83%，病指 3.14，病毒病平均发病率 0.4%，病指 0.13。2005 年抗病鉴定结果：低抗菌核病，低抗病毒病。抗倒性强。

适宜范围：适于湖南、湖北、江西的油菜主产区种植。生产上注意施用硼肥。

### 五、中双 10 号

中双 10 号品种来源：中国农业科学院油料作物研究所。品种审定编号为鄂审油 001-2003、国审油 2005002。

118

特征特性：属半冬性甘蓝型常规油菜品种。全生育期 216 天左右，比对照中油 821 晚 1 天。幼苗直立，叶色深绿，侧裂叶 3 对，锯齿状叶缘，有腊粉。花瓣较大，黄色，侧叠。株高 170 厘米左右，匀生分枝，一次有效分枝数 8 个左右，分枝部位 25 厘米左右。主花序长，结荚密，单株角果数 361 个左右，每角粒数 16 粒左右，千粒重 3.81 克左右，种皮黑色。芥酸含量 0.21%，饼粕硫苷含量 20.46 微摩尔／克，含油量 40.24%。2002～2004 年度参加长江中游区油菜品种区域试验，两年区试平均亩产 145.48 千克，比对照中油 821 增产 1.08%。田间抗性调查结果为：菌核病平均发病率 1.22%，病指 0.73，病毒病较轻。抗倒性中等。

适宜范围：适于长江中游的湖北、湖南两省的油菜主产区种植。生产上注意防止早苔早花现象。

## 六、华双 5 号

化双 5 号品种来源：华中农业大学。品种审定编号为国审油 2004006。

特征特性：该品种为复合杂交选育的甘蓝型半冬性常规种。全生育期平均 214 天。幼苗半直立，幼茎紫色，子叶肾脏形，花瓣黄色，种皮黑色，株型紧凑，分枝角度小。平均株高 170 厘米，分枝部位 30 厘米，一次有效分枝 8 个，主花序 60 厘米，单株有效角果数 290 个，每角粒数 19 粒，千粒重 3.87 克。芥酸含量 0.42%，饼粕硫苷含量 30.49 微摩尔／克，含油量 41.85%。两年区域试验平均亩产 172.81 千克，比对照中油 821 增产 17.26%。菌核病发病率 4.55%，病指 2.14，病毒病发病率 0.78%，病指 0.45，低抗菌核病和病毒病。抗倒性强。

适宜范围：多适于长江中游地区的湖北、湖南、江西三省冬油菜主产区种植。

# 第三节 玉米主推品种

## 一、普通玉米

### （一）宜单 629

宜单 629 品种来源：宜昌市农业科学研究所。品种审定编号为鄂审玉 2008004。

特征特性：株型半紧凑，株高及穗位适中，根系发达，抗倒性较强。幼苗叶鞘紫色，成株中部叶片较宽大，花丝红色。果穗锥形，穗轴白色，结实性较好。籽粒黄色，中间型。区域试验中株高 246.2 厘米，穗位高 100.4 厘米，穗长 18.2 厘米，穗粗 4.7 厘米，秃尖长 0.6 厘米，每穗 14.4 行，每行 35.3 粒，千粒重 333.1 克，干穗出籽率 85.5%。生育期 108.6 天，比华玉 4 号早 0.9 天。容重 761 克／升，粗淀粉（干基）含量 70.26%，粗蛋白（干基）含量 10.49%，粗脂肪（干基）含量 3.42%，赖氨酸（干基）含量 0.30%。两年区域试验平均亩产 607.67 千克，而比对照华玉 4 号增产 9.58%。田间大斑病 0.8 级，小斑病 1.3 级，青枯病病株率 2.6%，锈病 0.8 级，穗粒腐病 0.3 级，丝黑穗病发病株率 0.5%，纹枯病病指 14.6。抗倒性优于华玉 4 号。

适宜范围：适于湖北省低山、丘陵、平原地区作春玉米种植。

### （二）中农大 451

中农大 451 品种来源：中国农业大学。品种审定编号为鄂审玉 2009001。

特征特性：株型半紧凑，生长势较强。幼苗叶鞘深紫色，成株叶片数 21 片左右。雄穗分枝数 5 个左右，花药紫色，花丝绿色。果穗筒形，穗轴红色，部分果穗顶部露尖，苞叶覆盖较差，籽粒黄色，中间型。区域试验中株高 280 厘米，穗位高 116 厘米，穗长 17.0 厘米，穗粗 5.2 厘米，秃尖 1.4 厘米，每穗 16.1 行，每行 32.9 粒，千粒重 339.0 克，干穗出籽率 86.4%。生育期 107.1 天，比华玉 4 号早 1.8 天。容重 752 克／升，粗淀粉（干基）含量 71.42%，粗蛋白（干基）含量 9.67%，粗脂肪（干基）含量 4.11%，赖氨酸（干基）含量 0.26%。两年区域试验平均亩产 612.31 千克，比对照华玉 4 号增产 11.92%。田间大斑病 0.9 级，小斑病 1.5 级，茎腐病病株率 4.3%，锈病 1.8 级，穗粒腐病 1.2 级，纹枯病病指 17.2。田间倒伏（折）率低于华玉 4 号。

适宜范围：适于湖北省丘陵、平原地区作春玉米种植。

### （三）蠡玉 16 号

蠡玉 16 号品种来源：石家庄蠡玉科技开发有限公司。品种审定编号为鄂审玉 2008006。

特征特性：株型半紧凑，株高及穗位适中幼苗叶鞘紫红色，成株叶片较宽大，叶色浓绿。果穗筒形，穗轴白色。籽粒黄色，中间型。区域试验中株高 256.8 厘米，穗位高 111.3 厘米，穗长 17.6 厘米，穗粗 5.2 厘米，秃尖长 1.0 厘米，每穗 17.3 行，每行 34.1 粒，千粒重 305.1 克，干穗出籽率 86.1%。生育期 109.0 天，比华玉 4 号早 0.5 天。容重 763 克／升，粗淀粉（干基）含量 71.18%，粗蛋白（干基）含量 10.12%，粗脂肪（干基）含量 3.85%，赖氨酸（干基）含量 0.31%0 两年区域试验平均亩产 615.06 千克，比对照华玉 4 号增产 12.38%。田间大斑病 0.6 级，小斑病 0.6 级，青枯病病株率 3.7%，锈病 0.3 级，穗粒腐病 0.5 级，纹枯病病指 15.5。抗倒性优于华玉 4 号。

适宜范围：适于湖北省低山、丘陵、平原地区作春玉米种植。

### （四）登海 9 号

登海 9 号品种来源：山东省莱州市农业科学院。品种审定编号为鄂审玉 2006001。

特征特性：株型半紧凑。株高和穗位适中，根系较发达，茎秆坚韧，抗倒性较强。果穗长筒形，穗轴红色，秃尖较长，部分果穗的基部有缺粒现象。籽粒黄色，中间型，籽粒牙口较深，出籽率较高，千粒重较高。区域试验中株高 247.2 厘米，穗位高 95.2 厘米，果穗长 18.8 厘米，穗行 15.4 行，每行 34.4 粒，千粒重 324.9

克，干穗出籽率 86.3%。生育期 105.4 天，比华玉 4 号短 2.7 天。粗淀粉（干基）含量 74.38%，粗蛋白（干基）含量 8.81%，粗脂肪（干基）含量 4.67%，赖氨酸（干基）含量 0.29%。两年区域试验平均亩产 576.41 千克，比对照华玉 4 号增产 1.82%。抗病性鉴定为大斑病 1.7 级，小斑病 2.35 级，青枯病病株率 6.8%，纹枯病病指 29.4。倒折（伏）率 18.1%。

适宜范围：适于湖北省低山、平原、丘陵地区作春玉米种植。

（五）鄂玉 25

鄂玉 25 品种来源：十堰市农业科学院。品种审定编号为鄂审玉 2005004，国审玉 2006048。

特征特性：株型半紧凑，株高、穗位偏高，茎秆较粗壮，生长势较强。幼苗叶鞘浅紫色。成株叶色浓绿，叶鞘密生茸毛。雄穗中等大小，花药黄色，花粉充足。雌穗穗柄较短，苞叶较短而紧实，尖端偶尔着生小叶。果穗锥形，穗轴红色。籽粒黄色，中间型，外观品质较优。区域试验中株高 272.8 厘米，穗位高 115.8 厘米，果穗长 17.8 厘米，穗行 16.3 行，每行 39.0 粒，千粒重 303.9 克，干穗出籽率 86.5%。全生育期 154.6 天，比鄂玉 10 号长 5.9 天。容重 776 克／升，粗淀粉含量 70.62%，粗蛋白质含量 10.44%，粗脂肪含量 4.3%，赖氨酸含量 0.29%。两年区域试验平均亩产 586.80 千克，比对照鄂玉 10 号增产 10.29%0 抗病性鉴定为大斑病 0.5 级，小斑病 0.8 级，青枯病病株率 4.7%，锈病严重度 5.0%，纹枯病病指 16.9。倒折（伏）率 6.0%。

适宜范围：适于湖北省二高山地区作春玉米种植。按照中华人民共和国农业农村部第 844 号公告，该品种还适于在湖北、湖南、贵州的武陵山区种植，且应注意防止倒伏和防治丝黑穗病。

## 二、特用玉米

（一）金中玉

金中玉品种来源：王玉宝。品种审定编号为鄂审玉 20080093。

特征特性：株型略紧凑。茎基部叶鞘绿色。雄穗绿色，花药黄色，花丝白色。果穗筒形，苞叶覆盖适中，旗叶较短，穗轴白色。籽粒黄色，较大。品比试验中株高 250.3 厘米，穗位高 105.5 厘米，穗长 19.2 厘米，穗粗 4.4 厘米，秃尖长 2.1 厘米，每穗 12.7 行，每行 38.7 粒，百粒重 32.9 克。生育期偏长，从播种到吐丝 73.2 天，比对照鄂甜玉 3 号迟 4.6 天。可溶性糖含量 11.5%，还原糖含量 2.02%，蔗糖含量 9.01%。两年试验商品穗平均亩产 602.7 千克，比鄂甜玉 3 号增产 7.72%。外观及蒸煮品质较优。田间大斑病 1.7 级，小斑病 1.0 级，茎腐病病株率 1.0%，穗腐病 1.0 级，纹枯病病指 12.0。抗倒性与鄂甜玉 3 号相当。

适宜范围：适于湖北省平原、丘陵及低山地区种植。

### （二）福甜玉 18

福甜玉 18 品种来源：武汉隆福康农业发展有限公司。品种审定编号为鄂审玉 2009006。

特征特性：株型平展。幼苗叶鞘、叶缘绿色，成株叶片数 18 片左右。雄穗分枝数 12 个左右，颖壳、花丝绿色，花药黄色。果穗锥形，穗轴白色，苞叶适中，旗叶中等，秃尖较长，籽粒黄色。

区域试验中株高 201 厘米，穗位高 63 厘米，穗长 19.0 厘米，秃尖长 1.8 厘米，穗粗 4.9 厘米，每穗 14.4 行，每行 34.8 粒，百粒重 38.1 克。播种至吐丝 65.9 天，比鄂甜玉 3 号早 3.5 天。可溶性糖含量 10.0%。两年区域试验商品穗平均亩产 639.21 千克，比对照鄂甜玉 3 号增产 10.65%。果穗蒸煮品质较优。田间大斑病 1.8 级，小斑病 3 级，纹枯病病指 17.3，茎腐病病株率 2.0%，穗腐病 1.0 级，玉米螟 2.2 级。田间倒伏（折）率与鄂甜玉 3 号相当。

适宜范围：适于湖北省平原、丘陵及低山地区种植。

### （三）华甜玉 3 号

华甜玉 3 号品种来源：华中农业大学。品种审定编号为鄂审玉 2006004。

特征特性：株型半紧凑。根系发达，茎秆粗壮，节间较短，抗倒性较强。品比试验中株高 200 厘米，穗位高 75 厘米。雄花分枝 16～19 个，颖壳、花药浅黄色，花丝绿色。果穗筒形，穗轴白色，籽粒黄白色，穗粗 5.0 厘米，穗长 18 厘米，秃尖较长，每穗 16～18 行，每行 34 粒左右。播种至适宜采收期在武汉地区春播一般为 92 天，秋播为 79 天。鲜穗籽粒总糖含量 9.12%，蔗糖含量 7.33%，还原糖含量 1.4%。籽粒黄白相间，皮薄渣少，口感好。2004～2005 年在武汉市试验、试种，一般亩产鲜穗 550～900 千克，比对照华甜玉 1 号增产。田间病毒病发病株率 1.1%，轻感灰斑病，其他病害发病轻。

适宜范围：适于湖北省平原、丘陵及低山地区种植。

### （四）彩甜糯 6 号

彩甜糯 6 号品种来源：湖北省荆州市恒丰种业发展中心。品种审定编号为鄂审玉 2011012。

特征特性：株型半紧凑。幼苗叶缘绿色，叶尖紫色，成株叶片数 19 片左右。雄穗分枝数 13 个左右。苞叶适中，秃尖略长，果穗锥形，穗轴白色，籽粒紫白相间。区域试验平均株高 221 厘米，穗位高 95 厘米，空秆率 1.5%，穗长 19.9 厘米，穗粗 4.9 厘米，秃尖长 2.2 厘米，穗行数 13.6，行粒数 34.4，百粒重 37.6 克，生育期 94 天。支链淀粉占总淀粉含量的 97.8%。两年区域试验商品穗平均亩产 770.93 千克，比对照渝糯 7 号增产 0.17%。鲜果穗外观品质和蒸煮品质优。田间大斑病 2.4 级，小斑病 1.3 级，纹枯病病指 15.8，茎腐病病株率 0.4%，穗腐病 1.6 级，玉米螟 2.4 级。田间倒伏（折）率 1.54%。

适宜范围：适于湖北省平原、丘陵及低山地区种植。

（五）京科糯 2000

京科糯品种来源：北京市农林科学院玉米研究中心。品种审定编号为国审玉2006063。

特征特性：在西南地区出苗至采收期 85 天左右，与对照渝糯 7 号相当。幼苗叶鞘紫色，叶片深绿色，叶缘绿色，花药绿色，颖壳粉红色。株型半紧凑，株高 250 厘米，穗位高 115 厘米，成株叶片数 19 片。花丝粉红色，果穗长锥形，穗长 19 厘米，穗行数 14 行，百粒重（鲜籽粒）36.1 克，籽粒白色，穗轴白色。支链淀粉占总淀粉含量的 100%，达到部颁糯玉米标准（NY/T524-2002）。两年区域试验平均亩产（鲜穗）880.4 千克，比对照渝糯 7 号增产 9.6%。平均倒伏（折）率 6.9%。中抗大斑病和纹枯病，感小斑病、丝黑穗病和玉米螟，高感茎腐病。

适宜范围：适于四川、重庆、湖南、湖北、云南、贵州作鲜食糯玉米品种种植。茎腐病重发区慎用，注意适期早播与防止倒伏。

# 第四节　薯类主推品种

## 一、马铃薯

### （一）鄂马铃薯 5 号

鄂马铃薯 5 号品种来源：湖北恩施中国南方马铃薯研究中心。品种审定编号则为鄂审薯 2005001、国审薯 2008001。

特征特性：株型半扩散，植株较高，叶片较小，生长势较强。茎、叶绿色，花冠白色，开花繁茂。结薯集中，薯型扁圆，黄皮白肉，表皮光滑，芽眼浅，耐贮藏。商品薯率偏低。区域试验中株高 59.7 厘米，单株主茎数 5.4 个，单株结薯 12.2 个，商品薯率 64.6%。全生育期 89 天，比米拉长 8 天，比鄂马铃薯 3 号短 1 天。品质测定淀粉含量 18.90%，干物质含量 24.65%。两年区域试验平均亩产 1873.4 千克，比对照鄂马铃薯 3 号增产 17.99%。抗病性鉴定为晚疫病发病率 11.09%，轻花叶病毒病发病率 0.31%，青枯病病株率为 0。

适宜范围：适于湖北省二高山和高山地区种植。按照中华人民共和国第 1072 号公告，该品种还适于湖北、云南、贵州、四川、重庆、陕西南部的西南马铃薯产区种植。

### （二）鄂马铃薯 4 号

鄂马铃薯 4 号品种来源：湖北恩施中国南方马铃薯研究中心。审定编号为鄂审薯2004001。

特征特性：株型半扩散，生长势较强。茎、叶绿色，白花结薯早且集中，薯型扁圆，黄皮黄肉，表皮光滑，芽眼浅，休眠期短，耐贮藏。区域试验中株高 54.9 厘米，单株主茎数 6.4 株，单株结薯 12.2 个，大中薯率 64.2%。全生育期 76 天，比米拉短 4 天。品质测定淀粉含量 15.15%，干物质含量 20.92%。两年区域试验平均亩产 1798 千克，比对照米拉增产 26.66%。田间鉴定晚疫病病级为 2 级，轻花叶病毒病发病率 14.1%。

适宜范围：适于湖北省海拔 700 米以下的低山及平原地区种植。

### （三）费乌瑞它（Favorita）

费乌瑞它（Favorita）品种来源：费乌瑞它马铃薯由荷兰引进，为鲜食、早熟和出口的马铃薯优良品种。

特征特性：属早熟马铃薯品种，生育期 65 天左右。植株生长势强，株型直立，分枝少，株高 65 厘米左右，茎带紫褐色网状花纹。叶绿色，复叶大、下垂，叶缘有轻微波状。花冠蓝紫色，较大，有浆果。块茎长椭圆形，皮淡黄色，肉鲜黄色，表皮光滑，块茎大而整齐，芽眼少而浅，结薯集中。鲜薯干物质含量 17.7%，淀粉含量 12.4%～14%，还原糖含量 0～3%，粗蛋白含量 1.55%，维生素 C 含量 136 毫克 / 千克，食用品质极好。该品种耐水肥，适于水浇地高水肥栽培。一般亩产 1500 千克，高产可达 3000 千克以上。块茎对光敏感，植株抗 Y 病毒和卷叶病毒，这对 A 病毒和癌肿病免疫，易感晚疫病，块茎中抗病。

适宜范围：适于湖北省平原、丘陵地区种植。

### （四）早大白

早大白品种来源：本溪市马铃薯研究所选育，由湖北省农业技术推广总站、华中农业大学引进。品种审定编号为鄂审薯 2012001。

特征特性：属早熟马铃薯品种。株型直立，繁茂性中等，分枝数少，茎基部浅紫色，茎节和节间绿色，叶缘平展，复叶较大，

侧小叶 5 对，顶小叶卵形，无蕾。结薯较集中，薯块中等偏大，薯型圆形，白皮白肉，表皮光滑，芽眼较浅，休眠期中等，耐贮性一般，块茎易感晚疫病。区域试验中生育期 58 天，株高 51.3 厘米，单株主茎数 2.1 个，单株结薯数 6.0 个，单薯重 87.0 克，商品薯率 81.0%。品质测定干物质含量为 20.0%，淀粉含量为 14.4%。两年区域试验平均亩产 1660.1 千克，比对照南中 552 增产。田间晚疫病发生较重。

适宜范围：适于湖北省平原、丘陵地区种植。

### （五）中薯 5 号

中薯 5 号品种来源：中国农业科学院蔬菜花卉研究所选育，由湖北省农业技术推广总站、华中农业大学引进。品种审定编号为鄂审薯 2012002。

特征特性：属早熟马铃薯品种。株型直立，生长势中等，茎、叶绿色，复叶中等大小，茸毛少，叶缘平展，匍匐茎中等长。单株结薯数较多，薯块中等偏小，薯型圆形，黄皮淡黄肉，表皮较光滑，芽眼较浅，常温条件下休眠期较短，耐贮性一般。区域试验中生育期 67 天，株高 50.4 厘米，单株主茎数 7.4 个，单株结薯数 8.2 个，单薯重 57.8 克，商品薯率 68.1%。品质测定干物质含量为 21.7%，淀粉含量为 15.9%。两年

区域试验平均亩产1 622.2千克，比对照南中552增产。田间花叶病毒病、晚疫病发生较重。

适宜范围：适于湖北省平原、丘陵地区种植。

（六）中薯3号

中薯3号品种来源：中国农业科学院蔬菜花卉研究所选育，由湖北省农业技术推广总站和华中农业大学引进。品种审定编号为鄂审薯2011001。

特征特性：属早熟马铃薯品种。株型直立，生长势较强。茎、叶绿色，侧小叶4对，复叶大，茸毛少，叶缘波状，匍匐茎较短。结薯较集中，薯型长圆形，黄皮淡黄肉，表皮略麻皮，芽眼浅。区域试验平均生育期68天，株高47.1厘米，单株主茎数3.9个，单株结薯数8.8个，平均单薯重80.1克，商品薯率82.1%。品质测定干物质含量为20.0%，淀粉含量为14.4%。两年区域试验平均亩产2407.3千克，比对照南中552显著增产。田间植株卷叶病毒病、晚疫病发生较重。

适宜范围：适于湖北省丘陵及平原地区种植。

（七）克新4号

克新4号品种来源：黑龙江省农业科学院克山分院（原黑龙江省农业科学院马铃薯研究所）选育，由湖北省农业技术推广总站、华中农业大学引进。品种审定编号为鄂审薯2012003。

特征特性：属早熟马铃薯品种。株型直立，生长势中等，分枝较少，茎绿色、有淡紫色素，茎翼波状，宽而明显，复叶中等大小，叶色稍浅，无蕾，匍匐茎较短。薯型圆形，黄皮淡黄肉，表皮有细网纹，芽眼中等深。区域试验中生育期63天，株高41.2厘米，单株主茎数2.2个，单株结薯数6.3个，单薯重71.5克，商品薯率73.9%。品质测定干物质含量为19.7%，淀粉含量为13.9%。两年区域试验平均亩产1458.8千克，比对照南中552增产。田间花叶病毒病、晚疫病也发生较重。

适宜范围：适于湖北省平原、丘陵地区种植。

## 二、甘薯类

（一）鄂薯7号

鄂薯7号品种来源：湖北省农业科学院粮食作物研究所。品种审定编号为鄂审薯2008002。

特征特性：属中蔓型品种。种薯繁殖萌芽性较好，植株苗期生长势较弱。茎匍匐生长，绿色，基部分枝数2.8个，最长蔓235厘米。叶绿色，掌形，顶叶淡绿色，叶脉绿色。结薯较集中，单株结薯3.6个，薯块较整齐、长纺锤形，薯皮粉红色，薯肉橘黄色，大中薯率81%，烘干率22.64%。鲜薯水分含量80.2%，淀粉含量10.8%，可溶性糖含量7.71%。两年区试鲜薯平均亩产2937.6千克，比对照南薯88增产23.95%；薯干平均亩产776.0千克，比对照南薯88增产11.82%。对黑斑病、根腐病的抗性较好，重感薯瘟病。

适宜范围：适于湖北省甘薯薯瘟病无病区或轻病区种植。

## （二）鄂薯 6 号

鄂薯 6 号品种来源：湖北省农业科学院粮食作物研究所。品种审定编号为鄂审薯 2008001。

特征特性：属长蔓型品种。种薯繁殖萌芽性较好，出苗较整齐。茎匍匐生长，褐绿色，基部分枝数 3.5 个，最长蔓 289 厘米。叶绿色，心脏形，顶叶淡绿色，叶脉绿色。结薯较集中，单株结薯 2.9 个，薯块较整齐、纺锤形，薯皮红色，薯肉白色，大中薯率 80%，烘干率 35.63%。鲜薯水分含量 62.2%，淀粉含量 26.6%，可溶性糖含量 3.8%。两年区试鲜薯平均亩产 2 370.4 千克，比对照南薯 88 增产 0.01%；薯干平均亩产 780.0 千克，比对照南薯 88 增产 12.39%；淀粉平均亩产 596.2 千克，比对照南薯 88 增产 23.9%。对黑斑病、根腐病的抗性较好，感软腐病。

适宜范围：适于湖北省甘薯产区种植。

## （三）鄂菜薯 1 号

鄂菜薯 1 号品种来源：湖北省农业科学院粮食作物研究所。品种审定编号为鄂审薯 2010001。

特征特性：属叶菜类甘薯品种。一般春栽从定植到采收 45 天左右，植株生长势较强。茎匍匐生长，浅绿色，茎粗 0.3 厘米左右，基部分枝数 13 个左右。茎秆及叶片光滑、无茸毛。心叶尖心形有浅缺刻，绿色，顶叶心形，淡绿色，叶柄基部、叶脉绿色。鲜茎叶蛋白质含量 3.28%，粗纤维含量 1.18%，维生素 C 含量 347.0 毫克／千克。无苦涩味，适口性较好。2007 ~ 2009 年在黄陂、新洲、江夏等地试验、试种，一般亩产鲜茎叶 2 000 千克左右，比对照南薯 88 增产。耐湿性较好。

适宜范围：适于湖北省平原、丘陵地区作菜用种植。

## （四）福薯 18

福薯 18 品种来源：福建省农业科学院作物研究所。审定编号为闽审薯 2012001，审定名称：福菜薯 18 号。

特征特性：属叶菜类甘薯新品种。株型短蔓半直立，叶心带齿形，顶叶、成叶、叶脉、叶柄和茎均为绿色。茎尖无茸毛，烫后颜色绿，微甜，有香味，无苦涩味，有滑腻感。两年平均茎尖亩产量 2924.56 千克，比对照增产 24.89%。食味品质优，国家区试两年平均食味鉴定综合评分 3.90 分（对照 3.62 分）。病害鉴定结果，综合评价抗蔓割病。室内抗病鉴定结果，中抗蔓割病、中感薯瘟病。

适宜范围：适于福建、湖北等省作菜用种植，栽培上注意适时采摘。

## （五）鄂薯 8 号

鄂薯 8 号品种来源：湖北省农业科学院粮食作物研究所。品种审定编号为鄂审薯 2011003。

特征特性：属紫薯类型新品种。种薯萌芽性较好，植株生长势较强。叶片心形、绿色，叶脉淡紫色。蔓匍匐生长，绿带紫色，单株分枝数 8 个左右，最长蔓长 240 厘米左右。薯块纺锤形，薯皮紫红色，薯肉紫色。鲜薯花青苷含量色价为 18.28E。无苦涩味，适口性较好。两年鲜薯平均亩产 2070.0 千克，比对照南薯 88 减产 9.9%；薯干平均亩产 679.3 千克，比对照南薯 88 增产 0.3%。对甘薯黑斑病、软腐病抗性较好，对蔓割病抗性较差。

适宜范围：多适于湖北省甘薯产区种植。

# 第五节　棉花主推品种

## 一、铜杂 411F1

铜杂 411F1 品种来源：湖北省种子集团有限公司、江苏省铜山县华茂棉花研究所。品种审定编号为鄂审棉 2008006、国审棉 2009019。

特征特性：属转 Bt 基因棉花品种。植株中等高，塔形较紧凑。茎秆粗壮较硬，有稀茸毛。叶片中等大，叶裂中等，叶色绿。花药白色。铃卵圆形，有钝尖，结铃性较强，吐絮畅。区域试验中株高 121.5 厘米，果枝数 19.6 个，单株成铃数 30.9 个，单铃重 5.75 克，大样衣分 41.39%，籽指 10.3。生育期 122.1 天。霜前花率 88.10%。抗病性鉴定为耐枯、黄萎病。纤维品质指标：2.5% 跨长 28.36 毫米，比强 28.7 厘牛／特，马克隆值 5.07。两年区域试验平均亩产皮棉 126.93 千克，比对照鄂杂棉 10 号 F，增产 1.60%。

适宜范围：适于湖北省棉区种植，枯、黄萎病重病地不适合种植。

## 二、EK288F1

EK288F1 品种来源：湖北省农业科学院经济作物研究所。品种审定编号为鄂审棉 2008003。

特征特性：属转 Bt 基因棉花品种。植株较高大，塔形较松散，生长势较强。茎秆粗壮，有茸毛，果枝较坚硬。叶片较大，叶色绿，叶片功能期较长。花药白色。铃卵圆形，铃尖短或钝尖，结铃性较强，吐絮畅。区域试验中株高 133.8 厘米，果枝数 18.7 个，单株成铃数 27.4 个，单铃重 6.2 克，大样衣分 40.14%，籽指 10.5 克。生育期 121.41 天。霜前花率 88.05%。抗病性鉴定为耐枯、黄萎病。纤维品质指标：2.5% 跨长 28.3 毫米，比强 29.3 厘牛／特，马克隆值 5.0。两年区域试验平均亩产皮棉 109.57 千克，比对照鄂杂棉 1 号增产 5.51%。

适宜范围：适于湖北省棉区种植，枯、黄萎病重病地不宜种植。

### 三、鄂杂棉 10 号 F1

鄂杂棉 10 号 F1 品种来源：湖北惠民种业有限公司。品种审定编号为鄂审棉2005003、国审棉 2005014。

特征特性：Bt 转基因抗虫棉品种。植株中等高，株型塔形，较紧凑。茎秆较坚硬，有稀茸毛。叶片掌状，中等大，叶色较深。果枝着生节位、节间适中。铃卵圆形，中等偏大，吐絮较畅。后期肥水不足易早衰。区域试验中株高 112.1 厘米，果枝数17.3 个，单株成铃数 25.8 个，单铃重 5.8 克，大样衣分 40.39%，衣指 7.9 克，籽指 11.1 克。生育期 131 天。霜前花率 85.49%。抗病性鉴定为感枯萎病。纤维品质指标：2.5% 跨长 30.4 毫米，比强 30.0 厘牛／特，马克隆值 4.8。两年区域试验平均亩产皮棉 106.82 千克，比对照鄂杂棉 1 号增产 7.56%。

适宜范围：适于湖北省棉区枯萎病无病地或轻病地种植。按照中华人民共和国农业农村部公告，该品种还适于江苏、安徽淮河以南以及浙江、江西、湖北、湖南、四川、河南南部等长江流域棉区作春棉品种种植。

### 四、鄂杂棉 29F1

鄂杂棉 29F1 品种来源：荆州霞光农业科学试验站。品种审定编号为鄂审棉2007006。

特征特性：属转 Bt 基因棉花品种。植株中等高，塔形较松散，生长势较强。茎秆中等粗细，易弯腰，有稀茸毛。叶片较大，植株下部较荫蔽。果枝较长，结铃性较强，内围铃较多，铃卵圆形百对肥水较敏感，管理不当易贪青或早衰。区域试验中株高 122 厘米，果枝数 19.3 个，单株成铃数 29.4 个，单铃重 5.6 克，大样衣分41.12%，籽指 9.7 克。生育期 118.6 天。霜前花率 88.96%0 抗病性鉴定为耐枯、黄萎病。纤维品质指标：2.5% 跨长 29.3 毫米，比强 29.5 厘牛／特，马克隆值 5.0。两年区域试验平均亩产皮棉 117.06 千克，比对照鄂杂棉 1 号增产 8.43%。

适宜范围：适于湖北省棉区种植，枯、黄萎病重病地不适合种植。

### 五、鄂杂棉 11F1

鄂杂棉 11F1 品种来源：湖北惠民种业有限公司。品种审定编号为鄂审棉2005004。

特征特性：植株较高，株型塔形，较松散。茎秆较粗壮，有稀茸毛。果枝较长，与主茎夹角较小。叶片中等偏大，透光性好 6 铃有卵圆、圆形两种，有铃尖，铃较大，结铃性较强，吐絮畅。区域试验中株高 117.3 厘米，果枝数 18.4 个，单株成铃数 27 个，单铃重 6.09 克，大样衣分 40.94%，籽指 11.54 克。生育期 134 天。霜前花率 77.39%。抗病性鉴定为耐枯、黄萎病。纤维品质指标：2.5% 跨长 31.8 毫米，比强 30.5 厘牛／特，马克隆值 5.4，两年区域试验平均亩产皮棉 103.36 千克，比对照鄂杂棉 1 号增产 11.33%。

适宜范围：适于湖北省棉区种植，枯、黄萎病重病地不宜种植。

# 第六节　豆类主推品种

## 一、大豆

### （一）鄂豆8号

鄂豆8号品种来源：仙桃市国营九合垸原种场。品种审定编号为鄂审豆2005001。

特征特性：属南方春大豆早熟品种。株型收敛，叶椭圆形，白花，灰毛，有限结荚习性。幼苗叶缘内卷成瓢状，苗架较纤细，生长势中等偏弱。成株叶片比鄂豆4号略小，叶柄略上举，开花前后长势旺盛。成熟时落叶性较好，不裂荚。荚浅褐色，籽粒椭圆形，种皮黄色，脐浅褐色。区域试验中株高45.7厘米，主茎节数9.1个，分枝数1.6个，单株荚数21.2个，每荚粒数2.10粒，单株粒重7.5克，百粒重19.9克＆全生育期102天，比鄂豆4号长2天。籽粒粗脂肪含量19.72%，粗蛋白含量43.06%。籽粒外观品质较优。两年区域试验平均亩产161.1千克，比对照鄂豆4号增产11.1%。田间大豆花叶病毒病发病株率3%，轻感大豆斑点病。

适宜范围：适于湖北省江汉平原及其以东地区作春大豆种植。

### （二）中豆33

中豆33品种来源：中国农业科学院油料作物研究所。品种审定编号为鄂审豆2005003。

特征特性：属南方夏大豆早熟品种。株型收敛，呈扇形，分枝顶端明显低于主茎顶端，分枝节间较短，白花，灰毛，有限结荚习性。叶椭圆形，叶片中等偏小，叶色淡绿。成熟时落叶较好，不裂荚。荚弯镰状，浅褐色，籽粒近圆形，种皮、子叶黄色，脐浅褐色。区域试验中株高64.7厘米，主茎节数16.0个，分枝数3.6个，单株荚数47.7个，每荚粒数1.86粒，单株粒重12.2克，百粒重18.4克。全生育期103天，比中豆8号短12天。籽粒粗脂肪含量18.72%，粗蛋白含量46.24%。籽粒外观品质较优。两年区域试验平均亩产148.0千克，比对照中豆8号增产8.6%。田间大豆花叶病毒病发病株率3.0%。

适宜范围：多适于湖北省作夏大豆种植。

## 二、鲜食大豆

### （一）早冠

早冠特征特性：早熟品种。有限生长型，株高 50～60 厘米，种皮绿色，荚多，荚角圆，直板，青绿色，白毛，三粒荚多，肉甜嫩，清秀美观，出苗后至鲜荚上市 55～60 天。适宜保护地种植，上市早效益高。长江流域 1～4 月播种，亩用种量 9 千克左右。

适宜范围：适于湖北省作早熟鲜食大豆种植。

### （二）95-1

95-1 特征特性：早熟品种。有限生长型，株高 50～60 厘米，荚多，密集，角圆，荚青绿色，直板，白毛，三粒荚多，长江流域 1～4 月播种，出苗后至鲜荚上市 55～60 天。适宜保护地种植，上市早效益高。

适宜范围：适于湖北省作早熟鲜食大豆种植。

### （三）K 新早

K 新早特征特性：早熟品种。有限生长型，株高 60 厘米左右，株型紧凑，结间短，荚多，圆叶紫花，白毛，鲜荚中板而鼓粒，三粒荚见多，抗寒抗病力强，前期产量高，毛豆商品价值高，出苗后至鲜荚上市 60 天左右，种皮黄色。

适宜范围：适于湖北省作早熟鲜食大豆种植。

### （四）豆冠

豆冠特征特性：早中熟品种。有限结荚习性，植株高大，繁茂，株高 90 厘米左右，茎秆粗壮，圆角，直板，白毛，三粒荚多，肉甜嫩，鲜食无渣，气味清香，易采摘，商品性佳，耐肥抗倒伏，抗病性强。长江流域 3～6 月播种，生长期 80 天左右，亩产 900 千克左右，亩用种 7～8 千克，种皮绿色。

适宜范围：适于湖北省作早中熟鲜食大豆种植。

### （五）K 新绿

K 新绿特征特性：中熟品种。有限结荚习性，株高 90 厘米，主茎结数 18，分枝 6 个，茎秆粗壮，耐肥抗倒伏。圆叶紫花，灰白茸毛，绿色种皮，种脐黄色，二三粒荚多占 54%，荚肥粒大，生长期 80 天左右。亩产 750-900 千克，3～6 月播种，肉甜嫩，直板，白毛，易采摘。

适宜范围：适于湖北省作中熟鲜食大豆种植。

### （六）开育九号

开育九号特征特性：又称"武引九号""长丰九号""鼓眼八"。该品种属有限结荚习性，株高 70～90 厘米，主茎节数 15 个左右，分枝节 4～6 个，株型紧凑，耐肥抗倒，叶片较肥大，光合作用强，圆叶紫花，荚鼓，角圆，荚青绿色，肉嫩，中直板，白毛，三粒荚多。种皮黄色，百粒重 22-24 克。播种期较长，长江流域 2～6

月种植，亩用种量 7.5 千克左右，出苗至上市 80 天左右。

适宜范围：适于湖北省作中熟鲜食大豆种植。

# 第七节　花生主推品种

## 一、中花 8 号

中花 8 号品种来源：中国农业科学院油料作物研究所。该品种审定编号为国审油 2002011。

特征特性：属珍珠豆型花生品种。全生育期 125 天。株型紧凑，直立型。株高 46 厘米，总分枝数 7.7 个，结果枝数 6.1 个。单株荚果数 12.8 个。荚果普通型，种仁椭圆形，中粒偏大，百果重 227.4 克，百仁重 90.8 克，出仁率 75.3%。抗旱性、抗病性强，种子休眠性强。种子含油量 55.37%，蛋白质含量 25.86%。2001 年生产试验平均亩产荚果 331.23 千克，籽仁 248.93 千克，分别比对照中花 4 号增产 15.82% 和 21.81%。

适宜范围：适于湖北、四川、河南南部、江苏北部等地的花生非青枯病区种植。

## 二、中花 16

中花 16 品种来源：中国农业科学院油料作物研究所。品种审定编号为鄂审油 2009001。

特征特性：属珍珠豆型品种。株型紧凑，株高中等，茎枝较粗壮。叶片椭圆形，叶色深绿，叶片较厚。连续开花，单株开花量较大。荚果斧头形、较大，网纹较深，种仁粉红色。区域试验中主茎高 43.1 厘米，侧枝长 46.8 厘米，总分枝数 9.0 个，百果重 219.3 克，百仁重 88.7 克，出仁率 74.8%0 全生育期 122.4 天。粗脂肪含量 55.54%，粗蛋白含量 24.85%。两年平均亩产荚果 313.9 千克，比对照中花 4 号增产 17.0%。抗旱性、抗倒性强。种子休眠性强。田间较抗叶斑病和锈病。

适宜范围：适于湖北省花生非青枯病区种植。

## 三、中花 6 号

中花 6 号品种来源：中国农业科学院油料作物研究所。品种登记号为 ES024- 2000。

特征特性：属珍珠豆型早熟中粒种。株型直立紧凑，株高中等，叶色淡绿，叶片较小，叶形窄椭圆形。荚果普通形，籽仁椭圆形，种皮粉红色，色泽鲜艳。种子休眠性较强。全生育期 123 天左右。区域试验中主茎高 48.6 厘米，侧枝长 51.7 厘米，总分枝数 5.9 个，结果枝数 5.1 个，单株总果数 12.2 个，饱果数 10.1 个。百果重 136.2 克，百仁重 54.5 克，出仁率 73.6%。粗脂肪含量 55.46%，粗蛋白含量 32.04%，为食、油兼用优质品种，尤其是蛋白质含量高，适合作食用型加工原料。两年区域试验平均亩产荚果 218.0 千克，比对照中花 2 号增产 8.30%，增产达极显著水平。青枯病抗性率 93.9%，对青枯病抗性较强。

适宜范围：适于湖北省花生青枯病区种植。

### 四、鄂花 6 号

鄂花 6 号品种来源：红安县农业技术推广中心站和红安县科学技术局。品种审定编号为鄂审油 2008002。

特征特性：属珍珠豆型花生品种。植株较高，茎枝粗壮，生长势较强。叶倒卵形，叶片较大、较厚，叶色深绿。连续开花，结果集中。荚果斧头形，网纹明显，种仁粉红色。种子休眠性强。区域试验中主茎高 59.3 厘米，侧枝长 60.8 厘米，总分枝数 6.3 个。百果重 187.1 克，百仁重 71.1 克，出仁率 70.9%。全生育期 121.1 天。粗脂肪含量 53.13%，粗蛋白含量 28.07%。三年区域试验平均亩产 247.7 千克。抗旱性较强，高抗青枯病。田间锈病、叶斑病发病较轻。

适宜范围：多适于湖北省花生青枯病区旱坡地种植。

# 第八节　芝麻主推品种

### 一、中芝杂 1 号

品种来源：中国农业科学院油料作物研究所。品种审定编号为鄂审油 2007001。

特征特性：属单秆型，三花、四棱。植株中等偏高，茎秆绿色，茸毛量中等，成熟时为青黄色。叶片深绿色，中等大小，中下部叶片为椭圆形，上部为披针形。花白色，花冠较大。蒴果中等大小，种皮白色。品比试验中株高 154.2 厘米，始新部位 50.8 厘米，主茎果轴长 97.1 厘米，单株蒴果数 74.7 个，每蒴粒数 71.5 粒，千粒重 2.82 克。生育期 82.7 天，比对照鄂芝 2 号短 2.2 天。两年试验平均亩产 79.92 千克，比对照鄂芝 2 号增产 11.71%。经测定，粗脂肪含量 56.38%，粗蛋白含量 20.01%。茎点枯病病指 4.64，枯萎病病指 0.76，抗（耐）茎点枯病和枯萎病能力均应优于对照鄂芝 2 号。

适宜范围：适于湖北省芝麻产区种植。

## 二、鄂芝 5 号

品种来源：襄樊市农业科学院。品种审定编号为鄂审油 2007002。

特征特性：属单秆型，三花、四棱。植株较高，茎秆粗壮，茸毛量中等，成熟时为绿色。叶片绿色，中等大小，中下部叶片为椭圆形，少数为裂叶，上部为披针形。花白色，花冠较大。蒴果中长，种皮白色。品比试验中株高 164.0 厘米，始新部位 55.1 厘米，主茎果轴长 101.9 厘米，单株蒴果数 82.5 个，每蒴粒数 70.5 粒，千粒重 2.88 克。生育期 84.1 天，其与对照鄂芝 2 号相当。两年试验平均亩产 80.74 千克，比对照鄂芝 2 号增产 8.58%。经测定，粗脂肪含量 56.44%，粗蛋白含量 19.65%。茎点枯病病指 3.95，枯萎病病指 0.99，抗（耐）茎点枯病和枯萎病能力与对照鄂芝 2 号相当。

适宜范围：多适于湖北省芝麻产区种植。

## 三、中芝 14

中芝 14 品种来源：中国农业科学院油料作物研究所。品种审定编号为鄂审油 2006002。

特征特性：单秆型，三花、四棱。植株较高大，茎秆粗壮。茎秆和叶片为绿色，茎秆基部和顶部为圆形，中上部为方形，整齐度稍差。叶片中等大小，中部叶片为椭圆形，上部为披针形。花白色，蒴果中等，成熟时呈青黄色。种皮纯白，外观品质好。区域试验中株高 151.8 厘米，始葫部位 60.6 厘米，主茎果轴长 84.3 厘米，单株蒴数 72.1 个，每蒴粒数 62.9 个，千粒重 2.77 克。全生育期 84.4 天，与鄂芝 2 号相当。两年区域试验平均亩产 63.16 千克，比对照鄂芝 2 号增产 7.91%，极显著。经测定，粗脂肪含量 56.12%，粗蛋白含量 20.43%。抗（耐）茎点枯病强于鄂芝 2 号，抗（耐）枯萎病比鄂芝 2 号略差。

适宜范围：多适于湖北省芝麻产区种植。

## 四、襄黑芝 2078

襄黑芝 2078 品种来源：襄樊职业技术学院。品种审定编号为鄂审油 2008004。

特征特性：属单秆型，三花、四棱。植株较高，茎秆、叶柄、菊果茸毛量中等，成熟时茎秆、蒴果呈青绿色。叶片绿色，下部叶片近心形，第 5～6 节位叶片为裂叶，中、上部叶片披针形。花浅紫色。始蒴部位较高，蒴果中长，籽粒较小，种皮黑色、有光泽。品比试验中株高 171.1 厘米，始蒴部位 67.8 厘米，主茎果轴长 96.0 厘米，单株蒴果数 78.9 个，每蒴粒数 68.8 粒，千粒重 2.22 克。生育期 85.5 天。2005～2006 年参加芝麻品种比较试验，两年平均亩产 57.2 千克，比对照中芝 9 号增产 6.50%。经测定，粗脂肪含量 47.38%，粗蛋白含量 20.32%。田间茎点枯病病指 2.48，枯萎病病指 0.93。

适宜范围：适于湖北省芝麻产区种植。

# 第九节　西瓜主推品种

## 一、鄂西瓜 8 号

鄂西瓜 8 号品种来源：湖北省农业科学院作物育种栽培研究所。品种审定的编号为鄂审瓜 2004001，商品名：黑莎皇。

特征特性：属中熟大果型无籽西瓜品种。植株生长旺盛，分枝力较强。叶片肥厚，呈羽裂状，叶色浓绿，缺刻较深。果实圆形，果皮墨绿色有隐暗条纹，上被蜡粉。有畸形果现象。区域试验中第一雌花着生节位 12.6 节，一般主蔓第 2～3 朵雌花坐果，坐果率 111.4%。全生育期 105 天，从雌花开放到果实成熟 33.5 天。果实可食率 56.8%，皮厚 1.2 厘米，耐贮运。耐湿、耐旱性较强。对炭疽病、疫病、枯萎病的抗（耐）性均比黑蜜 5 号强。中心糖含量 10.8%，比对照黑蜜 5 号高 0.2 个百分点，边糖含量 8.1%，比对照黑蜜 5 号高 0.6 个百分点。瓤色鲜黄，无空心，着色籽比黑蜜 5 号略多，白秋籽较少，粗纤维少，品质优。两年区域试验商品果平均亩产 2512.1 千克，比黑蜜 5 号增产 3.1%。

适宜范围：多适于湖北省种植。

## 二、鄂西瓜 12

鄂西瓜 12 品种来源：湖北省农业科学院经济作物研究所。品种审定编号为鄂审瓜 2005002。

特征特性：属中熟西瓜品种。植株生长旺盛，分枝性较好。叶片肥厚，呈羽裂状，叶色浓绿，缺刻较深。果实圆球形，果皮墨绿色有隐锯齿细条纹，上被蜡粉。区域试验第一雌花着生节位 12.3 节，一般主蔓第 2～3 朵雌花坐果，坐果率 111.4%。全生育期 99 天，从雌花开放到果实成熟 35.0 天。果实可食率 54.4%，皮厚 1.33 厘米，耐贮运。耐湿、耐旱性较强。对炭疽病的抗（耐）病性比黑蜜 5 号强，对疫病、枯萎病的抗（耐）病性与黑蜜 5 号相当。两年区域试验平均中心糖含量 10.88%，比对照黑蜜 5 号高 0.05 个百分点，边糖含量 8.06%，与对照黑蜜 5 号相同。红瓤，无空心，着色籽与黑蜜 5 号相当，白秋子较少，粗纤维少，品质优。两年区域试验商品果平均亩产 2483.9 千克，比黑蜜 5 号增产 19.88%。

适宜范围：适于湖北省种植。

## 三、鄂西瓜 13

鄂西瓜 13 品种来源：荆州农业科学院。品种审定编号为鄂审瓜 20060010

特征特性：属早熟西瓜品种。植株生长势中等，分枝力较强。叶片羽状裂叶，叶缘深裂，叶色浓绿。雌雄同株异花。果实圆球形，果皮底色翠绿，上覆多条深绿色细条带，果皮较薄，易裂果。区域试验中单果重 2.44 千克。坐果率 111.0%。全生育期 89.7 天，从雌花开放到果实成熟 31.6 天。果实可食率 63.27%，皮厚 0.86 厘米。耐湿性、耐旱性较强。炭疽病病情指数 44.61%，疫病病情指数 6.73%，病毒病病情指数 0.96%，蔓枯病病情指数 3.14%。综合抗（耐）病性比西农 8 号差。两年区域试验平均中心糖含量 10.97%，比对照西农 8 号高 0.47 个百分点，边糖含量 8.23%，比对照西农 8 号高 0.61 个百分点。红瓤，粗纤维中等，籽粒中等，综合品质较优。两年区域试验商品果平均亩产 1536.2 千克，这比西农 8 号减产 20.00%。

适宜范围：适于湖北省种植。

## 四、全家福

全家福品种来源：菲律宾昂达种子公司。品种审定编号为鄂审瓜 2005005。

特征特性：属中早熟西瓜品种。植株生长势较强。叶片呈羽裂状，叶色绿。果实近圆球形，果皮绿色且覆深绿色条纹，果皮较硬。种子较小，种皮黑褐色。区域试验第一雌花着生节位 10.3 节，一般主蔓第 2～3 朵雌花坐果，坐果率 112.1%。全生育期 96 天，从雌花开放到果实成熟 32.1 天。果实可食率 59.31，皮厚 1.04 厘米。耐湿性较强，耐旱性较弱。对炭疽病的抗（耐）病性比西农 8 号差，对疫病、枯萎病的抗（耐）病性与西农 8 号相当。两年区域试验平均中心糖含量 10.03%，比对照西农 8 号高 0.55 个百分点，边糖含量 7.64%，而比对照西农 8 号高 0.62 个百分点。红瓤，粗纤维中等，籽粒较少，综合品质较优。两年区试商品果平均亩产 1788.2 千克，比西农 8 号减产 16.5%。

适宜范围：适于湖北省种植。

## 五、黑美人

黑美人品种来源：农友种苗（中国）有限公司。品种审定编号为鄂审瓜 2005006。

特征特性：属早熟中小型西瓜品种。植株生长势较强。叶片中大，叶色浓绿。果实长椭圆形，果皮暗绿色上有黑绿色条纹。区域试验第一雌花着生节位 10.2 节，坐果率 157.3%。全生育期 94.1 天，从雌花开放到果实成熟 30.2 天。果实可食率 56.7%，皮厚 1.07 厘米，耐贮运。耐湿性中等，耐旱性、耐寒性较差。对炭疽病、疫病、枯萎病的抗（耐）病性均比西农 8 号差。两年区域试验平均中心糖含量 10.96%，比对照西农 8 号高 0.98 个百分点，边糖含量 8.75%，比对照西农 8 号高 1.73 个百分点。瓤色鲜红，籽粒较少，粗纤维中等，品质优。两年区试商品果平均亩产 1579.4 千克，比西农 8 号减产 26.3%。

适宜范围：适于湖北省种植。

## 六、蜜童

蜜童品种来源：寿光先正达种子有限公司。品种审定编号为鄂审瓜2009002。

特征特性：属早熟小果型无籽西瓜品种。植株生长势中等。叶片羽裂状，缺刻中等，叶柄较长。第一雌花着生于主蔓第7～10节，雌花间隔5～6节。果实高圆形，果皮绿色，上覆深绿细条带。区域试验中全生育期95.7天，从雌花开放到果实成熟30.9天。坐果节位17.86节，坐果率157.51%，单果重2.36千克，果皮厚0.79厘米，果实可食率63.04%，着色籽粒3.11粒，其中2006年为5.3粒，2007年为0.92粒。耐旱性中等，耐湿性较强。对炭疽病、疫病、病毒病、蔓枯病、枯萎病抗（耐）性与黑蜜5号相当。区域试验平均中心糖含量12.08%，而比对照黑蜜5号高1.14个百分点，边糖含量9.34%，比对照黑蜜5号高1.05个百分点。红瓤，白秋子、粗纤维较少，品质较优。两年区域试验商品果平均亩产2 316.72千克，比黑蜜5号减产19.76%。

适宜范围：适于湖北省西瓜产区种植。

## 七、小王子

小王子品种来源：湖北省农业科学院经济作物研究所、湖北鄂蔬农业科技有限公司。品种审定编号为鄂审瓜2009001。

特征特性：属早熟小果型无籽西瓜品种。植株生长势中等。叶片羽裂状，缺刻较深，叶色浓绿。第一雌花着生于主蔓第5～7节，雌花间隔4～6节，部分植株有连续两节着生雌花现象，个别植株有两性花现象。果实近圆形，果皮绿色，上覆不规则深绿细条纹。区域试验中全生育期95.9天，从雌花开放到果实成熟30.1天。坐果节位18.26节，坐果率130.41%，单果重2.57千克，果皮厚0.70厘米，果实可食率63.57%，着色籽1.49粒。耐湿性、耐旱性较强。对炭疽病、疫病、病毒病、蔓枯病、枯萎病的抗（耐）性与鄂西瓜11号相当。平均中心糖含量12.01%，比对照鄂西瓜11号高1.46个百分点，边糖含量9.46%，比对照鄂西瓜11号高1.35个百分点。红瓤，白秋子、粗纤维较少，品质较优。两年区域试验商品果平均亩产1927.87千克，比鄂西瓜11号减产29.99%。

适宜范围：多适于湖北省西瓜产区种植。

# 第十节　食用菌主推品种

## 一、华香8号

华香8号品种来源：华中农业大学由湖北武汉黄陂区香菇栽培品种经分离系统选育而成香菇品种，国品认菌2008004。

特征特性：子实体单生，不易开伞。菌盖深褐色，半扁球状或馒头状，鳞片中等，盖径 5～9 厘米，盖厚 1.5～2.0 厘米，柄长 3～6 厘米，柄径 1.3～2 厘米。采用脱袋出菇方式栽培时，菌龄 65～75 天。转色中等略偏深，出菇较均衡，后劲好。发菌温度为 23～26℃，低于 20℃时发菌期延长，高于 28℃时菌丝易老化。出菇温度为 6～24℃，最适出菇温度为 13～20℃，需 8℃以上的温差刺激。菌丝生长较快，出菇快，菌龄短，抗杂力强，商品菇率高。转色较浅时子实体发生较多，商品性下降。产量表现：生物学效率可达 90%-120%。

适宜范围：建议在我国脱袋培育鲜香菇地区栽培。

## 二、华香 5 号

华香 5 号品种来源：华中农业大学由德国菌株经分离选育而成香菇品种，国品认菌 2008005。

特征特性：菇体大小较均匀，干菇个大，柄略长。菌盖茶褐色，直径 6～21 厘米，盖厚 1.2～1.7 厘米，柄长 3～7 厘米，柄径 1～1.8 厘米，盖顶较平，鳞片较多。采用不脱袋出菇方式栽培时，菌龄 110 天左右，出菇密度中等。转色中等略偏深，通风较干燥的环境可培育出优质花菇。发菌温度为 23～26℃，低于 20℃时发菌期延长，高于 28 龙时菌丝易老化。出菇温度为 5～24℃，最适出菇温度为 12～20℃，需要以上的温差刺激，气温高时开伞较快。产量表现：生物学效率可达 90%～110%。

适宜范围：建议在适宜种植区进行春栽越夏秋冬出菇模式栽培，也可早秋栽培，秋冬出菇。

## 三、L952

L952 品种来源：华中农业大学由日本香菇栽培品种经系统选育而成香菇品种，国品认菌 2008006。

特征特性：子实体单生，菌盖深褐色，直径 5～8 厘米，盖厚 1.4～1.8 厘米，柄长 2～5 厘米，柄径 1.2～1.8 厘米。出菇期较长，当年 11～12 月可见少量报信菇，第二年和第三年为产菇盛期。出菇期间需较大温差刺激。菌丝定殖力强，定殖速度快，接种成活率高。花菇率较高，商品菇率高。产量表现：在适宜条件下，一根直径 8～12 厘米、长 1.2 米的段木，累计可产干香菇 0.5 千克。

适宜范围：适于湖北大洪山、大别山、桐柏山、河南伏牛山、陕西大巴山、秦岭等菇树丰富山区栽培。

## 四、单片 5 号

单片 5 号品种来源：华中农业大学由浙江缙云县野生黑木耳菌株经过分离驯化育成黑木耳品种，国品认菌 2008013。

特征特性：子实体单生，少有丛生。耳片直径 3～8 厘米，厚 1.0～1.4 毫米，干后边缘卷缩成三角状。耳片边缘平滑，腹面浅黑色，背面灰褐色至黄黑褐色，有细短浅色绒毛，脉状皱纹无或不明显。段木栽培为主，亦可用木屑作主料进行代料种植。树种以枫香、核桃最为适宜，栓皮栎、麻栎、青冈栎、板栗等树种均可。出耳较快，产量较高。菌丝较稀疏，定殖和抗杂能力较弱，菌种生产时注意防治杂菌污染。产量表现：在适宜栽培条件下，每根直径 6～8 厘米、长 1.2 米的栋木可产干耳 165～200 克。袋栽（15×55 塑袋）每袋可采干耳 65 克左右。

适宜范围：适于湖北、安徽、浙江、江西、陕西、河南、四川、重庆等地段木栽培。

## 五、华杂 13 号

华杂 13 号品种来源：华中农业大学以白阿魏蘑 1 号（北京金信公司）与长柄阿魏蘑（福建三明真菌研究所）为亲本，经单孢杂交选育而成白灵菇品种，国品认菌 2008028。

特征特性：菌盖扇形，白色，直径 7～12 厘米不等，肉较厚，菌盖厚约 2.5 厘米，菌褶延生，着生于菌柄部位的菌褶有时呈网格状。菌柄侧生或偏生，中等粗长，约 6～8 厘米。菌丝生长温度以 23～26℃为宜，长时间超过 28℃菌丝易老化，大于 30 毛易烧菌 0 接种后 70～80 天出菇，出菇快，较耐高温，出菇不需冷刺激和大的温差，商品性较白阿魏蘑稍差。产量表现：在适宜条件下，生物学效率为 40%～60%。

适宜范围：适于湖北、江西、安徽等南方白灵菇产区栽培，亦可在河南以北等北方地区栽培。

## 六、蘑加 1 号

蘑加 1 号品种来源：华中农业大学菌种实验中心从国外引进菌株经组织分离选择育成的双孢蘑菇品种，国品认菌 2010002。

特征特性：子实体前期多丛生，后期多单生。菌丝半气生，菌盖洁白半球形，空气干燥时，易产生同心圆状的较规则的鳞片，菌肉白色，致密，菌柄白色近柱状，基部稍膨大，菌褶离生，少有菌环。子实体个体较大、圆整，菇形好，色白、肉质口感好。出菇期相对集中，菇潮较明显，适合工厂化栽培。抗病虫害能力较弱，易受菇蚊、蛞蝓等侵害，易发生真菌、细菌病害。产量表现：以粪草做培养基，在适宜栽培条件及科学管理下，生物学效率可达 35%。

适宜范围：适宜在全国蘑菇栽培产区推广，可根据不同气候条件，适时栽培，湖北地区一般 9 月初播种，10 月底至翌年 4 月出菇。

# 第六章　农作物主推种植模式

## 第一节　粮油作物种植模式

### 一、早稻 —— 荸荠

#### （一）产量效益

早稻亩产 450 千克，亩产值 1200 元。荸荠亩产 2100 千克，亩产值 3300 元之上。全年亩产值 4500 元以上。

#### （二）茬口安排

| 茬口 | 播种期（月／旬） | 定植期（月／旬） | 采收期（月／旬） | 预期产量（千克／亩） |
|------|------|------|------|------|
| 早稻 | 3/下 | 4/下 | 7/20左右 | 450 |
| 荸荠 | 第一段4/上，第二段5/中下 | 7/下 | 11/下至3月 | 2100 |

早稻：3 月下旬播种，4 月下旬移栽，7 月 20 日左右收获。

荸荠：可采取两段育苗法。第一段旱育，清明前后播种，亩大田用种荸荠

15～20千克。第二段水育，5月中下旬，在苗高40厘米左右，移栽于寄秧田，株行距0.3米×0.4米，每蔸1株，7月下旬移栽大田，11月下旬至翌年3月份收获。

### （三）田间布局

早稻亩栽2.3万～2.5万蔸，常规稻每亩15万～18万基本苗，杂交稻每亩8万～10万基本苗。荸荠亩植4000～5000克，每蔸1株。

米左右，移栽于寄秧田，株行距0.3米×0.4米，每蔸1株，7月下旬移栽大田，11月下旬至翌年3月份收获。

### （四）栽培技术要点

**1. 早稻**

（1）品种选择

选用已通过审定，适合当地环境条件的优质高产、抗逆性好、抗病虫能力强优质稻品种。如两优287、鄂早18、两优302等。

（2）备好秧田

利用冬春农闲早备秧田。秧田宜选择土壤肥沃、排灌方便、背风向阳的旱地或水田。旱育秧或水育秧。育秧：按30平方米秧床栽1亩大田比例留足苗床。塑料软盘育秧：早稻按每亩大田561孔软盘45～48个。在播前施足苗床肥，整平整细后按厢宽1.3米、沟宽0.3米、沟深0.1米开沟作厢，并按每平方米用30%恶霉灵水剂3～6毫升进行苗床消毒。

（3）适期播种

3月下旬播种，选择冷尾暖头播种，旱育秧播期可提早一周。

（4）适时移栽，合理密植

4月下旬移栽，秧龄控制在30天以内。采用宽株窄行或宽行窄株移栽，行株距（13.2＋26.4）厘米×13.2厘米或23.1厘米×13.2厘米［（4＋8）寸×4寸或7寸×4寸］。一般早稻密度为2.3万～2.5万蔸／亩，移栽时注意插足基本苗。杂交稻每蔸插2～3粒谷苗，常规稻每蔸插4～5粒谷苗。秧苗随取随栽，不插隔夜秧，移栽田泥浅、插稳、插直、插匀。

（5）搞好肥水管理

每亩在450千克左右产量的情况下，每亩总施氮量为10千克左右，氮、磷、钾比例为2：1：2，底追肥比例为0.6：0.4，最好每亩施1千克硫酸锌作底肥。氮肥施肥要做到"减前增后，增大穗粒肥用量"，基肥、分蘖肥、穗肥施用比例为5：3：2。

分蘖前期浅水插秧活棵，薄露发根促蘖。幼穗分化至抽穗开花期浅水促大穗，保持水层2厘米左右。够苗后及时晒田控苗，当苗数达到预期穗数的80%时开始晒田，总苗数控制在有效穗数的1.2～1.3倍。灌浆结实期湿润灌浆壮粒，灌跑马水直至收割前1周断水，做到厢沟有水，厢面湿润。生育的后期切忌断水过早，避免空秕粒多、籽粒充实度差。

（6）病虫害防治

早稻一般病虫害较轻，高肥田注意纹枯病。大风大雨后出现高湿高温情况之时，注意白叶枯病及穗颈稻瘟的防治。

2. 荸荠

（1）选种及消毒

选择脐平、色泽鲜艳、无破伤、无病害、大小一致且单重25克以上的球茎作种。育苗前需用50%甲基托布津800倍液或25%多菌灵250倍液，将种荠浸泡12小时，预防荸荠苗秆枯病的发生。

（2）两段育苗

分旱地育苗和水田寄栽两阶段。

旱地育苗：3月中旬，选择避风向阳、土层深厚肥沃的旱地，整成厢宽100厘米，厢沟宽30厘米，深20厘米的苗床，将种荠芽头朝上整齐排放，种荠相间5厘米左右，然后覆盖细沙土，厚度以盖住种荠芽头为宜，保持土壤湿润。到5月中下旬，当种荠叶状茎高约40厘米时，即可起苗到水田育苗。

水田寄栽：选择排灌方便的田块，施足有机肥后灌足水，使其充分腐烂熟化。寄栽前亩施碳铵50千克、过磷酸钙50千克。再整田，做到田平泥活，然后栽插寄栽苗，苗龄控制在50天左右。

（3）移栽

大田移栽适宜时间在大暑后（7月25日左右）。移栽前亩施有机肥2000～3000千克、碳铵50千克作底肥，然后精整大田。每窝栽叶状茎分株苗1株，移栽深度5～8厘米。

（4）田间管理

中耕除草：荸荠从移栽后到封行共除草3次。第一次在移栽后8～10天进行，除草后田间可灌4～6厘米深的水层。第二次、第三次分别在前一次除草后15天进行，除草后及时追肥并适当加深水层。

追肥：移栽返青后，结合中耕除草追肥2～3次。第一次即定植后15天，亩追尿素5～8千克。第二次在抽出"结荠茎"时，亩追尿素8～10千克、硫酸钾10千克。第三次是结荠的初期，即白露前后，亩追尿素5～8千克、硫酸钾15～20千克。此外在返青期、分蘖期、结荠期各喷一次磷酸二氢钾、硫酸锌、硫酸亚铁等叶面肥。

科学管水：荸荠定植后，田间保持6厘米深水层稳苗，活苗后浅水促蘖。秋分到寒露是球茎膨大期，要灌深水，抑制无效分蘖，使结球增大，寒露后开始断水。

（5）病虫害防治

重点是防治荸荠螟、荸荠瘟、根腐病等。

## （五）适宜区域

长江流域耕作层深厚双季稻产区。

## 二、春马铃薯 —— 水稻 —— 秋马铃薯

### （一）产量效益

春马铃薯亩产 1800 千克，产值 3600 元。秋马铃薯亩产 1000 千克左右，产值 3000 元。水稻亩产 600 千克左右，产值 1600 元。全年的亩产值 8200 元以上。

### （二）茬口安排

| 茬口 | 播种期（月/旬） | 定植期（月/旬） | 采收期（月/旬） | 预期产量（千克/亩） |
|---|---|---|---|---|
| 春马铃薯 | 1/上中 | | 4/下至5/上 | 1800 |
| 水稻 | 4/上 | 5/上 | 8/下 | 600 |
| 秋马铃薯 | 8/下至9/初 | | 12/上中 | 1000 |

春马铃薯：1月上中旬播种，深沟高垄地膜覆盖，4月下旬至5月上旬收获。

水稻：4月上旬播种，5月上旬移栽，8月下旬收获。

秋马铃薯：8月下旬至9月5日前播种，12月上中旬收获。

### （三）田间布局

水稻齐泥收割后2米开厢起沟（含沟在内），免耕摆播马铃薯，株行距0.17米×0.65米，每亩6000窝左右。水稻栽插1.8万～2万穴，栽足8万～10万基本苗。

### （四）栽培技术要点

马铃薯选用早熟、休眠期较短的品种，例如费乌瑞它、早大白、中薯五号、中薯三号、东农303、克新四号等品种。水稻选用广两优香66、扬两优6号、深两优5814等中迟熟杂交稻品种。

#### 1. 秋马铃薯栽培技术要点

齐泥收割中稻后，喷施克瑞踪除草剂灭杀稻蔸，具体方法是每15千克水用克瑞踪5克喷雾，喷药要均匀，不能漏喷，而是要将杂草稻蔸全部喷湿。

（1）适时育芽、炼芽

秋马铃薯在8月中旬室内阴凉通风处育芽。方法是：小种薯（20克左右）只需削去一点尾部，稍大种薯纵向切块，保证每块有2～3个芽眼，切块朝上薄摊在阴凉通风处1～2天，让伤口愈合。用甲霜灵锰锌500倍液加0.5～1毫克/千克的赤霉素喷在干净中粗河砂上防晚疫病，翻动拌均匀稍微湿润后，做成约3厘米厚的砂床，摆上种薯（芽眼朝上）。摆一层种薯，盖一层砂，如此4～6层，最上面一层砂要有3厘米厚。保持砂床湿润。5～7天后轻轻扒开砂，将长有1.5～2厘米长芽子的种块掏出（注意不要折断芽子），摊放在散光处绿化炼芽2～3天。

（2）开厢起沟

在包沟2米开厢，挖好厢沟、围沟、腰沟。挖沟的土放在厢面中间，并整碎。结合整地，施足底肥。秋种马铃薯一般每亩施1000～1500千克优质有机肥，45%硫酸

钾复合肥 60 ～ 80 千克，开沟条施覆土。

（3）适时播种

8 月中下旬至 9 月初播种到大田。天晴要选择在上午 9 时以前，下午 5 点以后播种为宜，切忌在高温条件下播种。一般播种密度为每亩 6000 穴左右，亩用种量 150 ～ 180 千克，宽行窄株种植，顶芽朝上，盖土厚度为 5 厘米左右。待苗高 15 厘米左右进行培土，增加土壤通透性。

（4）稻草覆盖

秋马铃薯种薯摆好，底肥施好后，应及时均匀覆盖稻草。覆盖厚度 15 厘米，并稍微压实（亩约需 1000 ～ 1250 千克稻草）。盖厚了不易出苗，而且茎基细长软弱，稻草过薄易漏光，使产量下降，绿薯率上升。如果稻草厚薄不均，会出现出苗不齐的情况。

（5）田间管理

出苗时，及时提苗。刚出苗时每亩用 3 ～ 4 千克尿素兑水或者人畜粪加尿素施用。植株生长较旺盛时，在初蕾期用 100 ～ 150 毫升 / 升多效唑均匀喷雾，抑制地上部分旺长，促进块茎膨大。注意抗旱排渍。

（6）适时采收

马铃薯可分期采收，分批上市。具体方法是：将稻草轻轻拨开，采收已长大马铃薯，再将稻草盖好，让小块茎继续生长。这样，既能选择最佳块茎提前上市，又能增加产量，提高总体经济效益。

2. 春马铃薯栽培技术要点

（1）适时播种

春马铃薯播期一般为 12 月中下旬至 1 月底前，选择在晴朗天气播种。播种深度约 10 厘米，费乌瑞它等品种宜深播 15 厘米，以防播种过浅出现青皮现象。早熟马铃薯每亩密度为 5000 株左右。

（2）施足底肥

亩施腐熟的农家肥 3000 千克左右，亩施专用复合肥 100 千克（16 ：13 ：16 或 17 ：6 ：22）、尿素 15 千克、硫酸钾 20 千克。农家肥和尿素结合耕翻整地施用，与耕层充分混匀。其他化肥做种肥，播种时开沟点施，避开种薯以防烂种。适当补充微量元素。

（3）深沟高垄全覆膜栽培

按照深沟高垄全覆膜技术要求整地，垄距 65 ～ 70 厘米，株距 20 厘米，垄高 35 厘米，达到壁陡沟窄、沟平、沟直。采用地膜覆盖以保水保温，成熟期可提早 7 ～ 10 天。覆膜时应注意周边用土盖严，垄顶每隔 2 米左右用土块镇压，以防大风毁膜。

（4）田间管理

现蕾期苗高 0.5 米左右喷施多效唑、甲霜灵、膨大素，控制植株徒长，防治晚疫病，促进块茎膨大。

### 3. 中稻

①培育适龄壮秧。塑料盘育秧主要防止串根，确保撒得开、立得住为目的。壮秧标准为：秧龄 25～30 天，叶龄 4～5 叶，苗高 15 厘米。

②免耕除草、施肥。前茬收后，抢时喷药灭草施肥。方法是：亩用 20% 克瑞踪 150 毫升（兑水 50 千克）均匀喷到厢面，2 天后再施 35 千克 45% 复合肥，再迅速上水，以水行肥，次日用铁耙将厢面整平，以便抛秧。

③掌握抛秧技术，提高抛秧质量。以无水抛秧为最好，浅水亦可。一要抛足密度，二要抛匀，防止叠苗、重苗，先抛 70%，再抛 30% 补抛。抛后即移密补稀。

④立苗后田管。抛后 5 天左右要保持田内无水，90% 苗站立后上水。

⑤后期管理。同常规栽培管理。

### （五）适宜区域

湖北省平原及海拔 800 米以下的水稻产区。

## 三、"一菜两用"油菜—中稻

### （一）产量效益

油菜薹亩产 300 千克，产值 360 元。油菜籽亩产 200 千克左右，产值 960 元。中稻亩产 650 千克，产值 1750 元。亩少投工 1 个，节约成本 100 元。全年亩产值 3 170 元。亩纯收入 1 800 元以上。

### （二）茬口安排

油菜：9 月上中旬育苗，10 月上中旬移栽，2 月中旬至 3 月上旬摘薹上市，翌年 5 月上中旬收获。

中稻：4 月中下旬育苗，5 月中旬抛秧，9 月中旬收获。

### （三）田间布局

油菜行距 0.37 米，株距 0.25 米，亩密度 8000 株左右。中稻每亩抛秧 45 盘左右，亩 1.5 万蔸。

### （四）栽培技术要点

#### 1. 中稻

（略）

#### 2. 油菜

（1）选择优良品种

选用优质高产、生长势强、抗病能力强、菜薹口感好的油菜品种，适合本地栽培的有：中双 9 号、中双 10 号、中油 211、华双 5 号等优质油菜品种。

（2）适时早播，培育壮苗

①精整苗床：选择地势平坦、排灌方便的地块作苗床，苗床和大田之比为 1：

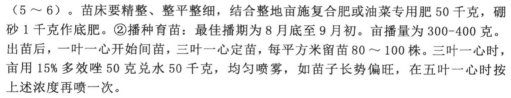

（5～6）。苗床要精整、整平整细，结合整地亩施复合肥或油菜专用肥50千克，硼砂1千克作底肥。②播种育苗：最佳播期为8月底至9月初。亩播量为300-400克。出苗后，一叶一心开始间苗，三叶一心定苗，每平方米留苗80～100株。三叶一心时，亩用15%多效唑50克兑水50千克，均匀喷雾，如苗子长势偏旺，在五叶一心时按上述浓度再喷一次。

（3）整好大田，适龄早栽

①整田施底肥：移栽前精心整好大田，达到厢平土细，并开好腰沟、围沟和厢沟。结合整田，亩施复合肥或油菜专用肥50千克，硼砂1千克作底肥。②移栽：在苗龄达到35～40天时适龄移栽，一般每亩栽8000株左右，肥地适当栽稀，瘦地适当栽密。移栽时浇足定根水，活根后亩施尿素2.5千克提苗。

（4）大田管理

①中耕追肥：一般要求中耕3次，第一次在移栽后活株后进行浅中耕，第二次在11月上中旬深中耕，第三次在12月中旬进行浅中耕，同时培土壅蔸防冻。结合第二次中耕追施提苗肥，亩施尿素5～7.5千克。②施好腊肥：在12月中下旬，亩施草木灰100千克或其他优质有机肥1000千克，覆盖行间与油菜根颈处，防冻保暖。③施好苔肥："一菜两用"技术的苔肥和常规栽培有较大的差别，要施两次，要施早、施足。第一次是在1月下旬施用，每亩施尿素5～7.5千克。第二次是在摘苔前2～3天时施用，亩施尿素5千克左右。两次苔肥的施用量要根据大田的肥力水平和苗子的长势长相来定，肥力水平高，长势好的田块可适当少施，肥力水平较低，长势效差的田块可适当多施。④适时适度摘苔：当优质油菜薹长到25～30厘米时即可摘苔，摘苔时摘去上部15～20厘米，基部保留10厘米。摘苔要选在晴天或多云天气进行。⑤清沟排渍：开春后雨水较多，要清好腰沟、围沟和厢沟，做到"三沟"配套，排明水，滤暗水，确保雨住沟干。⑥及时防治病虫：主要虫害有弱虫、菜青虫等，主要病害是菌核病。弱虫和菜青虫亩用吡蚜酮20克兑水40千克或80%敌敌畏3000倍液防治，菌核病用50%菌核净粉剂100克或50%速克灵50克兑水60千克，选择晴天下午喷雾，喷施在植株中下部茎叶上。⑦叶面喷硼：在油菜的初花期至盛花期，每亩用速乐硼50克兑水40千克，或用0.2%硼砂溶液50千克均匀喷于叶面。

（5）适时收获

当主轴中下部角果枇耙色，种皮为褐色，全株三分之一角果呈黄绿色时，为适宜收获期。收获后捆扎摊于田埂或堆垛后熟，3～4天后抢晴摊晒、脱粒，晒干扬净后及时入库或上市。

（五）适宜区域

湖北省中稻产区。

## 四、免耕稻草覆盖马铃薯 —— 免耕中稻

### （一）产量效益

马铃薯亩产 1000 ～ 1800 千克，产值 3000 元之上。中稻亩产 600 千克，产值 1600 元。全年亩产值 4600 元以上。

### （二）茬口安排

| 茬口 | 播种期<br>（月/旬） | 定植期<br>（月/旬） | 采收期<br>（月/旬） | 预期产量<br>（千克/亩） |
|------|------|------|------|------|
| 马铃薯 | 9/中至12/上 | | 4/下至5/上 | 1000 ～ 1800 |
| 水稻 | 4/中 | 5/中 | 9/中 | 600 |

### （三）田间布局

中稻收获后按 2 ～ 3 米宽起沟分厢，免耕摆播马铃薯，密度 4000 ～ 6000 窝。马铃薯收获后灌水抛秧，每亩密度 2 万～ 3 万穴。

### （四）栽培技术要点

水稻收获后每亩用 200 ～ 500 毫升克瑞踪喷施田间除草，水田厢整好后即可在厢面摆播马铃薯，播种结束后，一次性施足肥料，再盖上 15 厘米厚稻草，然后把稻草浇湿透，田间保持湿润至出苗。马铃薯在厢面与稻草间生长，收获时掀开稻草，采收上市，马铃薯不带泥，外观好，品质好。免耕马铃薯注意先催芽后播种，以利于快出芽、出齐芽，生长整齐一致。

免耕中稻是在免耕马铃薯收获后，每亩用 200 ～ 500 毫升克瑞踪除草剂均匀喷雾田间杂草及残留茬后 24 小时，便可进行施肥，灌水抛秧，以后进入正常大田管理。

### （五）适宜区域

湖北省交通便利的水稻产区。

## 五、中稻 —— 红菜薹

### （一）户量效益

中稻亩产 600 千克，产值 1600 元左右。红菜薹亩产 2000 千克，亩产值 2000 元。全年亩产值 3600 元左右。

### （二）茬口安排

中稻：4 月中旬播种，5 月中旬移栽，9 月中旬收获。

红菜薹：8 月下旬播种，9 月下旬移栽，12 月到 2 月收获。

（三）田间布局

中稻亩插植 1.8 万蔸，株行距为 0.165 米 × 0.2 米。红菜薹一般每亩
3000 ～ 3500 株，按 2 米宽包沟整成高畦，且每畦栽 4 行，株行距为 30 厘米 × (40 ～ 50)
厘米。

（四）栽培技术要点

1. 中稻

（略）

2. 红菜薹

（1）品种

选用紫婷、龙秀佳婷等优质早、中熟品种。

（2）施足底肥、按时追肥

大田底肥以有机肥为主，要求每亩施 3000 千克腐熟厩肥，第一次追肥在移栽活
苗后及时追施，用 50 千克腐熟人畜粪兑 450 千克水追肥，或每亩用 10 千克尿素追施（每
50 千克水兑尿素 75 克）。薹期追肥逐渐加重，每亩追施复合肥 20 ～ 25 千克，并适
当增加磷、硫酸钾。

（3）病虫害防治

加强对黑腐病、病毒病、黑斑病、霜霉病、软腐病及小菜蛾、菜青虫、甜菜夜蛾
等主要病虫害的防治。

（五）适宜区域

湖北省城镇郊区。

## 六、马铃薯（菜用）—— 玉米 —— 晚稻

（一）产量效益

马铃薯一般亩产 550 千克左右，产值 1100 元左右。玉米亩产在 550 千克左右，
产值 1260 元左右。晚稻亩产 450 千克左右，产值 1200 元左右。全年亩产值 3560 元
左右。

（二）茬口安排

马铃薯：12 月中旬播种，翌年新马铃薯长到能上市时开始开挖，4 月底前挖完。
玉米：3 月 10 日前后播种，营养钵育苗，3 月下旬移栽，7 月 22 日以前收获。
晚稻：6 月 24 日前后播种，7 月 25 日左右移栽，10 月中下旬收获。

（三）田间布局

厢宽 2.0 米，厢面宽 1.67 米，播 3 行马铃薯，行距 0.83 米，窝距 0.1 米，每
亩约 1 万窝。两行马铃薯之间留 0.34 米预留行套种玉米，宽行 1.33 米，窄行 0.67 米，
株距 0.22 米左右，亩植 3030 株左右。玉米收获之后种植一季晚稻，晚稻每亩 2 万～ 2.5

万兜。

### （四）栽培技术要点

马铃薯选用费鸟瑞它、大白早、中薯 3 号等早熟品种，玉米可选用宜单 629、中农大 451、蠡玉 16 等品种，晚稻选用金优 38 等。

### （五）适宜区域

城镇近郊种双季稻的地区。

## 七、蔬菜 —— 地膜花生 —— 晚稻

### （一）产量效益

一般蔬菜亩产 1000～2000 千克，产值 1000～2000 元。花生亩产 200 千克，产值 1000 元。晚稻亩产 450 千克，产值 1200 元。全年亩产值 3200～4200 元。

### （二）茬口安排

蔬菜：9 月中下旬育苗，10 月中下旬移栽，翌年 3 月上旬收获。

花生：3 月 20 日播种，7 月上中旬收获。

晚稻：6 月 20 日前后播种，7 月下旬移栽，10 月中旬收获。

### （三）田间布局

按 2 米宽（含沟）开沟分厢。蔬菜（以大白菜为主）株行距 0.4 米×0.6 米，亩栽 3000 棵。花生株行距 0.23 米×0.30 米，亩播 0.8 万～1 万穴，地膜覆盖。晚稻株行距 0.14 米×0.20 米，亩插 2.3 万兜以上。

### （四）栽培技术要点

#### 1. 选用优良种

蔬菜选用丰抗 80 等早熟大白菜品种，花生可选用优质高产的中花 6 号等品种，晚稻选用金优 38 等优质杂交稻品种。

#### 2. 适时早播

地膜花生在 3 月 20 日播种，晚稻在 6 月 20 日播种，采用稀播和化学调控相结合的方法培育矮壮秧。

#### 3. 科学管理

花生播前用钼肥拌种，每亩施足三元复混肥 20 千克、硼砂 0.5 千克，将厢面杂草等捡净整平，播种后喷施敌草胺除草剂盖膜扎实，清好"三沟"。待 7～10 天后破膜放苗，注意防治蚜虫。花生收获以后，亩施 40 千克复混肥，及时整田抢插晚稻，移栽 5～6 天返青后，结合施用除草剂亩用 12.5 千克尿素追肥。晚稻收割后，及时搬离稻草，亩用 200 毫升克瑞踪、金都尔 60 毫升左右均匀喷雾田间，杀灭杂草及残茬。24 小时后，每亩施足 100 千克饼肥、60 千克复合肥或 60 千克生物有机肥，打穴移

栽大白菜，待 5 ～ 6 天移栽成活后，亩用人畜粪 1000 千克加尿素 5 千克兑水点施，以后进入常规管理。

4. 病虫害防治

蔬菜在前期应注意防治蚜虫、菜青虫等害虫，后期要注意防治软腐病、霜霉病等病害。

（五）适应区域

土壤质地为轻壤土的水稻三熟制地区。

## 八、油菜 —— 甜瓜 —— 晚稻

（一）产量效益

油菜籽亩产 130 千克，产值 600 元。甜瓜亩产 1250 千克，产值 2000 元。稻谷亩产 550 千克，产值 1400 元。全年亩产值 4000 元左右。

（二）茬口安排

油菜：9 月中旬播种，翌年 5 月上中旬收获。

甜瓜（黄金瓜、白瓜等）：1 月下旬至 2 月上旬播种，可在"五一"前后上市，6 月中下旬拔藤。

水稻：5 月中下旬播种，10 月上旬收获。

（三）田间布局

厢宽 2 米，沟宽 0.35 米，每厢栽 4 行油菜，每亩 5000 ～ 6000 株，厢面一边或厢中间留 0.8 米左右宽的预留瓜行。翌年春，厢的一边或中间先留瓜墩，再播（栽）瓜，每亩 350 ～ 400 株，穴距 0.8 ～ 1 米。水稻每亩插 1.8 万蔸。

（四）栽培技术要点

油菜选用中油杂 12 号、华杂 12 号、中双 10 号等生育期较短的高产优质品种，水稻选用 Q 优 6 号等品种，甜瓜选用丰甜 1 号等黄金瓜品种或仙光 1 号等白瓜品种。

（五）适宜区域

湖北省中南部及长江中下游地区。

## 九、水稻 —— 大蒜高效栽培模式

（一）产量效益

本模式早稻亩产 450 千克，亩产值 1200 元。大蒜鲜蒜苗亩产 2600 千克，亩产值 5200 元。亩总产值 6200 元以上。

（二）茬口安排

早稻 3 月下旬播种，5 月插秧，7 月下旬收割。大蒜在 9 月中下旬播种。

（三）田间布局

早稻亩栽 2.3 万～2.5 万苑，常规稻每亩 15 万～18 万基本苗。杂交稻每亩 8 万～10 万基本苗。大蒜早熟品种亩栽 5 万株，行距为 14～17 厘米，株距则为 7～8 厘米；中晚熟品种亩栽 4 万株，行距 16～18 厘米，株距 10 厘米左右。

（四）大蒜栽培技术

1. 播种

（1）适时播种

长江流域及其以南地区，一般在 9 月中下旬播种。长江流域 9 月份天气凉爽，适于大蒜幼苗出土和生长。如播种过早，幼苗在越冬前生长过旺而消耗养分，则降低越冬能力，还可能再行春化，引起二次生长，第二年形成复瓣蒜，降低大蒜品质。播种过晚，则苗子小，组织柔嫩，根系弱，积累养分较少，抗寒力较低，越冬期间其死亡多。所以大蒜必须严格掌握播种期。

（2）合理密植

早熟品种一般植株较矮小，叶数少，生长期也较短，密度相应要大，以亩栽 5 万株左右为好，行距为 14～17 厘米，株距为 7～8 厘米，亩用种 150～200 千克。中晚熟品种生育期长，植株高大，叶数也较多，密度相应小些，才能使群体结构合理，以充分利用光能。密度宜掌握在亩栽 4 万株上下，行距 16～18 厘米，株距 10 厘米左右，亩用种 150 千克左右。

（3）播种方法

"深栽葱子浅栽蒜"是农民多年实践得出的经验。大蒜播种一般适宜深度为 3～4 厘米。大蒜播种方法有两种：一种是插种，即把种瓣插入土中，播后覆土，踏实。二是开沟播种，即用锄头开一浅沟，将种瓣点播土中。开好一条沟后，同时开出的土覆在前一行种瓣上。播后覆土厚度 2 厘米左右，用脚轻度踏实，浇透水。为防止干旱，可在土上覆盖二层稻草或其他保湿材料。栽种不宜过深，过深则出苗迟，假茎过长，根系吸水肥多，生长过旺，蒜头形成受到土壤挤压难于膨大。但栽植也不宜过浅，过浅则出苗时易"跳瓣"，幼苗期根际容易缺水，根系发育差，越冬时易受冻死亡。

2. 田间管理

（1）追肥

大蒜追肥一般 3～4 次，分为：

催苗肥：大蒜出齐苗后，施 1 次清淡人粪尿提苗，忌施碳铵，以防烧伤幼苗。

盛长肥：播种 60～80 天后，重施 1 次腐熟人畜肥加化肥，每亩 1000～1500 千克，硫铵 10 千克，硫酸钾或氯化钾 5 千克。做到早熟品种早追，中晚熟品种迟追，促进幼苗长势旺，茎叶粗壮，到烂母时少黄尖或不黄尖。

孕薹肥：种蒜烂母后，花芽和鳞芽陆续分化进入花茎伸长期。此期旧根衰老，新根大量发生，同时茎叶和蒜薹也迅速伸长，蒜头也开始缓慢膨大，因而需养分多，应重施速效钾、氮肥（复合肥更好）10～15千克。可于现尾前半月左右施入（可剥苗观察到假茎下部的短薹），以满足需要，促使蒜薹抽生快，旺盛生长。

蒜头膨大肥：早熟和早中熟品种，由于蒜头膨大时气温还不高，蒜头膨大期相应较长，为促进蒜头肥大，须于蒜薹采收前追施速效氮钾肥。如：氮钾复合肥亩施5～10千克，若单施尿素，5千克左右即可，不能追施过多，否则引起已形成的蒜瓣幼芽返青，又重新长叶而消耗蒜瓣的养分。追肥应于蒜薹采收前进行，当蒜薹采收后即有丰富的养分促进蒜头膨大。若追肥于蒜薹采收后进行，则易导致贪青减产。若田土较肥，蒜叶肥大色深，则可不施膨大肥。中、晚熟品种由于抽薹晚，温度较高，收薹后一般20-25天即收蒜，故也可免追膨大肥。

（2）水分管理

齐苗期：一般播种1周即齐苗。追施齐苗肥后，若田土较干，可灌水1次，促苗生长。

幼苗前期：幼苗期是大蒜营养器官分化和形成的关键时期。大蒜齐苗后进入幼苗生长前期，由于齐苗后灌水1次，加之长江流域地区此期也正值秋雨较多的时期，因此要控制灌水，并注意秋雨后田间的排水工作。

幼苗中后期：以越冬前到退母结束为标志。此阶段较长，其也正是大蒜营养生长的重要时期。越冬前许多地方降雨已明显减少，土壤较干，应浇灌1次。越冬后气温渐渐回升，幼苗又开始进入旺盛生长，应及时灌水，以促进蒜叶生长，假茎增粗。

抽薹期：蒜苗分化的叶已全部展出，叶面积增长达到顶峰，根系也已扩展到最大范围，蒜薹的生长加快，此期是需肥水量最大的时期，应于追孕薹肥后及时浇灌抽薹水。"现尾"后要连续浇水，以水促苗，直到收薹前2～3天才停止浇灌水，以利贮运。

蒜头膨大期：蒜薹采收后立即浇水以促进蒜头迅速膨大和增重。收获蒜头前5天停止浇水，控制长势，促进叶部的同化物质加速向蒜头转运。

（3）中耕除草

可于播种至出苗前喷除草剂。扑草净：这对防除蒜地的马唐、灰灰莱、蓼、狗尾草等有效。50%的扑草净亩用药100～150克。西马津和阿特拉津：亩用药120～240克。除草通：亩用药35～65克。

对以单子叶禾本科杂草为主的蒜田，每亩用大惠利120～150克于播种后5～7天（出苗前）加水30～50千克稀释，晚间喷雾。以双子叶阔叶草为主的蒜田，每亩用25%恶草灵120～150毫升，或24%果尔45～60毫升，于播种后7～10天（出苗前）加水40～60千克，晚间喷雾。蒜苗幼苗生长期，当杂草刚萌生时即进行中耕，同时也除掉了杂草，对株间难以中耕的杂草也要及早拔除，以免与蒜苗争肥。

3. 采收

（1）采收蒜薹

一般蒜薹抽出叶鞘，并开始甩弯时，是收藏蒜基的适宜时期。采收蒜薹早晚对蒜薹产量和品质有很大影响。采薹过早，产量不高，易折断，商品性差；采薹过晚，虽

151

然可提高产量，但消耗过多养分，影响蒜头生长发育，而且蒜薹组织老化，纤维增多，尤其蒜薹基部组织老化，也不堪食用。

采收蒜薹最好在晴天中午和午后进行，而此时植株有些萎蔫，叶鞘与蒜薹容易分离，并且叶片有韧性，不易折断，可减少伤叶。若在雨天或雨后采收蒜薹，植株已充分吸水，蒜薹和叶片韧性差，极易折断。

采薹方法应根据具体情况来定。以采收蒜薹为主要目的，如二水早大蒜叶鞘紧，为获高产，可剖开或用针划开假茎，蒜薹产量高、品质优，但假茎剖开后，植株易枯死，蒜头产量低，且易散瓣。以收获蒜头为主要目的，如苍山大蒜采薹时应尽量保持假茎完好，促进蒜头生长。采薹时一般左手于倒 3～4 叶处捏伤假茎，右手抽出蒜薹。该方法虽使蒜薹产量稍低，但假茎受损伤轻，植株仍保持直立状态，利于蒜头膨大生长。

（2）收蒜头

收蒜薹后 15～20 天（多数是 18 天）即可收蒜头。适期收蒜头的标志是：叶片大都干枯，上部叶片退色成灰绿色，叶尖干枯下垂，假茎处于柔软状态，蒜头基本长成。收藏过早，蒜头嫩而水分多，组织不充实，不饱满，贮藏后易干瘪。收藏过晚，蒜头容易散头，拔蒜时蒜瓣易散落，失去商品价值。收藏蒜头时，硬地应用锹挖，软地直接用手拔出。起蒜后运到场上，后一排的蒜叶搭在前一排的头上，只晒秧，不晒头，防止蒜头灼伤或变绿。经常翻动 2～3 天后，茎叶干燥则可贮藏。

（五）适宜区域，

湖北省早稻产区。

# 第二节　经济作物种植模式

## 一、小西瓜 —— 藜蒿

### （一）产量效益

亩产小西瓜 2000 千克，亩产值 3000 元。亩产商品藜蒿 2400 千克，亩产值 8000元。且全年亩产值 11000 元左右。

### （二）茬口安排

超甜小西瓜上年 12 月底至 1 月初播种，2 月下旬定植，4 月上旬坐果，5 月上旬成熟，6 月中旬采收完毕。藜蒿 7 月初定植，8 月中旬、9 月中旬、11 月中旬，分别采收第 1、2、3 批。如需供应元旦、春节市场，加盖小拱棚后继续采收 1～2 批。

### （三）田间布局

小西瓜亩定植嫁接苗 350～400 株，自根苗 450～550 株，株距 50～60 厘米。

藜蒿按畦面 1.2 米宽整地，一般亩需种苗 250～300 千克。插条剪成 8～10 厘米长，开浅沟，按株距 7～10 厘米靠放在沟一侧。

### （四）栽培技术要点

**1. 超甜小西瓜**

（1）选择品种

早春红玉、万福来、拿比特。

（2）培育壮苗

①营养土的配制：按 7：3 的比例，将冬翻冬凌的园土与充分腐熟的有机肥拌匀，堆制、腐熟后，可作营养土，播前装钵备用。②种子处理与催芽：播种前将种子摊晒 1～2 天，提高种子发芽率和发芽势。用 55℃温水浸种 10 分钟，让水温自然降低后，再浸种 3～4 小时，捞出在 25～30℃的温度催芽。③播种：播种前铺设电加温线（70 瓦／平方米），苗床浇透底水，通电升温（25℃），每钵播种 1 粒，播籽后薄盖细土 1～2 厘米，及时盖好地膜，搭好内棚保温。每亩用种 25～50 克。④苗床管理：苗期采取分段变温管理。出苗前温度保持在 28～30℃，待 70% 种子出土后，揭掉地膜，适当降温防徒长，以白天 25℃、夜间 18℃左右为宜。当第一片真叶展开后，适当升温，促生长，温度以白天 28℃左右、夜间 20℃左右为宜，同时要注意改善光照条件。移植前 5～7 天降温炼苗，提高瓜苗的适应性。⑤嫁接育苗：大中棚小西瓜连作栽培时，必须采用嫁接防病措施。嫁接方法同一般，即砧木（葫芦苗）播种后 15 天，西瓜播种后 8 天，在砧木第一片真叶展开，小西瓜子叶展开并开始露心时，采用顶插嫁接，即当砧木第一片真叶展开式，切除生产点处，可用特制签自子叶顶端由上而下插一小穴，深约 1.5 厘米，然后将事先准备好的子叶尚未展开的西瓜接穗苗的下胚轴削成双切面楔形，立即插入砧木穴内，使其紧密相接即成。嫁接尽可能选晴天进行。嫁接后 3～4 天不必通风，白天保持 25～28℃，晚上 20～22℃，遮光、保湿、保温，1 周后逐渐接受散射光，苗子成活后，白天气温 25～30℃，晚上 15℃，保持一定昼夜温差，防止徒长。

（3）适时定植

嫁接后超甜小西瓜苗龄一般在 25 天以上，2 月下旬或 3 月上旬，当大中棚内 10 厘米以下土温在 15℃时，抢晴天定植。亩定植嫁接苗 350～400 株，自根苗 450～550 株，株距 50～60 厘米，用 0.2% 磷酸二氢钾液浇足定根水。重茬田块应进行土壤消毒后方可定植。瓜苗定植后，及时搭好内棚，密闭 4～5 天，以利保湿增温促发苗。如遇高温可在中午开启大、中棚通风即可。

（4）田间管理

①摘心整蔓：一般在瓜苗长到 5～7 叶时开始摘心，每株只留 3～4 条健壮的侧蔓，所留侧蔓上第 1～10 节位的侧枝也要及时摘除，保证每亩瓜田只留侧蔓 1200～1500 条。

②温湿度管理：伸蔓期大棚以保温保湿为主，大棚内最高温控制在 35～内，适时通风透光，晴天先开下风口，再开上风口，防高温烧苗，同时注意防止低温冻害，

坐果期白天应加大通气量，棚内温度以 25℃ 为宜。

③坐瓜留果：采用人工辅助授粉提高坐果率。一是人工授粉，则每天早上 6 时至 10 时，取雄花在开放的雌蕊上轻涂。二是放养蜜蜂，进行昆虫传粉。超甜的小西瓜于 13 节左右（第二雌花）开始留瓜，1 蔓 1 瓜，每株一次可留瓜 3 ～ 4 个，平均单瓜重 1 ～ 1.5 千克。

④肥水管理：

底肥：以有机肥为主，亩施腐熟农家肥或土渣肥 2000 ～ 3000 千克，硫酸钾复合肥 40 ～ 50 千克。

追肥："苗肥轻"，一般瓜苗期叶面喷施 0.2% 磷酸二氢钾 10 天 1 次，共 3 次。"果肥重"，当幼果长到鸡蛋大小时，打孔追施膨瓜肥，亩施硫酸钾复合肥 15-20 千克溶液。

水分管理：一般前期不旱不浇水，坐果后，视土壤墙情打孔穴灌。

⑤病虫防治：苗期病害主要为猝倒病，生长期病害较多，主要有枯萎病、疫病、炭疽病。

（5）适时采收

小西瓜一般在花后 36 天以上即可成熟，或成熟瓜卷须变黄，果皮条纹清晰，有光泽，用手指弹击，声音清脆即为成熟瓜，可采收上市。

采收应在清晨待露水干后进行，采收宜用剪刀剪断瓜蒂，以免拧断瓜蔓。采收后应及时分级包装销售。小西瓜一般在 6 月 20 日左右即可采收完毕。

## 2. 藜蒿

（1）品种选择

选用生长势强、商品性好、产量高云南绿秆藜蒿。

（2）整地做畦

深耕细整，按畦面 1.2 米宽整地，同时喷施除草剂以防杂草，除草剂可选用 48% 拉索，亩用量 200 毫升，或 48% 氟乐灵，亩用量 100 ～ 150 毫升。

（3）扦插定植

一般亩需种苗 250 ～ 300 千克。7 月上旬待留种田成株木质化后，去掉上部幼嫩部分和叶子，剪成 8 ～ 10 厘米长的插条，开浅沟，按株距 7 ～ 10 厘米靠放在沟的一侧，生长点朝上，边排边培土，培土深度达插条的 2/3，扦插完毕，浇 1 次透水。覆盖遮阳网，降低田间温度。经常保持土壤湿润，3 ～ 4 天则有小芽萌发。

（4）田间管理

①施肥：一般亩施腐熟有机肥 3000 千克，饼肥 100 千克。出苗后当幼苗长到 2 ～ 3 厘米，用清粪水提苗，粪和水的比例为 1：5。当幼苗长到 4 ～ 5 厘米时，亩追施尿素 10 千克，以后每收 1 次，施 1 次肥，方法同上。②灌水：要经常保持畦面湿润，浇水施肥同时进行，每施 1 次肥浇 1 次水，浇水宜多勿少。灌水以沟灌渗透为好，尽量不浇到畦面。③中耕除草：出苗后中耕 1 ～ 2 次，便于土壤疏松和透气，如有杂草一定要及时清除，以免影响幼苗生长。④间苗：幼苗长到 3 厘米左右时，要及时间苗，使每蔸保持 3 ～ 4 株小苗。⑤搭盖竹中棚：为保证元旦和春节有商品藜蒿，

武汉市 11 月下旬及时搭盖竹中棚保温，防霜冻。竹中棚两头要经常打开通风，春节以后气温回升揭除。⑥病虫害防治：主要病害是菌核病，发病初期则可用 40% 嘧霉胺 800～1500 倍液或 40% 菌核净 1000 倍液喷雾，隔 7～10 天喷 1 次即可。

（5）采收

当藜蒿长到 10～15 厘米，根据市场需求，地上茎未木质化便可采收上市。在收割时，将镰刀贴近地面将地上茎割下。气温适宜 30 天收割 1 次，气温低时 50 天左右收割 1 次。

藜蒿采收分为 3 次：8 月上旬为第一次，亩可采收毛藜蒿 400 千克。9 月中旬为第二次，亩采收鲜藜蒿 800 千克。11 月中旬为第三次，亩采收鲜藜蒿 1200 千克。如需供应元旦春节市场，应及时加盖中小棚防冻保温，2 月份以前还可收获 1～2 次。

（6）留种

留种田一般在采收第三次后，追肥灌足水后，任其生长，待成株木质化后，成为下季栽培的插条。或加盖竹中棚，收获 1～2 次后再留种。

（五）适宜区域

湖北省城镇郊区。

## 二、春毛豆 —— 夏毛豆 —— 冬萝卜（红菜薹）

（一）产量效益

春毛豆亩产 500 千克，亩产值 3500 元。夏毛豆亩产 800 千克，产值 1500 元。冬萝卜亩产 3000 千克，产值 4000 元，或红菜薹亩产 1570 千克，产值 4000 元。折算三季亩产值 9000 元以上。

（二）茬口安排

| 茬口 | 播种期（月/旬） | 定植期（月/旬） | 采收期（月/旬） | 预期产量（千克/亩） |
|---|---|---|---|---|
| 春毛豆 | 2/ 上 | | 5/ 中下 | 500 |
| 夏毛豆 | 5/ 下至 6/ 初 | | 8/ 中 | 800 |
| 秋冬萝卜 | 9/ 下至 11/ 上 | | 11/ 下至 2 月 / 上 | 3000 |
| 红菜薹 | 8/ 中 | 9/ 中 | 10/ 中 | 1570 |

春毛豆 2 月 5～10 日播种，5 月 18～27 日分 3 批采收。夏毛豆 5 月 29 日至 6 月 2 日播种，8 月 13-18 日分 3 批采收。冬萝卜 9 月下旬至 11 月上旬播种，1 月采收。红菜薹 8 月 15～20 日播种，10 月中旬至翌年元月下旬采收。

（三）田间布局

2 米包沟开厢，春毛豆，每亩用种 7.5 千克，株距 19.8 厘米，行距 26.4 厘米，每穴 2～3 粒。夏毛豆，亩用种 5～7.5 千克，株距 27 厘米，行距 39.6 厘米。秋冬萝卜，按畦包沟 1 米做成高畦，每穴点籽 1～2 粒，穴距 20～25 厘米，每畦点两行，每亩种植 5500～6000 穴，用种量约 80～90 克。红菜薹，按 2 米宽包沟整成高畦，畦沟宽 0.3 米，畦沟深 0.25 米，四周抽好围沟，畦长每隔 20～30 米，一般每亩 3000～3500 株，每畦栽 4 行，株行距则为 30 厘米 ×（40～50）厘米。

### （四）栽培技术要点

#### 1. 春毛豆

（1）品种选择

应选择耐寒性强、生育期短的品种，如早冠、95-1、特新早、龙泉特早等。

（2）施足底肥，精细整地

2 月初开始施底肥，亩施复混肥 50 千克、碳酸氢铵 50 千克。施足底肥后机耕 2 次，2 米带沟开厢，做到厢面平整。

（3）适时播种

2 月 5～10 日，抢晴播种，播种后，用芽前除草剂拉索喷雾 1 次，之后覆盖地膜，四周盖严实，利于保温、防鼠害。

（4）出苗期管理

要注意及时补苗，保证全苗。如遇幼苗干旱，选择雨天揭膜浇水。当幼苗长出 2 层对叶时开始顶地膜，此时注意防高温烧苗。当气温较低、白天太阳光照不强烈时，要做到白天揭膜，晚上盖膜。在气温稳定在 15℃ 以上、幼苗对叶 2～3 层时，在傍晚揭膜露苗。3 月 20 日后完全揭膜，要及时松土紧根，同时可喷施磷酸二氢钾液 2～3 次。注意抗旱排渍。

（5）开花结荚期田间管理

当早熟毛豆生长到 5～6 层叶后，开始现蕾开花，顺序由而上，4 月中下旬为开花期。此时要按照"干开花"的原则，清理厢沟、围沟，降低湿度，喷坐果灵 1 次，保花蕾。早毛豆长出 7～8 层真叶时，进入结荚期，结荚顺序由下而上。结荚期管理是早毛豆生产的关键时期，关系到早毛豆的产量和品质件此时，如遇干旱，要灌 1 次跑马水，有利于豆荚迅速鼓起。早毛豆也要分批采摘。

（6）病虫防治

主要加强霜霉病的防治。

#### 2. 夏毛豆

（1）品种选择

选择适应性强、耐热、高产品种，如早冠、K 新绿、满天星、绿宝石、长丰九号等。

（2）施足底肥，精耕细作

春毛豆收获后，5 月下旬施底肥，亩施复混肥 50 千克、碳酸氢铵 50 千克。机耕 2 次，2 米带沟开厢，做到厢面平整，无杂草。

（3）前期田间管理

5 月底至 6 月初播种。播种后用除草剂拉索喷雾 1 次，预防杂草。厢沟、围沟要清通。出苗后要及时中耕除草 2 次。

（4）中后期田间管理

湿促干控，促控结合，在开花前搭好丰产苗架。中熟毛豆于6月下旬至7月初开花，此时要按照"干开花"的原则，清好厢沟、围沟，除净田间杂草，利于通风透光，防止花蕾脱落。7月下旬进入结荚期，而此时要本着"湿结籽"原则，保持田间湿润，遇旱灌跑马水1次，提高结荚率，增产增效。可用磷酸二氢钾400倍液连续3天于下午喷雾，以利2粒以上豆荚正常生长，减少单粒豆荚，保证鲜荚质量。

（5）病虫防治

主要虫害有豆荚螟和斜纹夜蛾。

3. 冬萝卜

（1）整地作畦，施足基肥

选择土层深厚，疏松肥沃，排灌方便，轮作2～3年的地块。一次性施足底肥，每亩深施腐熟有机肥3000千克，进口复合肥30千克，或者进口复合肥150千克，饼肥100千克，结合整地撒施。在6米或8米的大棚内，按畦包沟1米做成高畦待播。

（2）适时点播，地膜覆盖

采取穴播，每穴点籽1～2粒，穴距20～25厘米，每畦点两行，每亩种植5500～6000穴，用种量约80～90克。播后用细土覆盖0.5厘米厚。播期在11月上旬，应盖地膜保温。地膜要求拉紧贴地面，四周用土压实。

（3）田间管理

①适时查苗、定苗：播后3～5天齐苗，地膜覆盖种植的，此时要及时破地膜，用手指钩出一个小洞，使小苗露出膜外，一星期后对缺株穴立即补播。萝卜开始破白后，用湿土压薄膜破口处，既可防风吹顶起，又能增温保湿。幼苗2～3片叶时间苗，4～5片真叶定苗，每穴留壮苗1株。②肥水管理：可在施足基肥的基础上，追肥在萝卜破白露肩时分别用速效氮肥追施1～2次，每次亩施尿素或腐熟人粪尿500千克，施肥时切忌离根部太近，以免烧根。肉质根膨大期间，每亩施一次进口复合肥10千克。生长期间，土壤如过干，可选择晴天午后灌跑马水，田间切勿积水过夜或漫灌。若气候干燥，特别是萝卜肉质根膨大期间应及时补充水分。同时防止田间积水，雨后排渍。以防止肉质根腐烂和开裂。③病虫害防治：加强对黑腐病、病毒病、黑斑病、霜霉病、软腐病及小菜蛾、菜青虫、甜菜夜蛾等主要病虫害的防治。④盖棚保温：11月中下旬气温降至15℃以下时应及时盖大棚膜增温。

（4）采收

收获期2月上旬至2月中旬。一般播后90天左右采收。可根据市场行情，提前或延后10～15天采收，收获时注意保护肉质根，要直拔轻放，防止损伤肉质根影响外观。

4. 红菜薹栽培要点

（1）品种

选用紫婷、龙秀佳婷等优质早、中熟品种。

（2）施足底肥、按时追肥

大田底肥以有机肥为主，要求每亩施3000千克腐熟厩肥，第一次追肥在移栽活苗后及时追施，用50千克腐熟人畜粪兑450千克水追肥，或每亩用10千克尿素追施（每50千克水兑尿素75克）。薹期追肥逐渐加重，每亩追施复合肥20～25千克，并适当增施磷、钾肥。

（3）病虫害防治

加强对黑腐病、病毒病、黑斑病、霜霉病、软腐病以及小菜蛾、菜青虫、甜菜夜蛾等主要病虫害的防治。

### （五）适宜区域

湖北省城镇郊区。

## 三、春苦瓜与菜用甘薯 —— 冬莴苣

### （一）产量效益

该模式每亩产苦瓜4000～5000千克，产值7000元。每亩产菜用甘薯4000～5000千克，产值10000元。每亩产冬莴苣3000千克，产值3000元。全年实现每亩总产值20000元，纯收入16000元。

### （二）茬口安排

2月上中旬播种育苗苦瓜，3月中下旬在大棚两边定植，5月中旬至10月下旬收获。菜用甘薯3月中下旬在棚内扦插，4月中下旬到10月上旬收获。冬莴苣9月上中旬播种育苗，10月中下旬定植，翌年1～2月收获。

### （三）田间布局

苦瓜，深耕20～30厘米，按畦高20厘米，畦宽30厘米作畦，每亩定植250～300株。菜用甘薯，厢长不超过20米，厢宽1.20米，沟深25厘米，沟宽30厘米，一般每亩定植1.2万株左右为宜，株距18～20厘米，行距25厘米。冬莴苣，行株距（40～45）厘米×（35～40）厘米，亩栽3500～5000株。

### （四）我培技术要点

1. 春苦瓜

（1）选择优良品种

选择抗病、优质、高产、耐贮运、商品性好、适合市场需求品种，如绿秀、台湾大肉、春夏5号、碧玉、翡翠苦瓜等。

（2）施足肥整好畦

结合整地，每亩施腐熟农家肥或生物有机肥2000～3000千克，三元复合肥20～30千克作底肥，肥料宜入土15～20厘米，做到土肥相融。深耕20～30厘米，按畦高20厘米，畦宽30厘米作畦。畦面土壤要求达到平、松、软、细的要求。

（3）培育壮苗

每亩用种量 200 克。采用温水浸种，将种子放入约 55℃ 热水中，维持水温稳定浸泡 15 分钟，然后保持约 30℃ 水温继续浸泡 18～22 小时，用清水洗净黏液后即可催芽。浸泡后的种子沥干水后用纱布包好，在 28～33℃ 条件下保湿催芽，种子每天冲洗并翻动一次，70% 左右的种子露白时即可播种。营养土选用 2 年之内没有种过瓜类作物的沙壤土为好。土壤选好后先做好翻晒、细碎，然后按土肥质量比 4：1 的比例加入充分腐熟的农家肥，并加入 1% 的钙镁磷肥和 0.2% 的复合肥。每立方米营养土用 70% 的代森锌可湿性粉剂 60 克或 50% 的多菌灵可溶性粉剂 40 克撒在营养土之上，混拌均匀，然后用塑料薄膜覆盖 2～3 天，掀开薄膜后即可装入塑料营养钵或营养盘待用。根据栽培季节和习惯，可在塑料棚、温室或露地育苗。播种前一天将营养土浇透水，每钵或每孔点播 1 粒已发芽的种子，种子上盖 0.5 厘米厚的细土。早春育苗的在苗床或盘面上先盖一层地膜，再用小拱棚防寒。夏季育苗的在盘面上用双层遮阳网遮盖。有条件的可采用工厂化育苗并进行嫁接。保持苗床湿润，畦面见白时及时浇水，早春育苗宜在晴天 11～15 小时浇水，夏季育苗宜在早晚浇水。苗期可追施 10% 腐熟人粪尿 2～3 次，0.2% 磷酸二氢钾叶面肥 2～3 次。苦瓜早春育苗要保暖增温，白天温度控制在 20～30℃，夜间温度控制在 15～20℃。可在定植前 7 天适当降温通风，夏季逐渐撤去遮阳网，适当控制水分。

（4）适时规范定植

壮苗标准：早春苗龄 35 天，株高 10-12 厘米，茎粗 0.3 厘米左右，3～4 片真叶，子叶完好，叶色浓绿，无病虫害。早春棚内 10 厘米最低土温稳定在 15℃ 以上为定植适期，一般在 3 月中下旬。按畦高 25 厘米、畦宽 30 厘米，整畦覆膜，每亩定植250～300 株。

（5）科学田间管理

①温度管理：缓苗期白天 25～30℃，晚上不低于 18℃。开花结果期白天 25℃左右，夜间不低于 15℃。②光照管理：大棚宜采用防雾滴膜，保持膜面清洁。③水分管理：缓苗后选择晴天上午浇一次缓苗水，保持土壤湿润，相对湿度大时减少浇水次数，遇干旱时结合追肥及时浇水，浇水时力求均匀，根瓜坐住后浇 1 次透水，以后5～10 天浇 1 次水，结瓜盛期加强浇水。生产上应通过地面覆盖、滴灌、通风排湿、温度调控等措施，使土壤湿度控制在 60%～80% 之间。多雨季节做好清沟排渍工作，做到雨住沟干。④追肥管理：根据苦瓜长势和生育期长短，按照平衡施肥要求施肥，适时追施氮肥和钾肥。同时喷施微量元素肥料，根据需要可喷施 0.2% 磷酸二氢钾等叶面肥。定植成活后，每隔 5～7 天每亩追施 1 次 10% 腐熟人粪尿 1000 千克，摘第一条瓜时，每亩深施 2000 千克腐熟猪牛粪，盛果期时每隔 7～10 天追施 0.2% 磷酸二氢钾叶面肥和 30% 腐熟人粪尿每亩 1 000 千克或复合肥 30 千克。⑤爬蔓管理：宜在棚高 1.8 米处系上爬藤网，将瓜蔓牵引至爬藤网上。整枝：多以主蔓结瓜为主，摘除 100 厘米以下的所有侧蔓。打底叶：及时摘除病叶、黄叶和 100 厘米主蔓以下的老叶。⑥人工授粉：头天下午摘取第二天开放的雄花，放于约 25℃ 的干爽环境中，第二天 8：00～10：00 时去掉花冠，将花粉轻轻涂抹于雌花柱头上，每朵雄花可用于 3 朵雌花

的授粉。⑦病虫害防治：主要病害有霜霉病、白粉病、枯萎病。主要虫害有瓜野螟、烟粉虱。霜霉病用72%克露500倍液或72.2%霜霉威800倍液，白粉病用30%醚菌酯1500倍液，枯萎病用99%噁霉灵3000倍液，瓜野螟用1%甲维盐2000倍液或烟粉虱用啶虫隆1500倍液喷雾。

（6）及时采收

及时摘除畸形瓜，及早采收根瓜，在瓜条瘤状突起十分明显，果皮转为有光泽时便可采收，采收完后清理田园。

2. 菜用甘薯栽培技术

（1）选择优良品种

选择腋芽再生能力强，节间短，分枝多，较直立，茎秆脆嫩，叶柄较短，叶和嫩梢无绒毛，开水烫后颜色翠绿，有香味、甜味，无苦涩味，口感嫩滑，适口性好，植株生长旺盛，茎尖产量高的品种，如福薯18号、福薯10号等品种。

（2）选好地整好畦

选择交通便利、土地平整、土壤结构好、肥力水平高、排灌比较方便、3年内没种甘薯的田块。要施足基肥，精细耕整，做到土层细碎疏松，干湿适度。为了管理和采摘方便，厢长不超过20米，厢宽1.20米，沟深25厘米，沟宽30厘米。厢沟、腰沟、围沟三沟畅通，排灌方便。

（3）培育壮苗，合理密植

采用扦插繁殖的办法，即剪取15厘米左右薯藤，留3个节，基部剪成斜马蹄形，去叶，株行距10厘米×10厘米，打插后浇水，盖膜，保温促长，25～30天根系发育好后，择壮苗定植。也可直接定植于大田。待日平均气温稳定在10℃以上，适时早插，选用茎蔓粗壮，叶片肥厚，无气生根，无病虫危害薯藤，剪取4～5节薯藤段，斜扦插入土2～3节，外露1～2节。扦插后浇水紧土，保持土壤湿润。一般每亩定植1.2万株左右为宜，株距18～20厘米，行距25厘米。

（4）科学施肥，早发快长

基肥以腐熟人粪尿、厩肥或堆肥等为主，每亩施腐熟农家肥2 000-3 000千克或生物发酵鸡粪400千克，配合复合肥100千克。追肥要以人粪尿和氮肥为主，大肥大水促进茎叶生长。菜薯生长前期植株小，对肥料需求少，宜在扦插后7～10天，每亩用10%的腐熟人粪尿1000千克浇施。扦插后20天和30天，两次结合中耕除草，每亩用10%的腐熟人粪尿1000千克加配10千克尿素、4千克氯化钾浇施。采摘期，每隔20天补1次肥，在采摘和修剪后及时施肥，一定要注意待伤口干后再施，促进分枝和新叶生长。

（5）调控温湿光，提高产品品质

菜用甘薯对温度、水分和光照要求较高。采用小水勤浇措施，有条件的可采用喷灌补水，保持土壤湿度80%～90%，茎叶在18～30℃范围内温度越高生长越快，但高于30℃，生长缓慢，且易老化。光照过强易使茎叶纤维提前形成，含量增加。在高温强光情况下，在苦瓜藤架下遮阴降温，则可提高菜用甘薯食用品质。

（6）适时采摘，及时修剪

菜用甘薯成活后，有 5 ～ 6 片叶时立即摘心，促发分枝。封行后及时采摘生长点以下 12 厘米左右鲜嫩叶上市，以后每隔 10 天左右采摘 1 次，由于菜用甘薯产品为幼嫩茎叶，含水量大，易失水萎蔫，要保持较高的产品档次，应适时采收，及时销售。为保证菜用甘薯田间生长通风透光，提高产量和产值，必须要进行修剪。首次修剪时间应在第三次采摘完后及时进行，修剪必须保留株高 10 ～ 15 厘米内的分枝，每株从不同方向选留健壮的萌芽 4 ～ 5 个，剪除基部生长过密和弱小的萌芽，以后每采摘 3 ～ 4 次修剪 1 次。保证群体的透光和营养的集中供给。

（7）综合防治病虫

主要病虫害有甘薯麦蛾、斜纹叶蛾，可用多沙霉素等进行防治。采收时注意安全间隔期。

（8）安全越冬

菜用甘薯安全越冬方法有两种：薯苗大棚种植越冬和薯种贮藏越冬。一是菜用甘薯大棚越冬。武汉地区需要在三膜（地膜、小拱棚膜和大棚膜）基础上才能保苗越冬。二是菜用甘薯种贮藏越冬。建立留种田，不采摘薯尖，像普通甘薯那样生产薯种。在打霜前挖种并晾晒 2 ～ 3 天，用稻草或麦秆垫底，分层存放。应注意不能用薄膜覆盖，晾晒时，晚间要覆盖薯藤，存放的薯块不能沾水。

3. 冬莴苣栽培技术

（1）选用良种

越冬栽培的莴苣应选用耐寒、优质、早熟、高产、抗病品种，如竹叶青、雪里松、种都五号、挂丝红等。

（2）播种育苗

亩用种量 25 ～ 50 克。选择排水良好，阳光充足的田块育苗。种子用温水浸种 6 小时左右，放置冰箱冷藏室内或吊在水井里，在 8 ～ 20 无的条件下处理 24 小时，然后把种子放置室内，1 ～ 2 天种子露白后播种，秧龄 25 天左右，叶龄 5 ～ 6 叶期，为移栽定植的适宜时期。

（3）施足基肥，移栽定植

莴苣产量高，需肥量大，须施足基肥，一般每亩施腐熟有机肥 4000 千克，复合肥 50 千克，于移栽前 7 ～ 10 天施入。秧苗 5 ～ 6 叶期定植，行株距（40 ～ 45）厘米 ×（35 ～ 40）厘米，亩栽 3500 ～ 5000 株。

（4）田间管理

莴苣生长需较冷凉的气候条件，一般在 11 月中旬最低气温接近 0℃时进行大棚覆膜，在最低气温达 -2℃时覆盖内大棚膜，既能避免棚内温度偏高引起窜苔，又可防止低温冻害。

（5）病虫害防治

大棚莴苣主要病害是霜霉病与灰霉病，主要虫害是射虫。霜霉病可用 72% 杜邦克露 600 ～ 800 倍、58% 甲霜灵锰锌 500 倍等农药喷雾防治，灰霉病可用万霉灵

800～1000倍、25%扑瑞风600～800倍等农药喷雾防治，射虫可用10%一遍净（吡虫啉）1000倍、1%杀虫素1500倍等农药喷雾防治。

（6）采收

莴苣主茎顶端与植株最高叶片的叶尖相平时为收获适期，而这时茎部已充分肥大，品质脆嫩，产量最高，也为最佳采收期。

### （五）适宜区域

湖北省城镇郊区。

## 四、马铃薯 —— 玉米 —— 秋萝卜

### （一）产量效益

一般马铃薯亩产1500千克，亩产值1500元。春玉米亩产500千克，亩产值1100元。萝卜亩产3000千克，产值2400元。全年亩产值5000元。

### （二）茬口安排

马铃薯：2月上旬播种，6月上中旬收获。

春玉米：4月下旬播种，8月下旬收获。

秋萝卜：8月中旬播种，11～12月收获。

### （三）田间布局

厢宽1.6米，种2行马铃薯，大行距1米，小行距0.6米，株距0.2米，每亩4000株左右。在两行马铃薯中间套种2行玉米，株距0.2米，每亩4000株左右。在玉米行间播种2行秋萝卜，株距0.3米左右。

### （四）栽培技术要点

1. 品种

马铃薯选用中薯3号、费乌瑞它、克新3号等，春玉米可选用登海9号、中农大451等，秋萝卜选用美浓萝卜等。

2. 加强管理

马铃薯播种时，亩施土杂肥3000千克，猪栏粪1500千克，过磷酸钙25千克，草木灰100千克，碳酸氢铵25千克，浇足底墒水，即可播种，深度6～8厘米，覆土后使之形成向阳沟，覆盖地膜，以利早出苗。出苗后，揭去薄膜，苗出齐后及时浅锄、松土、保墒。第1片叶展开后，培土3厘米左右。4月底当薯苗团棵后，结合套种玉米，亩追施尿素15千克并培土5～7厘米厚。结薯期必须保证土壤湿润，干旱时及时浇水，玉米间苗后，亩追施尿素5～7.5千克。6月上中旬马铃薯收获后，结合玉米培土，每亩追施尿素15～20千克。8月中旬，在玉米行间整地、施肥后，播种2行秋萝卜，待玉米收获后，及时间苗追肥。

（五）适宜区域

城镇近郊旱作区。

## 五、毛豆 —— 春玉米 —— 秋玉米 —— 大白菜

（一）产量效益

该模式亩收毛豆 500 千克，产值 3500 元。玉米亩产 500 千克，产值 1100 元。大白菜亩产 1000 千克左右，产值 1000 元。全年亩产值则在 5600 元，

（二）茬口安排

毛豆：2 月底点播种，地膜覆盖，5 月中下旬收获毛豆。

春玉米：4 月初营养钵育苗，二叶一心在毛豆田套栽，7 月底收获。

秋玉米：7 月上旬在春玉米田套种点播，10 月底收获。

大白菜：8 月中下旬直播或点播，在 11 月收获。

（三）田间布局

厢宽 1.6 米，沟宽 0.3 米，毛豆于厢面中间点播 5 行，株行距 0.25 米 ×0.2 米，亩密度 800 穴以上，每穴播 3 ～ 4 粒。两边预留行各移栽 1 行春玉米，株距 0.21 米，亩栽 4000 株左右。毛豆收获后在春玉米行间点播 2 行秋玉米，相距 0.4 米，株距 0.21 米，密度 4000 株左右，每穴留苗 1 株。春玉米收获之后，播 3 行大白菜，株距 0.35 米，亩 2400 蔸左右。

（四）栽培技术要点

1. 毛豆

①品种选择。选用早冠、95-1 等早熟高产品种。

②覆膜育苗。播种后，喷施除草剂，并及时覆盖地膜，出苗后及时破膜露苗。

③科学施肥。底肥亩施复合肥 50 千克，苗期叶面喷施 1% 尿素液 2 次，中后期叶面喷施 0.2% 的磷酸二氢钾液 2 次。

2. 玉米

（1）选用良种

选用宜单 629、中农大 451、登海 9 号等高产品种。

（2）科学施肥

春玉米打孔移栽时，亩施复合肥 20 千克。秋玉米播种前在行间亩底施复合肥 30 千克，5 ～ 6 叶期早追苗肥，每亩追尿素 5 ～ 6 千克，10 ～ 11 叶大喇叭口期重施穗肥，亩穴施尿素 10 千克。

（3）精细田管

一是秋玉米 2 ～ 3 叶间苗，4 叶定苗，每穴留苗 1 株。二是在拔节期结合追肥中耕培土壅蔸。三是防治 2 虫 1 病，苗期防地老虎，大喇叭口期重点防治玉米螟，中后

期注意防治纹枯病。四是人工辅助授粉。

## 六、"莲藕 —— 晚稻"高产高效栽培技术

### （一）产量效益

莲藕亩产 1000～1500 千克，收入 5000 元以上。而晚稻亩产 550 千克，收入 1450 元。全年亩产值 6450 元。

### （二）茬口安排

莲藕：3 月中旬栽种，6 月中下旬开始采收，7 月中下旬采收完毕。

晚稻：6 月 20 日左右播种（育秧田另选），7 月底移栽，10 月中旬收获。

### （三）田间布局

莲藕亩用种量为 300 千克左右，株行距为 150 厘米×250 厘米左右，每亩栽足 600～800 个芽头。晚稻每亩 2 万～2.5 万蔸。

### （四）栽培技术要点

1. 莲藕

（1）品种选择

选用早熟、抗病、优质、商品性佳的鄂莲五号、鄂莲七号品种，藕肉厚实，气孔小，入泥 30 厘米，可炒食、煨汤。

（2）整地定植

清除田内残存杂物，耕耙平整，每亩施生石灰 80 千克，莲藕是需肥量较大的作物，施用农家肥 5000～8000 千克/亩，复合肥 30 千克/亩。栽植时水不宜过深，以 3～5 厘米为宜。

（3）藕田管理

栽植后 10 余天内至萌芽阶段保持浅水，一般应保持水层在 5～6 厘米，随着植株的生长逐渐加深水层，4～5 月水层以 5～10 厘米为宜。坐藕期一般在采收前 20 天左右应放浅水位至 4～6 厘米，以促进结藕。定植后 25 天立叶 1～2 片时第一次追肥，每亩追尿素 15 千克，或腐熟人粪尿 2 000 千克。定植后 45 天，田间长满立叶时第二次追肥，每亩施腐熟人粪尿 2 000 千克，或施复合肥 20-25 千克，尿素 10-15 千克。在荷叶封行前，结合追肥进行耕田除草 2～3 次，直到荷叶封行人不便进入藕田为止。结合绿色防控技术，每 30 亩安装 1 盏太阳能杀虫灯。

（4）采收

6 月中下旬开始陆续采收。

2. 晚稻栽培

选择鄂晚 17、鄂粳 912、鄂粳杂三号等晚稻品种，10 月中下旬成熟后便可收获。

（五）适宜区域

江汉平原双季稻主产区。

## 七、早西瓜 —— 玉米 —— 晚稻

（一）产量效益

一般早西瓜亩产 2000 千克，产值 2000 元。鲜玉米棒亩产 1000 个，产值 800 元。晚稻亩产 450 千克，产值 1300 元，全年亩产值 4100 元左右。

（二）茬口安排

西瓜：3 月中下旬播种育苗，4 月中旬移栽，7 月初收获结束。

玉米：3 月底至 4 月初播种，6 月底至 7 月上旬收鲜玉米。

晚稻：6 月 20 日左右播种，7 月中下旬移栽，10 月上中旬收获。

（三）田间布局

西瓜田按 3.5 米（含沟）厢宽开沟整田，厢面种 2 行西瓜，两行间距 1 米，株距 1 米，每亩栽植 400 株。玉米在厢面两行西瓜间种一行，株距 20 厘米，每亩约 1000 株。晚稻每亩 2 万～ 2.5 万蔸。

（西）栽培技术要点

1. 西瓜

（1）播种育苗

要选用全家福、千岛花皇等品种，3 月中旬选好苗床并培肥钵土，按每亩 500 个的要求做好营养钵，播前做好种子处理消毒、催芽，将营养钵浇一次底水，每穴放发芽种子 2 粒，然后以细肥土覆盖一层。用薄膜弓棚保温育苗，苗床上注意保温、保湿、防病。

（2）移栽

4 月中旬地温已达 15℃可移栽，移栽前一星期开好定植穴，穴里施足底肥，亩施土渣肥 1500 千克，饼肥、过磷酸钙各 50 千克，硫酸钾 20 千克，混合施于穴内，并使肥、土充分混合。栽后以稀释人粪尿浇定根水。

（3）瓜田管理

一是肥水管理，轻施苗肥，5 ～ 6 叶时，施一次清水粪，重施坐瓜肥，坐瓜后施 3 次坐瓜肥，5 ～ 7 天一次速效肥，以不含氯三元复合肥为好，每次 5 ～ 10 千克。春季雨水较多，注意排除田间渍水，也要注意防旱。二是中耕除草。三是压蔓整枝。四是人工授粉。五是防治病虫。六是选优留瓜，一株一瓜。七是及时采收。

2. 玉米

（1）选用良种

选择早熟、高产、适合鲜卖的甜玉米金银 99、超甜玉 923 等良种。

（2）田间管理

2～3叶期定苗，移苗补缺与西瓜管理同时中耕，追施苗肥与拔节期平衡肥，喇叭期重施穗肥，并培土护根。

（3）病虫害防治

注意防治地老虎、玉米螟、纹枯病等病虫害。

3. 晚稻

常规栽培技术。

（五）适宜区域

全省城郊及交通便利的双季稻产区。

## 八、马铃薯 —— 玉米 —— 大白菜

### （一）产量量效

一般马铃薯亩产1300千克，产值2500元。玉米亩产450千克，产值1000元。大白菜亩产4000千克，产值2400元。且全年亩产值5900元左右。

### （二）茬口安排

马铃薯：12月中下旬播种，3月上旬移栽，5月下旬至6月上旬收获。

玉米：4月上旬播种，4月下旬移栽，8月中旬收获。

大白菜：7月下旬至8月上旬播种，8月中旬移栽，10月上中旬收获。

### （三）田间布局

厢宽1.6米，起垄2条，垄面宽0.4米，垄底0.5米，垄沟0.3米。一垄面种2行马铃薯，两行间距0.3米，株距0.28米，每亩移栽3000株。在两行马铃薯中间套种2行玉米，株距0.2米，每亩4000株左右。可在马铃薯收获后种2行大白菜，两行间距0.3米，株距0.33米，每亩移栽2500株。

### （四）栽培技术要点

#### 1. 马铃薯

①品种。选用中薯3号、鄂马铃薯3号等一二级原种，种薯大小在30-50克。

②培育壮芽。每亩备1.2米×2.5米苗床。播种时保留种薯顶芽，芽头朝上，盖土后，平铺盖膜，立春后升小拱棚，芽头露土显绿色时移栽。然后用50厘米宽的超强力微膜贴垄覆盖。幼苗出土破膜放苗。

③配方施肥。每亩施农家肥1500千克，硫酸钾30千克，碳铵40千克，移栽前一次施下。花蕾期追肥喷施1‰磷酸二氢钾溶液2次。

④防病害，控旺长。

#### 2. 玉米

①品种。宜单629、中农大451、蠡玉16、登海9号等。

②塑盘育苗。选用长 60 厘米，宽 33 厘米，254 孔的塑盘作为载体。4 月上旬播种，苗龄 25 天，2.5～3 叶移栽，可使用宽 50 厘米的超微膜贴垄覆盖。

③配方施肥。每亩施腐熟农家肥 1500 千克，含量 40% 三元复合肥 30 千克，硫酸锌 1.5 千克，大喇叭口期亩追穗肥 20 千克。

④防治玉米螟、纹枯病、锈病。

**3. 大白菜**

①品种。新抗 75、山东 6 号、夏秋王等。

②营养钵育苗。每钵播种 2 粒，2 叶间苗，5～6 叶起垄移栽，栽后浇足定根水。

③配方施肥。每亩施腐熟农家肥 2000 千克，含硫 40% 的三元复合肥 30 千克，移栽时施于垄下。追肥分别于莲座期和结球初期亩施尿素 7.5 千克。

④病虫害防治。及时防治霜霉病、软腐病和菜青虫、蚜虫等。

**（五）适宜区域**

全省城郊及交通便利旱作区。

# 第三节　种养结合模式

## 一、稻鸭共育技术

### （一）效益

稻鸭共育技术，不仅可以节省农药、化肥、鸭饲料等方面投入，同时促进水稻增产，品质提高，促进稻田综合效益提高，以此来减少稻田生态环境污染，每亩节本增效 150 元左右。

### （二）田间布局

①中稻每亩放养量 12 只，早稻每亩放养量 10 只左右，晚稻每亩不超过 10 只。

②中稻大田移栽密度，一般杂交稻为 16.5（宽 26.5）厘米 ×13.3 厘米，常规稻移栽密度为 16.5 厘米 ×20 厘米。

③早稻大田移栽密度，一般常规稻为 10 厘米 ×20 厘米为宜，杂交稻为 13 厘米 ×23 厘米为宜。

④晚稻大田移栽密度，一般为 12 厘米 ×16 厘米为宜。

### （三）中稻田稻鸭共育技术要点

**1. 准备阶段（4 月上旬至 4 月下旬）**

①选择品种。水稻选择优质、抗倒、抗病品种，如广两优香 66、丰两优 1 号、

扬两优 6 号等。鸭品种选择绍兴鸭及其配套系、荆江麻鸭、金定鸭、杂交野鸭等

②选择地点。选水源充足，田间有水沟，排灌方便，无污染，符合无公害生产稻田。

③确定规模。以 10 亩左右稻田为一单元，每亩 12 只鸭左右，并根据规模落实稻种和鸭苗数量、种源及时间。

④落实配套设施。准备育雏场地、鸭棚、围网、竹竿、频振灯等设施。围网网眼孔径以 2 厘米 ×2 厘米（约两指）为宜。频振灯则按 50 亩准备 1 盏；鸭棚按每平方米养鸭 10 只备足物资。

⑤繁殖好绿萍。

### 2. 分育阶段（4 月下旬至 6 月中旬）

（1）安装好设施

放鸭之前搭好鸭棚，建好围网，围网高度 60 厘米左右，安装频振灯。

（2）水稻管理

①适时播种，培育壮秧。②开好三沟，施足底肥，注重施用有机肥、沼气肥。③适时移栽，规格插植，插足基本苗。④早施返青分蘖肥。

（3）养鸭管理

①浸种前 5～7 天，种蛋入孵，水稻插秧前 7 天购回 1 日龄鸭苗。②雏鸭饲养密度，每平方米饲养 25～30 只。③育雏温度，3 日龄前温度保持 28～30℃，4～6 日龄 26～28℃，7～12 日龄 24～26℃。④雏鸭出壳 20～24 小时，即可先"开水"，"开水"后半小时"开食"，每只鸭子六七分饱即可。⑤喂料：小型蛋鸭及役鸭第一天 2.5 克，以后每天每只增加 2.5～3.0 克。10 日龄前喂料 6～7 次／天，其中晚上 1～2 次。10～15 日龄喂料 5～6 次／天，其中晚上 1 次。每次喂料吹哨，建立条件反射。⑥育雏分群，40～50 只为一小群。敬持饲养器具清洁，鸭舍干燥，温度均匀，防止雏鸭"打堆"。⑧预防细菌性疾病：每 100 千克饲料拌入 5～7 克土霉素，连用 3～4 天，停药 2 天，间断用药。前三天饮水中加入 50～70 毫克／千克恩诺沙星。⑨免疫：1 日龄接种鸭肝炎（若种鸭已接种，贝 IJ7-10 日龄接种），7 日龄接种浆膜炎，10 日龄接种禽流感，15 日龄接种鸭瘟。⑩驯水：雏鸭 4 日龄下水，4～5 日龄一次下水 10 分钟，羽毛不能全打湿，一次驯水时间 2 小时内，6 日龄之后自由下水。

### 3. 共育阶段（6 月中旬至 8 月中旬）

（1）水稻管理

①水稻移栽返青后，及时放萍。②选用毒死蜱等无公害农药，防治稻纵卷叶螟、螟虫等。③水稻分蘖期，稻田保持浅水层，水深以 5 厘米为宜。④适时适度晒田：当苗数达到预期穗数的 80% 时开始晒田，总苗数控制在有效穗数的 1.2～13 倍，以落干搁田为主。⑤酌情补施穗肥。⑥破口前 7～10 天喷施井冈霉素，破口期喷施三唑酮，预防穗期综合症。

（2）养鸭管理

①水稻移栽后 5～7 天，放鸭入田。②补料：小鸭 15～25 日龄补配合料，每只每天补料 50 克。25 日龄后，补喂杂谷或混合饲料，每只每天补料 50～70 克，每天

分早晚定时两次补料，早补日补量的1/3，晚补2/3。③25～30日龄接种禽霍乱菌苗。④50日龄左右驱虫一次。⑤主要防天敌和中暑。⑥暴风雨前要及时将鸭群收回鸭棚。⑦经常巡查围网，清点鸭数，根据稻田饵料与鸭群生长发育状况，调整补料数量与质量，及时妥善处理死鸭。⑧肉鸭出田前15天，每只鸭每天补料130克，并提高补料能量，以利催肥。

**4. 后期阶段（8月下旬至9月下旬）**

①水稻齐穗后鸭子及时出田，肉鸭适时上市。并挑出体轻个小的关养，增加喂料量，促进发育整齐。

②水稻干干湿湿管水，不要断水过早，以收获前7天断水为宜。

③注意防治病虫害。

④及时收获，机收机脱，提高稻谷外观品质。

**（四）双季稻田稻鸭共育技术**

**1. 主要技术**

参照中稻稻鸭共育技术执行。

**2. 早稻稻鸭共育注意事项**

①采用强氯精浸种，防治恶苗病。

②早期气温低，杂草生长慢，稻田饵料少，可降低鸭子放养数量，每亩10只左右为宜。

③早稻共育期短，作肉鸭上市出田后要集中催肥，或集中圈养作为晚稻役鸭。

**3. 双晚稻鸭共育注意事项**

①用早稻田共育鸭作为役鸭的晚稻田，要适当推迟鸭子进田时间，以移栽后15天左右进田为宜，每亩放养量不超过10只。

②放养雏鸭的晚稻田，应在晚稻浸种前10天种蛋入孵，大田移栽后5～7天放入20龄以上的鸭苗。

③注意鸭棚遮阴，降温防暑。

④遇暴风雨时，及时收鸭入棚，防风防雨。

**（五）适宜区域**

养鸭基础好的水稻优势区域。

# 二、稻蟹共生技术

**（一）效益**

稻田养蟹，稻蟹共存互利，蟹可为稻田除虫、除草、松土、增肥，稻田可以给蟹提供良好的栖息环境。该种模式对水稻单产影响不大，每亩产商品蟹20～30千克，能连片上规模，并配上频振灯诱蛾，能生产出有机蟹和有机大米。

## （二）田间布局

每块稻田大小无严格要求，面积一般 5 亩以上，集中连片种养。一般可在 2～3 月每亩放养规格为 100～200 只／千克的二龄蟹 400～800 只；3 月下旬至 4 月初放养规格为 20000 只／千克的豆蟹苗 5000 只。

## （三）主要技术要点

### 1. 稻田改造

①稻田准备。养蟹稻田应选择靠近水源、水质良好无污染、灌溉方便、保水性能良好，且通电通路的稻田为养蟹田。

②开好殖沟。通常由环沟、田间沟两部分构成，一般占稻田面积的 20%～30%。环沟：在田埂四周堤埂内侧 2～3 米处开挖，宽 1.5 米左右、深 1 米、坡比 1：2 成环形。田间沟：每隔 20～30 米开一条横沟或十字形沟，沟宽 0.5 米、深 0.6 米、坡比 1：1.5，并与环沟相通。

③加固加高田埂。用养殖沟中取出的土来加固田埂，田埂一般比稻田高出 0.5 米以上，坡面宽 1.2 米，底部宽 6.5 米。

④修好灌水排水门和防逃墙。灌排水闸门不留缝隙，并在闸门内加较密铁丝网，防逃墙一般要求高出田面 0.5 米。

⑤整池消毒。田间工程完成后先晒田，再消毒，蟹苗放养前 15 天，灌水到田面 10 厘米，每亩田用 75～150 千克生石灰消毒。

⑥施足底肥。在蟹苗放养 7 天前，亩施腐熟有机肥 2000 千克，复合肥 30 千克，以确保水稻生长需要，同时也可以培育水质，培养基础饲料。

⑦移植水草。在养殖沟内移栽一定数量的黄丝草、伊乐藻等水生植物，作为蟹苗饲料和寄居地，并净化水质。

### 2. 蟹苗的投放与管理

#### （1）投苗

一般 2～3 月选择晴暖天气投苗，每亩的放养规格为 100～200 只／千克的二龄蟹 400～800 只，或 3 月下旬至 4 月初放养规格为 20000 只／千克的豆蟹苗 5000 只。为了改善水质，每亩可放白鲢 10～20 尾。

#### （2）饲料投喂

养蟹饲料来源较广，植物性饲料有米糠、玉米粉、稻谷、浮萍等；动物性饲料有小细鱼、鱼粉、蚯蚓、猪血、动物内脏等。前期动物和植物性饲料按 2：1 投喂，中后期按 1：1 投喂。投饲应定时、定位，一日二次（8～9 时，16～17 时），灵活掌握，整个饲料期间须投青饲料不断，可在稻田返青前向田中投一定量的浮萍，让其生长，也可充分利用田埂种些南瓜，不仅可以解决中后期青饲料的供给，且能省人力、降成本。

#### （3）水质管理

始终保持水质清晰，要经常保持田间水深 8～10 厘米，不可任意变换水位或脱水烤田。6～7月份每周换水一次，8～9月份每周换水2～3次，9月份以后5～10天换水1次。

（4）病害防治

坚持预防为主，防重于治。饲养期间每10天在沟中施一次生石灰，用量5～10克/立方米，在饲料中不定期添加复合维生素，100千克饲料添加8克，连喂3～5天。对老鼠、水蛇、青蛙等敌害要及时捕杀。此外，还要做好防洪、防台风、防偷、防逃等工作。

3. 水稻移栽和管理

（1）品种选择

应选生长期长、秸秆粗壮、耐肥力强、抗倒伏和抗病力强的水稻品种，如扬两优6号、深两优5814等。

（2）大田栽插

选用旱育秧方式培育壮苗，于4月中旬或6月上旬将大田翻耕平整栽插。

（3）稻田管理

主要抓施肥、除草、除虫、晒田等管理。除草主要是除稗草，用人工拔草，禁用除草剂。治虫一般不用药，万一用药时应选高效低毒农药，采用叶面喷雾法防治。晒田宜采取降水轻搁，水位降至稻田出面即可。

4. 收获捕捞

当水稻成熟收割时，降水将蟹引入沟中，再收割水稻。河蟹收获视气候变化而定，气温偏高适当推迟，气温低可提前，总的原则是宜早不宜迟。捕捞方法是利用河蟹生殖洄游的习性，每天晚上用手电徒手在岸边抓，此法可捕获80%。若养蟹田中又混养了鱼虾，则虾用抄网在沟中捞捕，鱼则用拉网在沟中捞捕，然后排干沟水，捉鱼摸蟹。所捕的鱼虾蟹可立即销售，也可利用营养池或另外的池塘、河道暂养，选择时机陆续销售。

（四）适宜区域

水源条件好的水稻产区。

## 三、稻虾共生技术

（一）效益

在稻田里养殖淡水小龙虾，是利用稻田的浅水环境，并辅以人为措施，既种稻又养虾，以提高稻田单位面积效益的一种经营模式。稻田养殖淡水小龙虾共生原理的内涵就是以废补缺、互利助生、化害为利，在稻田养虾实践中，人们称之为"稻田养虾，虾养稻"。水稻单产650千克，收入1800元。虾子亩产60千克，收入1200元，共计亩收入3000元。水稻生产投入成本500元，虾子养殖投入成本114元，纯收入2380元左右。

### （二）田间工程建设

#### 1. 稻田的选择

（1）水源

水源要充足，水质良好，排灌方便，农田水利工程设施应配套完好，有一定的灌排条件。

（2）土质

土质要肥沃，以黏土和沙壤土为宜。

（3）面积

面积少则十几亩，多则几十亩，上百亩都可，面积大比面积小更好。

#### 2. 开挖鱼沟

在稻田四周开挖环形沟，面积较大的稻田，还应开挖"田"字形或"川"字形或"井"字形的田间沟。环形沟距田间埂3米左右，环形沟上口宽4～6米，下口宽1～1.5米，深1.2～1.5米。田间沟宽1.5米，深0.5～0.8米。沟的总面积占稻田面积的20%左右。

#### 3. 加高加固田埂

将开挖环形沟的泥土垒在田埂上并夯实，确保田埂高达1.2～1.5米，宽3米之上，并打紧夯实，要求做到不裂、不漏、不垮。

#### 4. 防逃设施

常用的有两种，一是安插高55厘米的硬质钙塑板作为防逃板，埋入田埂泥土中15～20厘米，每隔75～100厘米处用一木桩固定。注意四角应做成弧形，防止龙虾沿夹角攀爬外逃。第二种防逃设施是采用网片和硬质塑料薄膜共同防逃，在易涝的低洼稻田主要以这种方式防逃，用高1.2～1.5米的密眼网围在稻田四周，在网上内侧距顶端10厘米处再缝上一条宽25～30厘米的硬质塑料薄膜即可。

稻田开设的进、排水口应用双层密网防逃，同时为了防止夏天雨季冲毁堤埂，稻田应开设一个溢水口，溢水口也用双层密网过滤。

#### 5. 放养前的准备工作

及时杀灭敌害，可用鱼藤酮、茶粕、生石灰、漂白粉药物杀灭蛙卵、鳝、鳅及其他水生敌害和寄生虫等。种植水草，营造适宜的生存环境，在环形沟及田间沟种植沉水植物如聚草、苦草、水花生等，并在水面上移养漂浮水生植物如芜萍、紫背浮萍、凤眼莲等。培肥水体，调节水质，为了保证龙虾有充足的活饵，可在放种苗前一个星期施有机肥，常用的有干鸡粪、猪粪，并及时调节水质，确保养虾水体保持肥、活、嫩、爽要求。

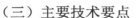

（三）主要技术要点

1. 水稻栽培技术要点

（1）水稻品种选择

养虾稻田一般只种一季稻，水稻品种应选择叶片开张角度小，抗病虫害、抗倒伏且耐肥性强的紧穗型品种，目前常用的品种有汕优系列、协优系列等。

（2）施足基肥

每亩施用农家肥 200～300 千克，尿素 10～15 千克，均匀撒在田面并用机器翻耕耙匀。

（3）秧苗移植

秧苗一般在 6 月中旬开始移植，采取条栽与边行密植相结合，浅水栽插的方法，养虾稻田宜提早 10 天左右。我们建议移植方式采用抛秧法，要充分发挥宽行稀植和边坡优势的技术，移植密度为 30 厘米×15 厘米为宜，以便确保龙虾生活环境通风透气性能好。

2. 龙虾放养技术

（1）放养准备

放虾前 10～15 天，清理环形虾沟和田间沟，除去浮土，修正垮塌的沟壁，每亩稻田环形虾沟用生石灰 20～50 千克，或选用其他药物，对环形虾沟和田间沟进行彻底清沟消毒，杀灭野杂鱼类，敌害生物和致病菌。放养前 7～10 天，稻田中注水 30～50 厘米，在沟中每亩施放禽畜粪肥 800-1 000 千克，以培肥水质。同时移植轮叶黑藻、马来眼子菜等沉水植物，要求占沟面积的 1/2，从而为放养的龙虾创造一个良好的生态环境。

（2）移栽水生植物

环形虾沟内栽植轮叶黑藻、金鱼藻、马来眼子菜等沉水性水生植物，在沟边种植空心菜，在水面上浮植水葫芦等。但要控制水草的面积，一般水草占环形虾沟面积的 40%～50%，以零星分布为好，不要聚集在一起，这样有利于虾沟内水流畅通无阻塞。

（3）放养时间

不论是当年虾种，还是抱卵的亲虾，应力争一个"早"字。早放既可延长虾在稻田中的生长期，又能充分利用稻田施肥后所培养的大量天然饵料资源。常规放养时间一般在每年 8～9 月份或来年的 3 月底，也可以采取随时捕捞，随时放养方式。

（4）放养密度

每亩稻田按 20～25 千克抱卵亲虾放养，雌雄比 3∶1。可待来年 3 月份放养幼虾种，每亩稻田按 0.8 万～1.0 万尾投放。注意抱卵亲虾要直接放入外围大沟内饲养越冬，待秧苗返青时再引诱虾入稻田生长。在 6 月份以后随时补放，以放养当年人工繁殖的稚虾为主。

（5）放苗操作

在稻田放养虾苗，一般选择晴天早晨和傍晚或阴雨天进行，这时天气凉快，水温稳定，有利于放养的龙虾适应新的环境。放养时，沿沟四周多点投放，使龙虾苗种在沟内均匀分布，避免因过分集中，引起缺氧窒息死虾。淡水小龙虾在放养时，要注意幼虾的质量，同一田块放养规格要尽可能整齐，放养时一次放足。

另外，建议在田头开辟土池暂养，具体方法是亲虾放养前半个月，在稻田田头开挖一条面积占稻田面积2%～5%的土池，用于暂养亲虾。待秧苗移植一周且禾苗成活返青后，可将暂养池与土池挖通，并用微流水刺激，促进亲虾进入大田生长，通常称为稻田二级养虾法。利用此种方法可以有效地提高龙虾成活率，方能促进龙虾适应新的生态环境。

### 3. 水位调节

水位调节，应以稻为主，龙虾放养初期，田水宜浅，保持在10厘米左右，但因虾的不断长大和水稻的抽穗、扬花、灌浆均需大量水，所以可将田水逐渐加深到20～25厘米，以确保两者（虾和稻）需水量。在水稻有效分蘖期采取浅灌，保证水稻的正常生长。进入水稻无效分蘖期，水深可调节到20厘米，既增加龙虾的活动空间，又促进水稻的增产。同时，还要注意观察田沟水质变化，一般每3～5天加注一次新水，盛夏季节，每1～2天加注一次新水，以保持田水清新。

### 4. 投饵管理

首先通过施足基肥，适时追肥，培育大批枝角类、桡足类以及底栖生物，同时在3月份还应放养一部分螺蛳，每亩稻田150-250千克，并移栽足够的水草，为龙虾生长发育提供丰富的天然饲料。在人工饲料的投喂上，一般情况下，按动物性饲料40%，植物性饲料60%来配比。投喂时也要实行定时、定位、定量、定质投饵原则。早期每天分上、下午各投喂一次，后期在傍晚6时多投喂一次。投喂饲料品种多为小杂鱼、螺蛳肉、河蚌肉、蚯蚓、动物内脏、蚕蛹，配喂玉米、小麦、大麦粉。还可投喂适量植物性饲料，如水葫芦、水芜萍、水浮萍等。日投喂饲料量为虾体重的3%～5%。平时要坚持勤检查虾的吃食情况，当天投喂的饵料在2～3小时内被吃完，说明投饵量不足，应适当增加投饵量，如在第二天还有剩余，则投饵量也要适当减少。

### 5. 科学施肥

养虾稻田一般以施基肥和腐熟的农家肥为主，促进水稻稳定生长，保持中期不脱力，后期不早衰，群体易控制，每亩可施农家肥300千克、尿素20千克、过磷酸钙20～25千克、硫酸钾5千克。放虾后一般不施追肥，以免降低田中水体溶解氧，影响龙虾的正常生长。如果发现脱肥，可少量追施尿素，每亩不超过5千克。施肥的方法是：先排浅田水，让虾集中到鱼沟中再施肥，有助于肥料迅速沉积于底泥中并为田泥和禾苗吸收，随即加深田水到正常深度；也可采取少量多次、分片撒肥或根外施肥的方法。禁用对淡水小龙虾有害的化肥，如氨水和碳酸氢俊等。

### 6. 科学施药

稻田养虾能有效地抑制杂草生长，龙虾摄食昆虫，降低病虫害，所以要尽量减少除草剂及农药的施用，龙虾入田后，若再发生草荒，可人工拔除。如果确因稻田病害或虾病严重需要用药时，应掌握以下几个关键：①科学诊断，并对症下药。②选择高效低毒低残留农药。③由于龙虾是甲壳类动物，这也是无血动物，对含膦药物、菊酯类、拟菊酯类药物特别敏感，因此慎用敌百虫等药物，禁止用敌杀死等药。④喷洒农药时，一般应加深田水，降低药物浓度，减少药害，也可放干田水再用药，待 8 小时后立即上水至正常水位。⑤粉剂药物应在早晨露水未干时喷施，水剂和乳剂药应在下午喷洒。⑥降水速度要缓，等虾爬进鱼沟后再施药。⑦可采取分片分批的用药方法，即先施稻田一半，过 2 天再施另一半，同时要尽量避免农药直接落入水中，保证龙虾的安全。

**7. 科学晒田**

晒田的原则是："平时水沿堤，晒田水位低，沟溜起作用，晒田不伤虾"。晒田前，要清理鱼沟鱼溜，严防鱼沟里阻隔与淤塞。晒田总的要求是轻晒或短期晒，晒田时，沟内水深保持在 13 ～ 17 厘米，使田块中间不陷脚，田边表土不裂缝和发白，以见水稻浮根泛白为适度。晒好田后，及时恢复原水位。尽可能不要晒得太久，以免虾缺食太久影响生长。

**8. 病害预防**

龙虾的病害采取"预防为主"的科学防病措施。常见敌害有水蛇、老鼠、黄鳝、泥鳅、鸟等，应及时采取有效措施驱逐或诱灭之。在放虾初期，稻株茎叶不茂，田间水面空隙较大，此时虾个体也较小，活动能力较弱，逃避敌害的能力较差，容易被敌害侵袭。同时，淡水小龙虾每隔一段时间需要蜕壳一次，才能生长，在蜕壳或刚蜕壳时，最容易成为敌害的适口饵料。到了收获时期，由于田水排浅，虾有可能到处爬行，目标会更大，也易被鸟、兽捕食。对此，要加强田间管理，并及时驱捕敌害，有条件的可在田边设置一些彩条或稻草人，恐吓、驱赶水鸟。另外，当虾放养后，还要禁止家养鸭子下田沟，避免损失。

**9. 加强其他管理**

其他的日常管理工作必须做到勤巡田、勤检查、勤研究、勤记录。坚持早晚巡田，检查虾的活动，摄食水质情况，决定投饵、施肥数量。检查堤埂是否塌漏，平水缺、拦虾设施是否牢固，防止逃虾和敌害进入。检查鱼沟、鱼窝，及时清理，防止堵塞。检查水源水质情况，防止有害污水进入稻田。要及时分析存在的问题，做好田块档案记录。

**10. 收获**

稻谷收获一般采取收谷留桩的办法，然后将水位提高至 40 ～ 50 厘米，并适当施肥，促进稻桩返青，为龙虾提供避荫场所及天然饵料来源，稻田养虾的捕捞时间在 4 ～ 9 月份均可，主要采用地笼张捕法。

**（四）适宜区域**

水源条件好的水稻产区。

# 第七章 茄果类蔬菜栽培

## 第一节 番茄栽培技术

番茄的别名西红柿，原产于南美洲秘鲁等地，属茄科一年生蔬菜。

### 一、生物学特性

#### （一）植物学特性

##### 1. 根

番茄的根系发达，分布广而深，根深达150cm以上，根展可达250cm左右，移栽后的主要根群分布在30～50cm的土层中，吸收力强，有一定耐旱性。其茎上易生不定根，定植时宜深栽，扦插易成活。

##### 2. 茎

机械组织不发达，半直立性或半蔓性。幼苗期茎的顶端优势较强，不分枝。当主茎上出现花序后，开始萌发侧枝。叶腋间均易抽生侧枝，侧枝上会再抽生次一级的侧枝，需整枝打杈，使植株有一定的株型。

##### 3. 叶

单叶，羽状、深裂或全裂。叶面上也布满银白色的茸毛。

4. 花

完全花，小型果品种也为总状花序，每花序有花 10 余朵到几十朵；大中型果为聚伞花序，着生单花 5～8 朵。花小，色黄，为合瓣花冠，花药 5～9 枚，呈圆筒状，围住柱头。自花授粉，花药成熟后向内纵裂，散出花粉，个别品种或在某些条件影响下，雌蕊伸出雄蕊之外，造成异花授粉的机会。天然杂交率在 4%～10%。

5. 果

果实为多汁浆果，果肉由果皮及胎座组成。优良品种的果肉厚，种子腔小。果实形状有圆球形、扁圆形、卵圆形、梨形、长圆形、桃形等，颜色也有红色、粉红色、橙黄色、黄色等，是区别品种的重要标志。单果重 50～300g，小于 70g 为小型果，70～200g 为中型果，200g 以上为大型果。

6. 种子

扁平、肾形，灰黄色，表面有茸毛。种子成熟早于果实，一般在授粉后 35～40d 就有发芽力。种子千粒重 2.7～3g，使用年限为 2～3 年。

（二）生长发育周期

番茄的生育过程分为发芽期、幼苗期、开花坐果期和结果期。

1. 发芽期

由种子萌发到第一片真叶出现，为期 6～9d。

2. 幼苗期

由第一片真叶出现到现大蕾。在适宜温度、光照条件下，一般需 60d 左右，此期以营养生长为主。2～3 片真叶时，生长点开始花芽分化。

3. 开花坐果期

指第一花序现大蕾到坐果的短暂时期，包括开花、授粉、受精至子房开始膨大等过程，是番茄由营养生长向生殖生长过渡的转折期，其也是栽培管理的关键时期。

4. 结果期

从第一花序坐果到采收结束拉秧的较长过程。结果期的时间长短依栽培目的、品种、留果穗数而定。一般情况下番茄于授粉后 40～50d 开始着色，达到成熟。环境条件适宜可能缩短，冬季低温寡光条件下需 70～100d。

（三）对环境条件的要求

1. 温度

番茄为喜温性蔬菜，生育适宜气温为 20～25℃，地温 18～23℃。气温低于 15℃影响授粉受精和花器发育，低于 10℃影响植株生长，长时间 5℃以下的低温易引起低温危害，在 -2～-1℃下植株受冻而死亡；高于 30℃光合作用减弱，高于 35℃生长停止，高于 45℃正常生理活动受干扰，且易衰亡。开花结果的适宜温度白天为 20～30℃，夜间为 15～20℃。

### 2. 光照

番茄是喜光植物，光饱和点为 70klx，光补偿点为 1.5klx。在生产上一般要保证 30～35klx 以上的光照强度，不低于 10klx。光照对番茄的花芽分化和坐果影响非常大，幼苗期光照不足，影响花芽分化节位和质量；开花期光照不足，可导致落花落果；结果期光照不足，坐果率低，单果重下降，还容易出现空洞果，筋腐病果。

### 3. 湿度

番茄属于半耐旱植物。适宜的空气相对湿度为 45%～50%，土壤相对湿度幼苗期以 65%～75% 为宜，结果期则要求在 75%～85%。

### 4. 土壤

对土壤要求不严格，但对土壤通气条件要求严格，土壤的 pH6～7 为宜。

## 二、育苗

### （一）品种选择

越冬茬需选择既耐苗期高温，又耐结果期低温，且抗病力强的无限生长类型的优质高产的中晚熟品种；春茬需选择耐结果期高温，抗病性强的品种。

### （二）培育壮苗

生产上可采用播种育苗和嫁接育苗两种方法。一般夏秋季育苗，从播种到定植 30～40d。

### （三）播种育苗

#### 1. 育苗床土的配置

可直接使用成品基质，也可自制育苗土。配制方式如下：其选用前茬未种植过番茄的园土或大田土，与草炭按 4：6 的比例充分混匀，每立方米床土加氮、磷、钾比例为 15：15：15 的复合肥 1.5kg，加杀菌剂安泰生 100g 或益维菌剂 150g，与床土混匀后盖上薄膜闷 5～7d，揭膜后晾 3～5d 可安全播种。

#### 2. 种子处理

有包衣的种子在播前晒种 2d；没有包衣的种子，用 55℃温水浸种 15min 后捞出，放入常温下浸泡 8～10h，28℃恒温催芽。待种子 70% 露白时播种。

#### 3. 播种时间

越冬茬番茄的育苗时间是 8 月中下旬，此时温度较高，应注意温度过高育成徒长苗。秋冬茬播种时间为 7 月上旬，冬春茬播种时间上为 1 月上中旬。

#### 4. 播种方法

采用穴盘育苗，将配好的基质装入穴盘中，用平板刮平，然后浇透水，水渗后播种，将种子平放在基质上，每穴一粒，上覆一层 1cm 厚的土。

### （四）苗期管理

**1. 温度管理**

种子发芽适温为 25 ～ 30℃；齐苗后白天适宜温度为 20 ～ 25℃，夜间为 14 ～ 16℃；定植前 5 ～ 7d 开始炼苗，白天适宜温度 18 ～ 22℃，夜间的适宜温度 12 ～ 14℃。苗期管理的关键是控制温度防止徒长。

**2. 水分管理**

育苗前将育苗土一次性浇透，到出苗前不再浇水。子叶平展后，若苗床出现缺水症状时，适量补水。在进行分苗前 1d 要将穴盘或苗床浇透水，便于起苗。

### （五）嫁接育苗

番茄嫁接育苗所用砧木主要为野生番茄，常用的有 LS-89、兴津 101、耐病新交 1 号、影武者、安克特、斯库拉等。嫁接方法主要为劈接法和靠接法。

砧木提前播种 3 ～ 7d。番茄出苗前保持白天 25 ～ 28℃，夜间 18 ～ 20℃；出苗后白天 15 ～ 17℃，夜间 10 ～ 12℃，最高不超过 15℃，防止徒长；第一片真叶展开后白天 25 ～ 28℃，夜间 15℃左右。当砧木长至 5 ～ 6 片真叶、番茄长至 4 ～ 5 片叶时进行嫁接。

### （六）嫁接后的管理

**1. 嫁接苗的管理**

扣盖小拱棚，遮阴保湿。嫁接后前 3d，空气中相对湿度保持在 95% 以上。拱棚上用纸被、遮阳网等遮阴 2 ～ 3d，避免阳光直射。2 ～ 3d 后，中午高温时覆盖遮阳物，早晚撤掉。以后逐渐撤掉覆盖物，并逐渐通风。撤掉的时间以幼苗不打蔫为宜。

**2. 温度调节**

嫁接后前 3d，小拱棚内保持比较高的温度，一般白天 25 ～ 28℃，夜间 17 ～ 22℃，土温 22 ～ 25℃。温度的高低可通过遮光物的揭盖或电热线来调节。嫁接后 4 ～ 6d 逐渐降低温度，增加光照时间，白天在 23 ～ 26℃，夜间 18 ～ 20℃，逐步掀掉所有遮阴物。

**3. 撤棚炼苗**

撤掉遮阴物 2 ～ 3d 后可把薄膜掀开，开始通小风，以后逐渐增大放风口，进行炼苗，嫁接苗成活后逐渐撤掉棚膜，转入正常管理，应及时剔除砧木长出的侧芽。

**4. 定植标准**

植株健壮，株高 15cm 左右；叶片肥厚且舒展，叶色深绿带紫色；茎粗壮，直径约 0.6 ～ 1cm，节间短；茄苗 7 ～ 9 片真叶，根系发达；且无病虫症状。

## 三、定植

### （一）定植前准备

前茬作物清除后，铺好充分腐熟的有机肥，用量约15t/667m²，深翻50cm，浇透水后用废旧地膜覆盖，将温室棚膜盖严，闷1个月左右。将棚膜揭开，晾晒3～5d备用。底肥还需加入 N：P：K＝15：15：15的复合肥约150kg，过磷酸钙50kg。

### （二）整地作畦

将土壤耙细整平，将石块和大土块清除，做成20cm的高畦，畦宽0.8m，沟宽0.5m。

### （二）造墒

定植前2d，将土壤造墒，在做好的床面上开两条沟，浇透水，待水渗后及时将床面整平。避免其长时间受阳光烤晒失水。

### （三）定植标准

秧苗5～6片叶，无病虫害壮苗，适于定植。

### （四）定植密度

行距50cm，株距45cm。

### （五）定植

定植前幼苗喷少量防病毒病和疫病的药。定植后立即浇缓苗水，10～15d充分缓苗后，经2～3次中耕，覆上地膜。定植后及时吊秧，避免倒伏。

## 四、田间管理

### （一）温度管理

定植后温度适当高些，促进缓苗，白天25～32℃，夜间15～20℃。缓苗后，白天20～25℃，夜间15～16℃。进入深冬季节，白天上午25～27℃，下午24～20℃，夜间前半夜16～13℃，后半夜12～10℃。

深冬季节株型为：茎粗壮，节间紧凑，叶片小而肥厚，叶色深绿。天气转暖后，适当提高温度，白天25～28℃，夜间15～16℃，以促进果实发育和成熟。

操作要点：

1. 风口开合

及时观察温室内温度，根据不同生长阶段及季节变化调整室内温度。温度也超过生长适宜温度时应及时放风，放风分两步：首先将风口开小缝，温度上升至适温以上后再将风口加大，切忌一次将风口开得过大，避免温室内温度瞬间下降，同时要注意，3月份以前不要放腰风，待天气转暖后再逐渐开放腰风；当温室内温度下降至适温下限以上2～3℃时，应及时关闭风口。阴天如温室内空气湿度较大，超过80%就应适当放风降低湿度，空气湿度控制在 60% 左右即可。随植株生长蒸腾量增大，在早上揭帘后应进行适当小缝放风，降低湿度，待湿度下降后将风口关闭，之后按照上述温度管理方式进行开闭风口。

**2. 保温被覆盖**

晴天时棉被揭开时间基本以阳光照射面积达 80% 左右为准，待遮阳面积在 30% 左右时将棉被放下，尽量延长光照时间。阴天也要将棉被揭开，争取散射光照。连阴乍晴后，要在中午将棉被放下一半，避免植株萎蔫。基本原则：深冬季节及阴天应晚揭早盖，保证温室内温度；其他时间早揭晚盖，以便争取光照。

**3. 保持地温措施**

定植前烤棚；阴天不浇水；浇水时采取滴灌方式，避免大水漫灌；在保证正常生长的前提下，延长光照时间提高地温。

**（二）水肥管理**

定植后 3 ～ 5d 浇缓苗水，缓苗水宜大些，一般第一穗果坐果之前不要轻易浇水，土壤干旱时只能少量浇水。生产上，浇缓苗水后高温高湿易造成植株徒长。定植后弱植株长势不强，可在开花前适当冲施富含氨基酸和黄腐殖酸的肥料，促进根系生长及壮苗。开花结果期要每隔 15d 左右冲施一次氮磷钾比例适当的复合肥和氨基酸肥，避免偏施氮肥或钾肥，适当叶面补充钙肥、硼肥等微量元素。

操作要点：浇水应选在晴天上午进行；番茄属耐旱性植物，土壤湿度控制在 50% 左右即可，湿度过大容易造成落花落果。追肥时机根据植株长势展开把握。

**（三）植株管理**

**1. 整枝打杈**

整枝方式分为单干整枝和双干整枝两种，主要根据定植密度和植株生长势确定。

操作要点：将叶腋间的小侧枝全部打掉。顶端生长点分枝的去留根据整枝方式确定。如采取单干整枝方式，则顶端只保留一个生长点，打杈时遵循"去弱留强"的原则；如采取双干整枝方式，则应在顶端位置保留两个生长势相当的生长点，而将其他生长点去掉。若在整枝过程中不慎将生长点损伤，应通过保留侧枝换头的方式继续生长。待果穗数留够后进行"闷头"。及时打掉植株下部的老叶、黄叶。

**2. 授粉**

授粉方式分为蜜蜂传粉和人工授粉。冬季 12 月至翌年 2 月由于气温低、湿度大、花期间隔较长等特点，不宜采取蜜蜂授粉，因此主要使用人工授粉，即"蘸花"，蘸花使用的药物为番茄专用蘸花剂按说明剂量兑水，加入适量适乐时（咯菌腈）。

操作要点：蘸花应选在晴天进行，避免出现畸形果，尽量在风口打开之后进行。蘸花应在花朵完全开放时进行。由于蘸花剂的主要成分是激素，因此应尽量避免滴在茎叶上。每朵花蘸一次即可，不应重复（蘸花剂有特有颜色，可清晰分清是否蘸过）。蘸花时要对准柱头轻喷，不要在花朵侧面喷施，以此来避免出现畸形果。

### 3. 疏花疏果

一般每株番茄留 4～5 穗果，每穗留 4～5 个为宜，具体留果数根据植株长势及果个大小确定。

操作要点：蘸花后 7d 左右即可坐住果，每穗保留 5 个果，即时可将同穗内其他花蕾掐掉。如在盛花期之前，每株只有 1～2 朵花开放，应及时摘除，避免不能成果且耗费营养。

## 五、生理障碍

### （一）卷叶

卷叶发生时，一般轻者只是叶片的两侧微微上卷，重者往往卷成筒状。卷叶不仅影响番茄正常的光合作用，而且也使果实暴露于阳光下，容易发生日烧。

发生原因：土壤干旱，供水不足；高温；强光照；果叶比例失调，植株留果过多；坐果激素处理后，肥水供应不足，引起叶片过早衰老而发生卷曲；叶面肥害或药害等。

防治措施：高温期要加强温度管理，防止温度过高；合理密植，在盛夏前封垄，以免强光照射地面；地膜覆盖栽培；叶面追肥和喷药的浓度、时机要适宜；加强肥水管理，防止脱肥和脱水。

### （二）生理性裂果

发生原因：一种原因是久旱后浇大水，使果肉生长速度快于果皮；另一原因是阴天时蘸花。

防治措施：结果期加强浇水管理，小水勤浇，切忌大水漫灌，经常保持土壤湿润，防止土壤忽干忽湿；果实采收前 15～20d，向果面喷洒 0.5% 氯化钙溶液，对防止裂果有较好的效果。

### （三）畸形果

如多心一室、尖顶、果实开裂、种子外露等。

产生原因：苗期低温引起花芽分化不良；养分过多，特别是氮肥施用过多，花芽分化过旺；植物生长调节剂使用浓度过大或处理过早，造成果实开裂种子外露或果实顶端突出，形成尖顶果。

防治措施：苗期温度管理不低于 8℃，最好在 12℃ 以上；平衡施肥，防止偏施氮肥；花开展后再用植物生长剂进行处理，处理浓度要适宜，不在高温时期处理花朵。

### （四）筋腐病

果实呈棱状，有硬筋，且筋部发白。

发生原因：缺钾、缺硼。

防治措施：叶面喷施硼肥，氮肥以硝态氮为主，要适当施钾肥。

### （五）脐腐病

果实顶端变褐干枯凹陷。

发生原因：土壤缺钙，由土壤过干，偏施氮肥造成的。

防治措施：保持土壤湿润，加强通风降温，平衡施肥，防偏施氮肥。在结果期叶面喷洒 0.5% 氯化钙溶液。

## 六、采收标准

当田间有 50% 的果全红时即可采收，采收时要求整果全红、无斑、无裂痕，果实大小要均匀，采收过程中所用的工具清洁卫生、无污染。

# 第二节　辣（甜）椒栽培技术

辣椒，原产于南美洲，属茄科一年生蔬菜。

## 一、生物学特性

### （一）植物学特性

**1. 根**

辣椒的根系不发达，根量少，入土浅，根群则主要分布在 15～30cm 的土层中。根系再生能力弱，不易发生不定根，不耐旱也不耐涝。

**2. 茎**

茎直立，基部木质化。茎顶端芽分化出花芽后，以双杈或三杈分枝。其结果习性可分为无限分枝与有限分枝两种类型：无限分枝型，主茎长到一定叶片数后顶芽分化为花芽，由其下腋芽抽生出两三个侧枝，花（果实）着生在分杈处，各个侧枝不断依次分枝着花，分枝不断延伸，呈无限性，绝大多数栽培品种均属此类型；有限分枝型，植株矮小，主茎长到一定叶片数后，顶芽分化出簇生的多个花芽，由花簇下面的腋芽抽生出分枝，分枝的叶腋还可抽生副侧枝，在侧枝和副侧枝的顶部形成花簇，然后封顶，以后植株不再分枝。各种簇生椒都属于此类型。

**3. 叶**

单叶，互生，卵圆形、长卵圆形或披针形。通常甜椒叶片较辣椒叶片稍宽。叶先端渐尖、全缘，叶面光滑，有光泽，其中也有少数品种叶面密生茸毛。

**4. 花**

完全花，单生、丛生（1～3 朵）或簇生。花冠白色、绿白色或紫白色。一般品种花药与雌蕊柱头等长或柱头稍长，营养不良时易出现短柱花，短柱花常因授粉不良导致落花落果。属常异交作物，天然杂交率也约 10%。

### 5. 果

果实为浆果，下垂或朝天生长。因品种不同其果形和大小有很大差异，通常有扁圆、圆球、灯笼、近四方、圆三棱、线形、长圆锥、短圆锥、长羊角、短羊角等形状。青熟果浅绿色至深绿色，少数为白色、黄色或绛紫色，生理成熟果转为红色、橙黄色或紫红色。果皮多与胎座组织分离，胎座不发达，形成较大的空腔，辣椒种子腔多两室，甜椒为 3～6 室或更多。一般大果型甜椒品种不含或微含辣椒素，小果型辣椒则辣椒素含量高，辛辣味浓。

### 6. 种子

近方形，扁平，表皮微皱，淡黄色，稍有光泽，千粒重 4.5～8.0g，使用年限为 2～3 年。

## （二）对环境条件的要求

### 1. 温度

辣椒为喜温性蔬菜，对温度要求较高。出苗前要求 25～30℃；出苗至真叶显露要求白天 20℃左右，夜间 15℃左右；在苗期白天以 25～30℃为宜，夜间以 18～25℃为宜；开花结果期以 30℃左右为宜。当温度低于 20℃时，植株生长缓慢，授粉、受精和果实的发育都会受阻；低于 15℃，植株生长衰弱，出现落花落果现象；低于 10℃，就会引起植株新陈代谢的混乱，甚至停止生长；若出现 0℃以下低温，植株易受冻害。当温度高于 35℃时，植株呼吸旺盛，营养消耗较大，花器发育不良，果实生长缓慢，严重时会产生僵果。

### 2. 光照

辣椒的光饱和点约为 30klx，过强的光照对辣椒生长发育不利，特别是在高温、干旱、强光条件下，根系发育不良，易发生病毒病。过强的光照还易引起果实日灼病。根据这一特点，辣椒的密植效果更好，更适于保护地栽培。

### 3. 水分

辣椒既不耐旱，也不耐涝。植株本身需水量不大，但因根系不发达，需经常浇水才能获得丰产。开花坐果期如土壤干旱、水分不足，极易引起落花落果，并影响果实膨大，使果面多皱缩、少光泽，果形弯曲。如土壤水分过多，会引起植株萎蔫，严重时成片死亡。辣椒对空气湿度要求也较严格，空气相对湿度是以 60%～80% 为宜，过湿易造成病害，过干则对授粉、受精和坐果不利。

### 4. 土壤及营养

辣椒栽培以肥沃、富含有机质、保水保肥能力强、排水良好、土壤深厚的沙壤土为宜。辣椒对营养条件要求较高，氮素不足或过多都会影响营养体的生长及营养分配，导致落花；充足的磷钾肥有利于提早花芽分化，促进开花及果实膨大，并能使植株健壮，增强抗病力。

## 二、育苗

参照番茄育苗技术。

## 三、定植

### （一）定植前准备

前茬作物清除后，铺好充分腐熟的有机肥，其用量约 15t/667m2，深翻 50cm，浇透水后用废旧地膜覆盖，将温室棚膜盖严，闷 1 个月左右。将棚膜揭开，晾晒 3～5d 备用。底肥还需加入 N：P：K＝15：15：15 的复合肥约 150kg，过磷酸钙 50kg。

### （二）整地做畦

栽培畦做成畦高 20cm，畦宽 0.8m，沟宽 0.5m。

### （三）定植密度

行距 50cm，株距 50cm。

### （四）定植标准

秧苗 5～6 片叶，无病虫害壮苗，适于定植。

### （五）定植

定植前 2d，幼苗喷少量防病毒病和疫病的药。定植前应将土壤造墒，定植后立即浇缓苗水，10～15d 充分缓苗后，经 2～3 次中耕，覆上地膜。定植后及时吊秧，以免倒伏。

## 四、田间管理

### （一）温度管理

定植后温度适当高些，促进缓苗，白天 25～32℃，夜间 15～20℃。缓苗后，白天 20～25℃，夜间 15～16℃。进入深冬季节，白天上午 25～28℃，夜间 15～12℃。天气转暖后，适当提高温度，白天 28～30℃，夜间 16～18℃，以促进果实发育和成熟。

### （二）水肥管理

定植后 3～5d 浇缓苗水，缓苗水宜大些，一般到门椒坐果之前不轻易浇水，土壤干旱时只能少量浇水。生产上，浇缓苗水后高温高湿易造成植株徒长。定植后弱植株长势不强，可在开花前适当冲施富含氨基酸和黄腐殖酸的肥料，促进根系生长及壮苗。开花结果期要每隔 15d 左右冲施一次氮磷钾比例适当的复合肥，避免偏施氮肥或钾肥，适当叶面补充钙肥、硼肥等微量元素。

### （三）植株调整

#### 1. 整枝打杈

整枝方式分为双干整枝和三干整枝两种，其主要根据定植密度和植株生长势确定。

操作要点：椒类植物植株长势中等，分枝能力较番茄弱，因此整枝打杈相对较简单。在保持顶端优势的前提下，基本保证"留一个果，去一个杈"，保证植株向上生长。在认为植株高度足够时，可适当留回头杈，保证结果力。在进行生长点整枝时，也要遵循"去弱留强"的原则。若在整枝过程中不慎将生长点损伤，应通过保留侧枝换头的方式继续生长。及时打掉植株下部的老叶、黄叶。在摘叶时要注意每个果上方应留下几片叶，在保证营养面积的同时，防止因光照过强造成日灼果。

#### 2. 疏花疏果

一般根据植株长势决定门椒是否保留，如保留要及时采收，以免坠秧。在结果盛期，一般每个小结果枝只保留 1 个果，以确保果实的商品性和品质。

## 五、生理障碍

日灼，主要表现在果实上，果实朝阳一面出现水浸状斑，似热水烫过，其无明显界限，无异味。

成因：主要是由于定植密度过小，整枝打杈时离果实近的部位打得过多。

## 六、采收标准

门椒及时采收，对椒以上按商品性最佳时期采收。采收过程中所用的工具清洁卫生、无污染，包装物要整洁、牢固、透气、无污染、无异味。

# 第三节　茄子栽培技术

## 一、生物学特性

### （一）植物学特性

#### 1. 根

茄子根系发达，吸收能力强。主根能深入土壤达 1.3～1.7m，横向伸展达 1.2m 左右，主要根群分布在 35cm 以内的土层中。茄子根木质化较早，再生能力差，不定根的发生能力也弱，在育苗移栽的时候尽量避免伤根，可在栽培技术措施上为其根系发育创造适宜条件，以促使根系生长健壮。

**2. 茎**

在幼苗时期为草质，但生长到成苗以后便逐渐木质化，长成粗壮能直立的茎秆。茄子茎秆的木质化程度越高，其直立性越强。茎的颜色与果实、叶片的颜色有相关性，一般果实为紫色的品种，其嫩茎及叶柄都带紫色。主茎分枝能力较强，几乎每个叶腋都能萌发新枝。茄子的分枝习性为"双杈假轴分枝"。但是，有一部分腋芽不能萌发，即使萌发也长势很弱，在水肥不足的条件下尤其明显。

**3. 叶**

互生单叶，叶片肥大。叶面积大小因品种和在植株上的着生节位不同而异。一般低节位的叶片和高节位的叶片都较小，而自第一次分枝至第三次分枝之间的中部叶位的叶片比较大。茄子的叶形有圆形、长椭圆形和倒卵圆形。一般叶缘都有波浪式的钝缺刻，叶面较粗糙而有茸毛，叶脉和叶柄有刺毛。叶色一般为深绿色或紫绿色。

**4. 花**

两性花，紫色、淡紫色或白色，一般为单生，但也有 2 ～ 4 朵簇生者。茄子花较大而下垂。花由萼片、花冠、雄蕊、雌蕊 4 部分组成。茄子开花时雄蕊成熟，花药筒顶孔开裂，散出花粉。根据花柱头的长短，可分为长花柱花、中花柱花与短花柱花 3 种类型。

**5. 果实**

果实为浆果，心室几乎无空腔。其胎座特别发达，形成果实的肥嫩海绵组织，用以贮藏养分，这是供人们食用的主要部分。果实的形状有圆球形、倒卵圆形、长形、扁圆形等。果肉的颜色有白、绿和黄白之分。果皮的颜色有紫、暗紫、赤紫、白、绿、青等。

**6. 种子**

种子发育较迟，果实在商品成熟期只有柔软的种皮，不影响食用品质。只有达到植物学成熟期（老熟），才形成成熟的种子。老熟种子一般为鲜黄色，形状扁平而圆，表面光滑，粒小而坚硬。

## （二）生长发育周期

**1. 发芽期**

从种子吸水萌动到第一片真叶显露，需要 10 ～ 12d。

**2. 幼苗期**

第一片真叶露出到现蕾，需要 50 ～ 60d。一般情况下，茄子幼苗长到三四片真叶、幼茎粗度达到 0.2mm 左右时，就开始花芽分化；长到五六片叶时，就可现蕾。

**3. 开花结果期**

门茄现蕾后进入开花结果期。茄子开花的早晚与品质和幼苗生长的环境条件密切相关。在温度较高和光照较强的条件下幼苗生长快，苗龄短，开花早，尤其是在地温较高的情况下，茄子开花较早；相反，在温度较低和光照不足的条件下，幼苗生长缓慢，苗龄长，则开花晚。茄子每个叶腋几乎都潜伏着 1 个叶芽，在条件适宜时可萌发成侧枝，并能开花结果。茄子的分枝结果习性很有规律，早熟品种 6～8 片叶、晚熟品种 8～9 片叶时，顶芽变成花芽，其下位的腋芽抽生两个势力相当的侧枝代替主枝呈丫状延伸生长。

### （三）对环境条件的要求

**1. 温度**

茄子喜温、不耐寒，对温度的要求类似于辣椒。

**2. 光照**

茄子对光照强度和光照时数要求较高。光照时数延长，则生长旺盛，尤其在苗期，如果在 24h 光照条件下，则花芽分化快，提早开花；相反，若光照不足，则花芽分化晚，开花迟，甚至长花柱花减少，中花柱花和短花柱花增多。弱光下光合作用速率较低，植株生长弱，产量下降，并且影响色素形成，果实着色不良，特别是紫色品种更为明显；光照强时，则光合作用旺盛，有利于干物质积累，植株生长迅速，果实品质优良，产量增加。

**3. 水分**

茄子对水分的需要量大。首先，它要求生长环境的空气相对湿度要高，以保持植株根系吸收水分与叶面蒸腾之间的平衡，但如果空气相对湿度过高，长期超过 80%，就会引起病害发生。其次，茄子对土壤含水量的要求也比较高，茄子也对水分的要求随着生育阶段的不同而有所差异。在门茄"瞪眼"以前需要水分较少，以后需要的水分较多，对茄收获前后需要水分最多。茄子喜水，但也怕涝，茄子开花、坐果和产量的高低与当时的降雨量和空气相对湿度负相关。

**4. 土壤**

营养茄子对土壤的要求不太严格，所以它能够在中国各地广泛种植。一般在含有机质多、疏松肥沃、排水良好的砂质壤土上生长最好，pH6.8～7.3 为宜。茄子需氮肥较多，钾肥次之，磷肥最少。茄子植株在生长前期需磷肥多一些，特别是幼苗期，如果磷肥供应充足，有促进根系发达、茎叶粗壮、提早花芽分化的作用，因此一般把磷肥作为基肥施用。

## 二、育苗

具体方法参照番茄育苗技术。

茄子越冬栽培，为提高抗性，应采用嫁接方式育苗，砧木选用野生品种托鲁巴姆。越冬栽培接穗播种时间约为 8 月上中旬，砧木品种托鲁巴姆，需要提前约 30d 播种。

茄子嫁接可采用劈接法。嫁接时砧木留 1～2 片真叶，可用刀片平切去掉上面部分，在留下的幼茎顶部正中垂直向下切一刀，约 1cm 深；接穗留两叶一心，削成楔形，斜面长约 1cm，斜度为 30°，将削好的接穗插入砧木的切口中，使两者紧密吻合，

用嫁接夹固定。此法操作方便、成活率高，是茄子嫁接最常用方法。

## 三、定植

### （一）定植前准备

高温闷棚：前茬作物清除后，铺好充分腐熟的有机肥，其用量约 15t/667m²，深翻 50cm，浇透水后用废旧地膜覆盖，将温室棚膜盖严，闷 1 个月左右。定植前 3～5d 将棚膜揭开，晾晒备用。

### （二）整地做畦

单行栽培畦宽为 50cm，沟宽 40cm；双行栽培畦宽 80cm，沟宽 50cm；畦高均为 20cm。

### （三）定植密度

单行定植，每亩定植约 1500 株，株距 50cm；双行定植，每亩定植约 1 700 株，株距 60cm。

### （四）定植方法

采用水稳苗方法，先定植后覆膜。定植后 10～15d 充分缓苗后，经 2～3 次中耕，覆上地膜。

## 四、田间管理

### （一）温度管理

定植后温度适当高些，促进缓苗，白天 25～32℃，夜间 15～20℃。缓苗后，白天 20～25℃，夜间 15～16℃。进入深冬季节，白天上午 25～28℃，夜间 15～12℃。天气转暖后，适当提高温度，白天 28～30℃，夜间 16～18℃，以促进果实发育和成熟。

### （二）水肥管理

定植后 3～5d 浇缓苗水，缓苗水宜大些，一般直到门茄坐果之前不要轻易浇水，土壤干旱时只能少量浇水。生产上，浇缓苗水后高温高湿易造成植株徒长。定植后弱植株长势不强，可在开花前适当冲施富含氨基酸和黄腐殖酸的肥料，促进根系生长及壮苗。开花结果期要每隔 15d 左右冲施一次氮磷钾比例适当复合肥，避免偏施氮肥或钾肥，适当叶面补充钙肥、硼肥等微量元素。

### （三）植株管理

整枝、打杈、摘叶当植株长到 50～60cm 高时，进行吊蔓。采用双干整枝，及时打杈。对茄形成后，剪去 2 个外向侧枝，形成向上的双干，打掉其他所有侧枝。随着植株不断生长，要注意及时摘除老叶、病叶。打杈、摘心宜在晴天上午进行。

保花促果在花期可利用熊蜂授粉或震动授粉器辅助授粉，也市进行蘸花处理。注意蘸花一般在晴天上午进行，蘸花时温度不宜超过 30℃。坐果后要及时摘除未脱离的花冠。

## 五、采收标准

门茄及时采收，对茄以上按商品性最佳时期采收。采收过程中所用的工具清洁卫生、无污染，包装物要整洁、牢固、透气、无污染、无异味，方便净菜上市。小果要单独收获，以免影响品质。

# 第四节　茄果类蔬菜主要病虫害防治技术

## 一、农业防治

选用抗病良种，培育无病壮苗，加强栽培管理，培育健壮植株，清洁田园。降低虫源数量，实行轮作、换茬，生产上须与非茄科作物轮作，轮作年限一般为 3 ～ 5 年，最好与大田作物轮作，以禾本科茬、豆在为好。与蔬菜轮作时，以葱、蒜、韭及瓜类作物茬口为宜。减少中间寄主或初浸染源，创造适宜的生育环境条件，妥善处理废弃物，降低病源和虫源数量。越冬茬番茄生育期长，重茬严重的地块，病害发生较重，可采取嫁接育苗。栽培时适当稀植，加强通风透光，以此来减少交叉传播。

## 二、物理防治

黄板：每 20m² 悬挂 20cm×20cm 黄板一块，用于诱杀蚜虫、白粉虱。

防虫网：温室放风口处铺设防虫网，规格为 40 目以上。

杀虫灯：每 2hm² 挂设杀虫灯一盏。

## 三、生物防治

利用天敌诱杀害手：每亩用天敌捕食螨 30 ～ 50 袋捕食红蜘蛛、蓟马等，用丽蚜小蜂捕食白粉虱。

## 四、化学防治

主要虫害有蚜虫、白粉虱、潜叶蝇、红蜘蛛和茶黄螨等；其主要病害有疫病、病毒病、灰霉病、枯萎病、叶霉病等。

（一）蜡虫

主要集中在叶片背面，可用 70% 吡虫啉可湿性粉剂、3% 阿维菌素、20% 复方浏阳霉素或 3% 除虫菊素微囊悬浮剂喷雾，同时要加入预防病毒病的药物。

（二）白粉虱

一般在春季多发，飞行力及繁殖力极强，防治困难。可在预防上尤其要将温室下部风口用防虫网封严，药剂可用 12% 哒螨异丙威烟剂熏烟、50% 噻虫嗪喷雾，最佳防治时间为早上太阳出来之前，此时运动能力最弱。

（三）潜叶蝇

症状为叶片表面有不规则白色条纹，严重时整片叶表面均布满白纹。可用潜叶蝇专用药剂灭蝇胺喷雾，喷施应选在午间温度较高的时间段。

（四）红蜘蛛和茶黄螨

喷洒乙基多杀菌素、3% 阿维菌素、螺螨酯等防治红蜘蛛和茶黄螨。

（五）疫病

晚疫病的典型症状是：叶片染病，多始自叶尖或叶缘，表现为黑褐色膏药状病斑，病健部分界不明晰，斑外围褪绿，严重时叶片呈沸水烫状；主茎染病，多发生于茎茎部，初现黑褐色条斑，继而绕茎扩展，茎部变黑，终至全株枯死；枝条染病，多始自分叉处，患部亦呈黑褐色，其上部枝条枯死；果实染病，多始自果蒂及其附近，初呈暗绿色水渍状斑，边缘分界亦不明晰，病斑迅速扩展，很快扩及全果，病果皱缩、软腐。早疫病的典型症状是病斑为规则的同心圆。疫病可用 80% 代森锰锌、70% 甲霜锰锌可湿性粉剂、银法利悬浮剂、嘧菌酯、苯醚甲环唑喷雾防治。

（六）病毒病

病毒病是通过蚜虫、田间操作接触传病，并随病残体在土壤中或在种子及其他宿根植物上越冬的病毒。症状有三种：

1. 花叶型

叶片上有黄绿相间或绿色深浅不匀的斑驳，或有明显花叶、疱斑，新叶变小，扭曲畸形，植株矮小，结果少而小，果面呈花脸状。

2. 条斑型

主要表现在茎、果上，往往在高温条件下发生，特别是有混合病毒侵染时，更易出现。茎秆上形成暗绿色至黑褐色条纹，表面下陷并坏死，褐色一般不深入到髓部。叶片有时呈深绿色与浅绿色相间的花叶状，叶脉、叶柄上也有黑褐色坏死条纹斑，并顺叶柄蔓延到茎部。病果畸形，果面有不规则的褐色坏死斑，或果实呈淡褐色水烫坏死。条斑型危害最重。

3. 蕨叶型

全株黄绿色。叶片背面脉变紫，中下部叶片向上卷起，重的卷成管状，新叶变窄或近线状，植株矮化，侧枝都生蕨叶状小叶，复叶节间缩短，呈丛枝状。

病毒病防治可用盐酸吗啉胍或香菇多糖喷雾，可使用药剂时加入适量锌肥可提高药效。

### （七）灰霉病

灰霉病发病条件是低温高湿，主要症状为叶片正面出现斑点，背面为灰色霉层。果实的受害症状同样为灰色霉层，且霉层轻吹会出现烟雾。药剂防治可以使用咯菌腈、啶酰菌胺、嘧霉胺或异菌脲等，也可使用腐霉利烟剂熏烟。

特别提示：不要搞除长出"灰毛"（病原菌）的病果，一定要在喷药后灰毛消失后再处置；喷药时用小喷壶或适宜喷头直接喷果。

### （八）枯萎病

番茄枯萎病又称萎蔫病，多数在番茄开花结果期发生，局部受害，全株显病。发病初期，仅植株下部叶片变黄，但多数不脱落。随着病情的发展，病叶自下而上变黄、变褐，除顶端数片完好外，其余均坏死或焦枯。有时病株一侧叶片萎垂，另一侧叶片尚正常。定植前每亩撒施58%的甲霜灵锰锌一次，杀灭土壤中残留病菌；定植后，每隔15～20d喷洒代森锰锌进行保护。发病初期用70%甲基硫菌灵或23%络氨铜灌根或喷洒植株，亦可用10亿活芽孢/克枯草芽孢杆菌可湿性粉剂喷雾或是灌根。

### （九）溃疡病

幼苗染病始于叶缘，由下部向上逐渐萎蔫，有的在胚轴或叶柄处产生溃疡状凹陷条斑，致病株矮化或枯死。成株染病，病菌在韧皮部及髓部迅速扩展，多雨或湿度大时菌脓从病茎或叶柄中溢出或附在其上，形成白色污状物，后期茎内变褐以至中空，最后全株枯死，上部顶叶呈青枯状。果实染病可见略隆起的白色圆点，中央为褐色木栓化突起，称为"鸟眼斑"。发现病株及时拔除，全田喷洒氢氧化铜、春雷王铜或72%农用硫酸链霉素可溶性粉剂。喷施时注意要全株上下打透，可加大水量使药液可以顺茎流下。

### （十）叶霉病

叶霉病主要危害叶片，严重时也可以危害茎、花、果实等。叶片发病初期，叶面出现椭圆形或不规则淡黄色褪绿病斑，叶背面初生白霉层，而后霉层变为灰褐色至黑褐色绒毛状，是病菌的分生孢子梗和分生孢子；条件适宜时，病斑正面也可长出黑霉，随病情扩展；病斑多从下部叶片开始逐渐向上蔓延，严重时可引起全叶干枯卷曲，植株呈黄褐色干枯状。果实染病后，果蒂部附近形成圆形黑色病斑，并且硬化稍凹陷，造成果实大量脱落。嫩茎及果柄上的症状与叶片相似。可用苯醚·丙环唑、苯醚·嘧菌酯、春雷霉素、叶枯唑喷雾防治。

# 第八章 瓜类蔬菜栽培技术

## 第一节 黄瓜栽培技术

黄瓜原产于印度北部，古代分南北两路传入我国，各地普遍栽培，品种类型多，消费量大，是主要的设施栽培蔬菜之一。

### 一、生物学特性

#### （一）植物学特性

**1. 根**

黄瓜为浅根系，虽然主根入土深度达 1m 以上，但 80% 以上的侧根主要分布于表土下 20 ~ 50cm 的土层中，以水平分布为主，故被称为"串皮根"根系好气性强、吸收水肥能力弱，故生产上要求土壤肥沃、疏松透气。根系维管束鞘容易发生木栓化，除幼嫩根外，断根后再生能力差，故黄瓜适宜直播，育苗移栽时应掌握宜早、宜小定植。

**2. 茎**

黄瓜茎横切面为无棱形、中空、具刚毛，由表皮、厚角组织、皮层、环管纤维、筛管、维管束和髓腔等组成。茎部皮层薄而髓腔大，机械组织不发达，故茎易折损，但输导性能良好。茎部叶节处除着生叶片外，还生有卷须、侧枝及雄花或雌花。

绝大多数黄瓜品种的茎为无限生长类型，具顶端优势。土壤的水肥充足，植株长势强时，茎蔓较长、侧枝多；而水肥条件较差，植株长势弱时，茎蔓较短、侧枝少。同一品种不同生长时期的侧枝形成能力也有差异。一般植株坐瓜前，体内养分蓄积充足，易于形成侧枝，故生产上应注意整枝打杈，而结瓜后尤其是生长的中后期侧枝难以抽生。卷须一般自茎蔓的第三叶节处开始着生，之后每叶节均可出现卷须。

### 3. 叶

真叶掌状全缘、互生，两面被有稀疏刺毛，叶柄较长。叶片长宽一般在 10～30cm，其大小与品种、着生节位和栽培条件有关。黄瓜叶片大而薄，蒸腾量大，再加上根系吸水能力差，因而黄瓜栽培过程中需水量大。

### 4. 花

黄瓜雌雄同株异花，为异花授粉。植株上第一雌花着生节位及雌花节比例是评价黄瓜品种的重要指标。第一雌花着生节位越低、雌花节比例越高，越有利于黄瓜早熟、丰产。目前的栽培品种绝大多数具有单性结实性。

### 5. 果实

果实为瓠果，是由子房、花托共同发育而形成的假果。且表皮部分为花托的外皮，皮层由花托皮层和子房壁构成，花托部分较薄。果实的可食部位主要为果皮和胎座。果实通常为筒形或长棒形。嫩果颜色为绿色、深绿色、绿白色、白色等，果面光滑或具棱、瘤、刺。

### 6. 种子

种子扁平、长椭圆形、黄白色，由种皮、种胚及子叶等组成。种子无明显生理休眠期，发芽年限 4～5 年。千粒重 20～40g。

### （二）生长发育周期

黄瓜露地栽培的生长发育周期一般在 90～120d，而设施栽培下则相对较长。其生长发育历经发芽期、幼苗期、初花期和结果期 4 个阶段。

### 1. 发芽期

从播种至第一片真叶出现（破心）为发芽期，在适宜条件下需 5～8d。幼苗生长所需养分主要靠种子供给，由于种胚本身所贮存的养分有限，故发芽时间越长，幼苗长势越差。因此，为苗床创造适宜的温度和湿度、促进尽快出苗是此期生产管理的主要目标。

### 2. 幼苗期

从真叶出现到四五片真叶展开（开始出现卷须），适宜条件下约需 30d。此期幼苗生长缓慢、绝对生长量较小，茎直立、节间短、叶片小，但生长点新叶分化和根系生长却较为迅速。花芽的分化和发育速度，是决定黄瓜前期雌雄花形成的关键育苗质量的好坏将影响黄瓜产量，尤其对前期产量影响较大。此期内生产管理的目标是"促""控"结合，培育壮苗，即采取适当措施促进各器官分化与发育，同时控制地上部生长、防止徒长。

### 3. 初花期

又称发棵期和伸蔓期，从四五片真叶展开到第一雌花坐住瓜（瓜长12cm左右），适宜条件下20d左右。此期内，生长中心逐渐由以营养生长为主转为营养生长和生殖生长并进阶段。栽培管理的主要任务是调节营养生长和生殖生长、地上部和地下部生长的关系，目的是防止徒长、促进坐瓜，既要促进根系生长，又应扩大叶面积，并保证继续分化的花芽质量和数量。

### 4. 结瓜期

由第一雌花坐住瓜到拉秧为止。此期所经历的时间因栽培方式、栽培条件和品种习性的不同有很大差别。露地生产一般可持续30～100d。此期生长的中心是果实，管理的中心是平衡秧果关系，延长结果期，以实现丰产的目的。

### （三）对环境条件的要求

黄瓜起源于亚热带温湿地区，形成了喜温、喜湿、喜光，同时又耐阴的特点。

### 1. 温度

黄瓜为喜温作物，生长适温为15～32℃，一般白天以22～32℃、夜间以15～18℃为宜。不同生育时期对于温度要求不同：发芽适温为25～30℃，最低温度为11.5℃，低于15℃或高于35℃发芽率显著降低；幼苗期和初花期适温为白天25～30℃、夜间15～18℃，其中开花适温为18～21℃、花粉发芽适温为17～25℃；结果期适温为白天25～29℃、夜间18～22℃。

黄瓜从播种至开始采收所需的有效积温为800～1000℃（最低有效温度为14～15℃）。

黄瓜耐低温能力较差，温度低于12℃常导致黄瓜生理活动失调、生长缓慢，10℃以下则停止生育。黄瓜根系对土壤温度变化反应较敏感。根系的生长适温为20～25℃，地温低于20℃或高于25℃根系生理活动能力明显下降，并可导致根系早衰，根毛发生的最低温度为12～14℃，低于12℃且持续时间较长时，常导致根系生理活动受阻而使叶片发黄或产生沤根等症状。因此，冬、春季节黄瓜育苗或生产时，地温的管理比气温管理更重要。

### 2. 光照

黄瓜喜光照充足。据研究，适宜温度下，光合作用的饱和光强为79klx，光补偿点为2.8klx，表明黄瓜对于光照强度要求较高。光照不足，光合速率下降，常造成植株生育不良，引起"化瓜"等症状。

### 3. 湿度

黄瓜属于浅根性作物，对于土壤深层水分吸收能力差，再加上地上部叶片多、叶片薄、叶面积大等，蒸腾量大，所以喜湿、不耐旱是黄瓜的显著特点之一。不同生育期黄瓜所要求的适宜土壤湿度不同：发芽期要求较高，便于种子吸水，水分不足则发芽缓慢且整齐度差，但土壤含水量过高又易造成烂种；幼苗期和根瓜坐瓜前土壤湿度一般应控制在田间最大持水量的60%～70%，湿度过大易造成幼苗徒长；其结果期黄瓜需水量最大，适宜的土壤湿度为田间最大持水量的 80% ～ 90%，湿度过低易于引起植株早衰和产量降低且畸形瓜比例增加。

黄瓜要求较高的空气湿度，以 80% ～ 90% 为宜，可促进黄瓜的营养生长，白天空气相对湿度的高低与黄瓜总产量呈正相关。但如果空气湿度过高，尤其日光温室越冬茬栽培的情况下，常易造成叶片表面结露，易引发多种病害。

### 4. 气体条件

据测定，适宜光照条件下，黄瓜光合作用 $CO_2$ 补偿点为 69μL/L、饱和点为 1592μL/L。设施栽培条件下适当增施 $CO_2$ 对于促进光合作用、提高产量效果明显。黄瓜根系呼吸强度大，要求土壤氧供应充足。黄瓜适宜的土壤含氧量为 15% ～ 20%。土壤中氧不足，将直接影响到黄瓜根系各种生理代谢活动，从而影响黄瓜产量和质量。黄瓜栽培要求土壤通透性好，因而生产上采取适当增施有机肥和加强中耕等措施对于黄瓜的生长发育都是非常有利的。

### 5. 土壤

黄瓜根系分布浅、好气性强，故以耕层深厚、疏松、透气性良好的壤土为好。黄瓜在土壤 pH5.5 ～ 7.6 时均能正常生长发育，但仍以 PH6.5 左右为最适宜。

## 二、育苗

### （一）品种选择

#### 1. 接穗选择

日光温室越冬茬和冬春茬黄瓜栽培，选择的品种必须具备耐低温、高湿、弱光、长势强、不易早衰，抗病性强的品种。春茬黄瓜栽培因温度逐渐升高，所以在品种选择上应着重选择抗病性强的品种。

#### 2. 砧木选择

砧木品种应选择嫁接亲和力、共生亲和力、耐低温能力强，生产出的瓜无异味，保持黄瓜品种的原有风味的砧木品种。目前普遍采用的是黑籽南瓜和白籽南瓜，黑籽南瓜的抗性较强，但易影响瓜条颜色和品质，因此白籽南瓜更适合作为砧木材料。

### （二）播种及育苗

播种及育苗方法参考番茄育苗技术。一般白籽南瓜播种时间应较黄瓜晚 2 ～ 3d，黑籽南瓜则应晚 6 ～ 7d。

### （三）嫁接

#### 1. 嫁接前的准备

将配好的基质装于 10cm×10cm 营养钵中，整齐摆放备用。嫁接夹用 70% 代森锰锌溶液浸泡消毒 40min，捞出晾干待用；准备适量刀片；育苗床提前一天浇足水，保证起苗时土质疏松少伤根；并搭好嫁接操作台。

2. 嫁接时秧苗标准

黄瓜子叶展平，真叶显露，茎粗 0.3～0.4cm，株高 7～8cm。南瓜子叶展平，第一真叶半展开时，茎粗 0.4～0.6cm，株高 8～9cm。

3. 嫁接方法

采用靠接法。去掉南瓜的生长点，用刀片在幼苗上部距生长点下 0.8～1cm 处和子叶平行方向自上而下斜切一刀，角度 35°～40°，深度为茎粗的 1/2，刀口长 0.6～0.8cm。在黄瓜苗距生长点 1.2～1.5cm 处与子叶平行方向由下向上斜切一刀，角度 30°～35°，刀口长 0.6～0.8cm，深度为茎粗的 2/3。将黄瓜舌形切口插入南瓜的切口中，使两者的切口相互衔接吻合，接后黄瓜和南瓜子叶平行，黄瓜在上南瓜在下，用夹子固定后，栽入营养钵内，浇足水分，扣上拱棚。

4. 嫁接后的管理

（1）温湿度管理

嫁接完毕前 3d，白天保持 25～28℃，夜间 17～19℃，湿度 95%～98%，出现萎蔫时适量遮阴，在保证不萎蔫的前提下尽量多见光。嫁接后 4～6d，白天温度降至 22～26℃，夜间 16～17℃，湿度 85%～90%，一般在 13 时前后给予遮阴 1～2h，其他时间可充分见光。7d 后进入正常管理，白天 22～28℃，夜间 12～14℃，逐步撤掉小拱，用 70% 安泰生喷洒一次，以防苗期病害发生。结合喷药，可以加入少量叶面肥，确保嫁接苗健壮。

（2）断根

一般在嫁接信 12～13d，在接口下 1cm 处用小刀断掉黄瓜根。断根最好分两次完成，第一次先用扁口钳蘸 70% 安泰生溶液在断根部位捏一下，挤出汁来，第二次于次日再彻底断掉。断根可以在营养钵中进行，也可以在定植完全缓苗后进行。要注意断根一定分两步进行，以免伤口染病。

（3）倒方，除掉南瓜侧芽

为改善光照条件，增加营养面积，需进行一次倒方。间距按 20cm×20cm 均匀摆开，结合倒方，将南瓜长出的侧芽及时去掉。

## 三、定植

### （一）定植前准备

首次种植的温室可直接进行定植。如需进行连作，则应进行高温闷棚，在前茬作物清除后，将槽内基质翻动 1 次，补充有机肥后浇透水，用废旧地膜覆盖，将温室棚膜盖严，闷 30d 左右。定植前 3～5d，将棚膜揭开，晾晒备用。底肥还需加入 N∶P∶K ＝ 15∶15∶15 的复合肥约 150kg，过磷酸钙 50kg。

### （二）整地做畦

栽培畦做成畦高 20cm、畦宽 80cm，沟宽 50cm，把土壤耙细整平，做清除石块和大土块，畦面要整齐。

### （三）定植密度

畦面双行定植，行距50cm，株距45cm。定植密度不宜过大，避免造成病虫害难控、通风透光不良的弊端。

### （四）定植标准

秧苗3～4片叶，无病虫害壮苗，适于定植。

### （五）定植

定植前2d，幼苗喷少量防白粉病和灰霉病的药。定植前将土壤造墒，定植后立即浇缓苗水。定植后10～15d，充分缓苗后，经2～3次中耕，覆上地膜。

①造墒方法：在做好的床面上开两条沟，浇透水，待水渗后及时将床面整平，避免长时间受阳光烤晒失水。

②应选择秧苗长势相近的壮苗进行定植，定植时将营养钵轻轻取下，保证根部土坨完整以免伤根。

③定植方法：测定好定植的距离及位置后，在床苗挖穴，穴大小应足够埋入秧苗自带的土坨，将秧苗坐入后浇水、覆土。

④覆地膜：覆膜时主要注意两点：第一是动作要轻，不可造成秧苗断头或其他损伤；第二是地膜开孔要尽量小，且要用细土将孔盖严。

## 四、田间管理

### （一）温度管理

定植后，黄瓜生长的适宜温度见表8-1。缓苗期至根瓜坐瓜期间，温度不能过高，否则易造成瓜秧徒长，导致营养生长过旺。判断温度高低的方法如下：如瓜秧叶片节间过长，叶片长度与叶柄长度的比例过大，则说明温度控制的过高；如叶片节间短缩，或叶片表面有皱缩、疙瘩，则说明温度尤其是夜温过低。

表8-1　定植后温度管理

| 时期 | 适宜日温/℃ | 适宜夜温/℃ |
| --- | --- | --- |
| 定植至缓苗 | 28～35 | 18～20 |
| 缓苗至根瓜坐瓜 | 20～22 | 12～16 |
| 盛瓜期 | 25～30 | 16～18 |

温度管理方法如下：

1. 风口开合

及时观察温室内温度，根据不同生长阶段及季节变化予以调整。温度超过生长适宜温度时应及时放风。放风分两步，首先将风口开小缝，温度上升至适温以上后再将风口加大。切忌一次将风口开得过大，避免温室内温度的瞬间下降。同时要注意，3

月份以前不要放腰风，待天气转暖后再逐渐开放腰风。在温室内温度下降至适温下限以上 2～3℃时就应及时关闭风口。阴天如温室内空气湿度较大，超过 80% 就应适当放风降低湿度，空气湿度控制在 60% 左右即可。随植株生长蒸腾量增大，在早上棉被揭开之后就应进行适当小缝放风，降低湿度，待湿度下降后将风口关闭，然后按照上述温度管理方式进行开闭风口。

**2. 保温被覆盖**

晴天时棉被揭开时间基本以阳光照射面积为 80% 左右为准，待遮阳面积在 30% 左右时将棉被放下，尽量延长光照时间。阴天也要将棉被揭开，争取散射光照。连阴乍晴后，要在中午将棉被放下一半，避免植株萎蔫。

基本原则：深冬季节及阴天应晚揭早盖，保证温室内温度。而其他时间早揭晚盖，争取光照。

**3. 地温保证措施**

定植前烤棚；阴天不浇水；浇水时采取滴灌方式，避免大水漫灌；在保证正常生长的前提下，延长光照时间；提高地温。

**（二）水肥管理**

浇好前三水。首先要浇足定植水，促进缓苗；在定植后 10～15d，浇足浇透缓苗水，采用滴灌方式浇灌；至根瓜采收，选择晴天上午浇第三水。

根瓜坐住后开始进行第一次追肥，以氮磷钾比例适当的冲施肥为宜。随着采瓜量的增加，及时补充养分，可配合使用氨基酸生物肥及其他水溶性生物菌肥，同时向叶面适当喷施钙肥及微量元素。最后一茬瓜采收前 20d 停止追肥。

黄瓜根系较浅，需水量大但不耐涝，因此需要小水勤浇；喜肥不耐肥，因此每次施肥量也不宜过大，应"少食多餐"。天气骤晴后进行叶面追肥，以迅速补充养分和增加棚内湿度，若叶片出现严重萎蔫时，可适当进行临时回苦。

**（三）植株调整**

当植株长到 6～7 片叶后开始甩蔓时，应及时拉线吊蔓。在栽培行上方的骨架上拉 12# 铁线，用聚丙烯捆扎绳吊蔓，上端拴在铁丝上，下端拴在秧苗的底蔓上。随着茎蔓的生长，要及时去除卷须，茎蔓往吊绳上缠绕，并注意随时摘除老叶和落蔓。

落蔓时两行瓜秧往中间畦面上落，可经常向落下的瓜秧上喷施杀菌剂，以免瓜秧沾地染病，并且应及时摘除雄花。

## 五、生理障碍

**（一）化瓜**

当瓜长 8～10cm 时，瓜条不再伸长和膨大，且前端逐渐萎蔫、变黄，后整条瓜渐干枯。

成因：水肥供应不足；结瓜过多，采收不及时；植株长势差；光照不足；温度过低或过高；土壤理化性状差。

### （二）畸形瓜

蜂腰、尖嘴、大肚、脐形等。

成因：栽培管理措施不当，即机械阻碍，水肥管理不适、长势衰弱，乙烯利处理不恰当等；环境条件不适，则温度过高或过低，授粉受精不完全，高温干旱、空气干燥、土壤缺钾时易产生蜂腰。

### （三）苦味瓜

病因：管理措施不当，即偏施氮肥、浇水不足等；环境条件不适，即持续低温、光照过弱、土壤质地差等。

## 六、采收

根瓜要及时采收以免坠秧，其他瓜条要在商品性最好的时机采收，并及时摘除弯瓜和畸形瓜等。连阴天时及早采收瓜条，减少瓜条对养分的消耗。

# 第二节　西葫芦栽培技术

西葫芦，别名角瓜，原产于南美洲。食用途径广，要栽培广泛，在瓜菜栽培中栽培规模仅次于黄瓜，也是设施栽培的主要蔬菜之一。

## 一、生物学特性

### （一）植物学特性

#### 1. 根

西葫芦根系发达，主要根群深度为 $10 \sim 30cm$，侧根主要以水平生长为主，分布范围为 $120 \sim 210cm$，吸水吸肥能力较强。对土壤条件要求不严格，在旱地或贫瘠的土壤中种植，也能正常生长，获得高产。但是，西葫芦的根系再生能力弱，育苗移栽需要进行根系保护。

#### 2. 茎

西葫芦茎中空，五棱形，质地硬，生有刺毛和白色茸毛，其分为蔓性和矮生两种。蔓性品种节间长，蔓长可达 $1 \sim 4m$；矮生品种节间短，蔓长仅达 $50cm$ 左右。大棚栽培多采用矮生品种。矮生品种分枝性弱，节间短缩，但在温度高、湿度大时也易伸长，形成徒长蔓。

3. 叶

西葫芦叶片较大、五裂，裂刻深浅随品种不同而有差异。叶片与叶柄有较硬的刺毛，叶柄中空，无托叶。叶腋间着生雌雄花、侧枝及卷须。大棚栽培一般选择叶片小、裂刻深、叶柄较短的品种。

4. 花

西葫芦花为雌雄同株异花，雌雄花的性型像黄瓜一样具有可变性，在低夜温、日照时数较短、碳素水平较高、阳光充足的情况下，有利于雌花形成，反之则雄花较多；用乙烯利处理也有利于形成雌花。

5. 果实

果实形状、大小、颜色因品种不同差异较大。多数地区以长筒形浅绿色带深绿色条纹的花皮西葫芦深受消费者欢迎。果实形成一般要在受精后，单性结实性差，大棚温室生产必须进行人工授粉。

（二）生长发育周期

西葫芦生育周期大致可分为发芽期、幼苗期、初花期与结瓜期4个时期。不同时期有不同的生长发育特性。

1. 发芽期

从种子萌动到第一片真叶出现为发芽期。此时期内秧苗的生长主要是依靠种子中子叶贮藏的养分，在温度、水分等适宜条件下，需5～7d。子叶展开后逐渐长大并进行光合作用，为幼苗的继续生长提供养分。当幼苗出土到第一片真叶显露前，若温度偏高、光照偏弱或幼苗过分密集，子叶下面的下胚轴很易伸长如豆芽菜一般，从而形成徒长苗。

2. 幼苗期

从第一片真叶显露到4～5片真叶长出是幼苗期，大约需25d。这一时期幼苗生长比较快，植株的生长主要是幼苗叶的形成、主根的伸长及各器官（包括大量花芽分化）形成。管理上应适当降低温度、缩短日照，促进根系发育，扩大叶面积，确保花芽正常分化，适当控制茎的生长，防止徒长。培育健壮的幼苗是高产的关键，既要促进根系发育，又要以扩大叶面积和促进花芽分化为重点。只有前期分化大量的雌花芽，才能为西葫芦的前期产量奠定基础。

3. 初花期

从第一雌花出现、开放到第一条瓜（即根瓜）坐瓜为初花期。从幼苗定植、缓苗到第一雌花开花坐瓜一般需20～25d。缓苗后，长蔓型西葫芦品种的茎伸长加速，表现为甩枝；短蔓型西葫芦品种的茎间伸长不明显，然叶片数和叶面积发育加快。花芽继续形成，花数不断增加。在管理上要注意促根、壮根，并掌握好植株地上、地下部的协调生长。具体栽培措施上要适，当进行肥水管理，控制温度，防止徒长，同时创造适宜条件，促进雌花数量和质量的提高，为多结瓜打下基础。

### 4. 结果期

从第一条瓜坐瓜到采收结束为结果期」结果期的长短是影响产量高低的关键因素。结瓜期的长短与品种、栽培环境、管理水平及采收次数等情况密切相关，一般为 40 ～ 60d。在日光温室或现代化大温室中长季节栽培时，其结瓜期可长达 150 ～ 180d。适宜的温度、光照和肥水条件，加上科学的栽培管理和病虫害防治，可达到延长采收期、高产、高收益的目的。

### （三）对环境条件的要求

### 1. 温度

西葫芦对温度适应性强，其最适宜的生长温度为 22 ～ 25℃。种子发芽最低温度为 13℃，20℃以下发芽率低，发芽最适温度为 28 ～ 30℃。开花结果期要求温度在 16℃以上，高于 30℃或低于 15℃则受精不良，高于 32℃花器发育不正常；果实发育期最适宜温度为 20 ～ 23℃。西葫芦耐低温能力强，受精果实在 8 ～ 10℃的夜温下，也能和 16 ～ 20℃夜温下受精果实一样长成大瓜。温度高于 30℃时易感染病毒病并产生畸形瓜。

### 2. 光照

西葫芦对光照要求比较严格，其适应能力也很强，既喜光，又较耐弱光，光照充足，花芽分化充实，果实发育良好。进入结果期后需较强光照，雌花受粉后若遇弱光，易引起化瓜。

### 3. 水分

西葫芦根系发达，有较强的吸水能力和抗旱力，但其叶片大而多，蒸腾作用旺盛，耗水量大，需要适时灌溉，方能获得高产。但水分过多又会引起地上部生理失调，特别在幼苗期水分过足会引起营养生长过盛，推迟结瓜；开花期水分过足也会因营养生长过盛造成化瓜。盛瓜期耗水量大，若缺水也会引起化瓜或形成尖嘴瓜。

### 4. 土壤与营养

西葫芦对土壤要求不太严格，但为获取高产仍需选择疏松透气、有机质含量高、保肥保水能力强的壤土。

西葫芦吸肥能力强，每生产 100kg 果实，大约需消耗 N 为 3.92 ～ 5.47kg、$P_2O_5$ 为 2.13 ～ 2.22kg、$K_2O$ 为 4.09 ～ 7.29kg、CaO 为 3.2kg、MgO 为 0.6kg。除钾的需要量低于黄瓜外，需氮、磷、钙的数量均要高于黄瓜。

## 二、育苗

### （一）育苗方法

参考番茄育苗技术。

### （二）苗期管理

出芽前的保持温度 25 ~ 28℃，出芽半数后降至 20℃，防治出现高脚苗。由于播种前已将育苗土一次性浇透，所以到出苗前不再浇水。当子叶平展后，若苗床出现缺水症状时，适量补水。一叶一心时苗床喷施 1 次普力克，预防猝倒病。

## 三、定植

### （一）定植前准备

前茬作物清除后，铺好充分腐熟的有机肥，用量 15t/667m2，深翻 50cm，浇透水后用废旧地膜覆盖，将温室棚膜盖严，闷 1 个月左右。定植前 3 ~ 5d，将棚膜揭开，晾晒备用。

### （二）整地作畦

栽培畦做成畦高 20cm，畦宽 130cm，沟宽 50cm。

### （三）定植密度

每亩定植 1200 株，行距 80cm，株距 70cm。

### （四）定植

定植前 2d，幼苗喷少量防病毒病的药。定植前土壤造墒，定植后立即浇缓苗水。定植 10 ~ 15d 充分缓苗后，经 2 ~ 3 次中耕，覆上地膜。在定植后要及时搭架，方法是在距离根部 5cm 处插入竹竿绑实，以防倒秧。

## 四、田间管理

### （一）温度管理

从缓苗后到根瓜坐瓜阶段，重点是低温管理，蹲棵促根，防止徒长。此时维持日温 18 ~ 22℃，夜温 8 ~ 10℃。从瓜秧坐瓜开始，保持日温 20 ~ 22℃，夜温 10 ~ 12℃，同时应在入冬前进行低温炼棵，以防特殊天气造成生理伤害。1 月至 2 月这段低温时期，瓜秧生长受限，此时应以保温为主，日温 23 ~ 25℃，夜温 12 ~ 14℃，棉被晚拉早放。进入 2 月中旬以后，气温回升，管理上应加大通风，日温 23 ~ 25℃，夜温 12 ~ 14℃即可满足生长需求。4 月中旬后，原则上可不再覆盖保温材料，关闭放风口，以降低夜温，控制徒长。

### （二）肥水管理

定植后至根瓜坐住前，一般不浇肥水，瓜秧若有长势弱或徒长迹象时，可叶面喷施氨基酸液肥调节长势。从开始采瓜后至 2 月底，追肥应以腐殖酸、黄腐酸肥料以及生物肥料等热性肥料为主，每隔 7 ~ 10d 喷一次叶面肥，深冬尽量浇小水，阴、雪、雨天禁止浇水施肥；进入 3 月份以后，追肥应以速效性钾、氮肥为主，加大肥水量及肥水次数。

（三）结瓜管理

首先要及时疏除雄花和畸形瓜，避免耗费营养。用专用药剂进行抹瓜时，在瓜条两侧对称涂抹，药剂浓度要严格控制，切忌滴在瓜秧上造成药害。抹瓜一定要在晴天进行，一般选在下午，以抹瓜后温度逐渐下降为宜。

根瓜宜疏去或早收避免坠秧，其他瓜条也要及时采收，防止瓜大坠秧。在植株长势正常情况下，按月份，可采用3—2—2—3—4的单株留瓜模式合理留瓜，即12月份3条、1月和2月份2条、3月份3条、4月后4条。

# 第三节　甜瓜栽培技术

甜瓜，别名香瓜，主要起源于我国西南部和中亚地区，其属葫芦科一年生蔬菜。

## 一、生物学特性

### （一）植物学特性

#### 1. 根
甜瓜根系分布深而广，主根深约1m，侧根水平伸展2～3m，主要分布在20～30cm的耕作层中。甜瓜根木质化程度高，育苗时需护根。

#### 2. 茎
茎蔓生，具有较强的分枝能力，自然状态下主蔓生长不旺，侧蔓异常发达，长度常超过主蔓。茎圆形，有棱，具有短刚毛。卷须不分叉，主要靠子蔓和孙蔓结瓜。

#### 3. 叶
叶片为近圆形或肾形，少数为心脏形、掌形。叶片不分裂或浅裂，厚皮甜瓜叶为浅绿色，薄皮甜瓜叶为深绿色。叶片正反面均长有茸毛，叶背面叶脉上长有短刚毛。叶缘呈锯齿状、波纹状或全缘状，叶脉为掌状网纹。

#### 4. 花
花单性或两性，以雄花、两性花同株多为主要的性型，雌花常为两性花，多着生在子蔓或孙蔓上。

#### 5. 果实
果实由果皮和种子腔组成。果皮由外果皮、中果皮和内果皮构成，外果皮有不同程度的木质化，随着果实的生长和膨大，木质化多的表皮龟裂形成网纹；中果皮和内果皮无明显界限，均由富含水分和可溶性固形物的大型薄壁细胞组成，为甜瓜的主要可食部分。

### 6. 种子

薄皮甜瓜种子较小，千粒重 5 ～ 20g；厚皮甜瓜种子较大，千粒重可达 30 ～ 80g。甜瓜种子寿命 5 ～ 6 年。

### （二）生长发育周期

#### 1. 发芽期

种子萌动至子叶展平为发芽期。在 25 ～ 30℃的条件下，需要 10d 左右。此期主要依靠种子贮藏的营养进行生长，地上部干重的增长量很小，胚轴是生长的中心，根系生长很快。栽培上要求光照充足、温度稍低与较小的湿度，以防下胚轴徒长，形成高脚苗。

#### 2. 幼苗期

从子叶平展到 5 ～ 6 片真叶（团棵）展开为幼苗期，历时 30d 左右。此期地下部根系迅速增长，次生根形成庞大的吸收根群，地上部干、鲜重及叶面积增长量小。幼苗的各叶腋间均有小叶、侧蔓、卷须和花芽的分化。

#### 3. 伸蔓期

幼苗由团棵期到坐果节位雌花开放，需 20 ～ 25d。幼苗节间迅速伸长，植株由直立生长转为匍匐生长，标志着植株进入旺盛生长时期。地上部营养器官进入快速旺盛生长阶段，主蔓开始迅速伸长，第一至第三叶腋开始萌发侧蔓，与主蔓同时生长。此期以营养生长为中心，栽培上要"促控"结合，在保证叶、蔓、根生长基础上，及时转向开花结果

#### 4. 结果期

从雌花开放到果实生理成熟为结果期，需要 30 ～ 90d。结果期又可划分：为坐果期，指坐果节位雌花开放至幼果坐住，约 7d；盛果期，指果实旺盛生长开始到果实停止膨大为止，是果实生长中心，光合产物主要供应果实生长，无果侧蔓的光合产物更多地输入有果侧蔓；果实生长后期，指果实定个到生理成熟，此期果实的重量和体积增加不大，以果实内含物的转化为主，果皮呈现出本品种特有的颜色和花纹，果实内糖分增加，肉色转深而达到生理成熟，散发出各种香味，种子充分成熟并着色。

### （三）对环境条件的要求

#### 1. 温度

甜瓜喜温耐热，生育适温 25 ～ 35℃。种子发芽的适宜温度为 30 ～ 35℃，最低温度为 15℃。幼苗期适温 20 ～ 25℃，10℃时停止生长，7.4℃时发生冷害。茎叶生长适宜日温 25 ～ 30℃，夜温 16 ～ 18℃，长时间 13℃以下或 40℃以上生长发育不良。根系生长适温 22 ～ 25℃，最低温度为 8℃，根毛发生的最低温度为 14℃。果实发育适温为 28 ～ 30℃，昼夜温差 13℃以上为宜。从种子萌发到果实成熟，全生育期所需大于 15℃有效积温为：早熟品种 1500 ～ 1750℃，中熟品种 1800 ～ 2800℃，晚熟品种在 2900℃以上，其中结果期所需积温占全生育期 40% 之上。

### 2. 光照

甜瓜喜光，光饱和点为 55～60klx，光补偿点为 4klx。厚皮甜瓜喜强光，耐弱光能力差，而薄皮甜瓜则对光照强度的适应范围广。光照时数影响性型分化，每天光照 12h，植株分化的雌花最多；光照 14～15h，侧蔓发生早，植株生长快；光照不足 8h，生长发育受影响。甜瓜植株发育期对日照总数的要求因品种而异，早熟品种要求日照总时数 1100～1300h，中熟品种在 1300～1500h，晚熟品种也在 1500h 以上。

### 3. 水分

甜瓜根系发达，吸收水分的能力强，叶片被有茸毛，耐旱能力强。因植株茎叶生长较快，果实硕大，需水量多。0～30cm 土层适宜的土壤含水量，苗期和伸蔓期为 70%，开花结果期为 80%～85%，果实成熟期为 55%～60%。土壤含水量低于 50% 则植株受旱，尤其前期供水不足影响营养生长和花器的发育，雌花蕾小，影响坐果；而土壤过湿，则易发生营养生长过旺、推迟结果、派根等现象。果实形成期需水最多，但土壤水分过多，延迟果实成熟和降低果实的含糖量、风味和耐贮性。甜瓜要求空气干燥，适宜的空气相对湿度为 50%～60%。空气潮湿则生长势弱、坐果率低、品质差、病害重；空气湿度过低，则影响营养生长和花粉萌发，受精不正常，造成子房脱落。

### 4. 土壤与营养

甜瓜对土壤的适应性较广，但以 pH7～7.5、土层深厚、排水良好、肥沃疏松的壤土或沙壤土为好。甜瓜的耐盐碱性较强，幼苗能在总盐碱量 1.2% 的土壤中生长，但以土壤含盐碱量在 0.74% 以下为宜，生长好，品质好。甜瓜忌连作，应实行 4～6 年的轮作。甜瓜的需肥量较大，每生产 1000kg 果实需氮 2.5～3.5kg、磷 1.3～1.7kg、钾 4.4～6.8kg，磷肥可以促进根系生长和花芽分化，提高植株的耐寒性，钾肥可以提高植株的耐病性。甜瓜的各个生育期对营养元素的要求不同，应根据植株的生育期和生长状态追肥，基肥以磷肥和农家肥为主，苗期轻施氮肥，伸蔓期适当控制氮肥、增施磷肥，坐果后应以速效氮肥、钾肥为主。

## 二、育苗

### （一）播种时间

温室越冬一大茬，一般 10 月上旬～10 月下旬播种；温室冬春茬，11 月下旬～12 月上旬播种；加苫中棚春提前茬，1 月上旬播种；塑料大棚春提前茬，1 月中下旬播种；春季露地或地膜覆盖茬，3 月中下旬播种；塑料大棚秋延后茬，6 月上旬～7 月上中旬播种。

### （二）育苗方法

参考黄瓜育苗技术，可采取嫁接法育苗。

### 三、定植

#### （一）定植前准备

施肥整地：基肥以优质有机肥为主，每667m² 施优质有机肥5000kg+不含氯三元素复合肥（N：P：K＝15：15：15）20kg。

有机肥撒施，化肥沟施或撒施。保护地栽培（含日光温室、加苫中棚、塑料大棚，以下同），按行距80～100cm，做高垄，垄高20～25cm，垄上覆地膜。露地栽培，可起高垄，方法同保护地，也可平垄栽培。

提早扣棚升温：保护地栽培的扣棚时间与定植时间要相距30d以上。在定植前地温要达到12℃以上，方能定植。

棚室消毒：定植前5～7d进行棚室消毒。

水肥管理：保护地栽培，定植前5～7d浇透水；露地栽培，定植前2～3d浇透水。待水下渗，定植前做一次垄台找平。

#### （二）定植时间

温室越冬一大茬，定植时间11月上中旬～11月下，旬；加苫中棚春提前茬，定植时间次年1月下旬～2月上旬；塑料大棚春提前茬，定植时间2月下旬～3月上中旬；春季露地或地膜覆盖，定植时间4月中下旬；塑料大棚秋延后茬，其定植时间在7月下旬～8月上旬。

#### （三）定植密度

日光温室和加苫中棚栽培，每亩定植2800～3200株；塑料大棚栽培，每亩定植2200～2500株；露地栽培，每亩定植1400～1600株。

#### （四）定植方法

采用水稳苗的方法定植。在做好的垄背上开沟，摆苗坨，水下渗后封苗坨，封坨时土坨与垄面持平（嫁接苗的切口不能埋入土中），在吊蔓前盖好地膜。也可以先将地膜覆盖好，后打孔，再定植。

### 四、田间管理

#### （一）温度管理

定植至缓苗：白天气温30～35℃，夜间不低于15℃。

缓苗后至瓜定个前：白天气温25～30℃，夜间不低于12℃0

定个至成熟：白天气温25～35℃，夜间也不低于13℃。

#### （二）光照管理

1. 棚膜选择

日光温室选择透光率好、保温效果好的聚氯乙烯无滴膜，加苫中棚和塑料大棚膜

207

选择保温、防老化、无滴效果好、透光率高的 EVA 薄膜，如果棚内吊 $1 \sim 2$ 层内膜，则选择含有无滴剂超薄膜。

### 2. 增加光照时间及强度

在能够保持温室内温度的情况下，早揭晚盖草苫等保温覆盖设施。其在保证棚内温度的条件下，要及时逐层撤掉棚内张挂的保温用的内膜。

## （三）浇水

### 1. 保护地浇水

定植后 7d，浇一次缓苗水，直到开花前不再浇水。当第一茬瓜80%长至直径 $4 \sim 6cm$ 时，浇膨瓜水。从膨瓜到成熟应根据土壤墒情、植株长势，适量浇水，切忌忽干忽湿，采收前 $7 \sim 10d$ 停止浇水。第二茬和第三茬瓜依照第一茬瓜浇水。

### 2. 露地栽培浇水

在底墒好的情况下，苗期一般不浇水，开花前控制浇水，若遇天气干旱、土壤墒情不足时可浇一小水。结果期浇膨瓜水，而果实成熟前 $7 \sim 10d$ 停止浇水。

## （四）追肥

### 1. 保护地追肥

开花前，每667m2 随水冲施不含氯三元素复合肥（N：P：K ＝ 16：6：24）3kg。当第一茬瓜80%长至直径 $4 \sim 6cm$ 时，每667m2 施不含氯三元素复合肥（N：P：K ＝ 16：6：24）9kg。从膨瓜到成熟应根据土壤墒情、植株长势，适量追肥，采收前30d 停止追肥。第二茬和第三茬瓜参照第一茬瓜施肥。结瓜期视长势情况，用 0.2%的磷酸二氢钾喷施 $1 \sim 2$ 次。

### 2. 露地栽培追肥

在施足底肥的基础上，追肥 2 次。第一次是苗期的提苗肥，每667m2 穴施不含氯三元素复合肥（N：P：K ＝ 15：15：15）10kg；第二次在坐瓜后，每667m2 行间沟施不含氯三元素复合肥（N：P：K ＝ 16：6：24）10kg。

## （五）植株管理

### 1. 保护地吊蔓与整枝

定植后 $5 \sim 7$ 片真叶时，用胶丝绳将主蔓吊好，并随植株生长随时在吊线上缠绕。第 4 片叶以下长出的子蔓全部去掉。第一茬瓜从第 $5 \sim 9$ 片真叶长出的子蔓上留瓜 $4 \sim 5$ 个，瓜后茎叶摘除，主蔓长至 $25 \sim 30$ 片真叶时去掉生长点；第二茬瓜从第20片叶节位以后的侧蔓上开始留 $3 \sim 4$ 个，瓜后茎叶摘除；第三茬瓜在孙蔓上留 $2 \sim 4$ 个，瓜后茎叶摘除。及时摘除病叶与老化叶。

### 2. 露地栽培吊蔓与整枝

单蔓整枝，用于极早熟品种，在主蔓 $5 \sim 6$ 片叶时摘心，放任结瓜，在主蔓和子蔓上均可坐瓜；双蔓、三蔓整枝，在主蔓 $3 \sim 5$ 片叶时摘心，选留 $2 \sim 3$ 条生长健壮的子蔓，在子蔓或孙蔓上结瓜。子蔓、孙蔓瓜前留 2～3 片叶摘心。应及时摘除病叶和老化叶。

### 3. 保花保瓜

用熊蜂授粉或用人工辅助授粉的方法保花保瓜，如雄花对雌花等。

### 4. 疏瓜

在膨瓜肥水后，当 80% 瓜长至直径 4～6cm 时，要根据植株长势和单株上下瓜胎大小的排列顺序、瓜胎生长正常程度，进行疏瓜。疏掉畸形瓜、裂瓜及个头过大或过小的幼瓜，保留个头大小一致、瓜型周正的幼瓜。第一茬瓜留 3～4 个，第二、三茬瓜留 2～3 个。

### 5. 除草

出苗后及结瓜后期结合植株管理，人工的拔出杂草。

## 五、采收

在接近成熟期时，检测 1～2 个瓜，发现达到成熟度时，便可进行采收。

# 第四节　瓜类蔬菜病虫害防治技术

瓜类蔬菜病虫害防治坚持"预防为主，综合防治"的植保方针，根据有害生物综合治理的基本原则，采用以抗（耐）病虫品种为主，以栽培防治为重点，生物（生态）防治与物理、化学防治相结合的综合防治措施。

## 一、农业防治

选用抗病良种，培育无病壮苗，加强栽培管理，培育健壮植株，清洁田园。降低虫源数量，实行轮作、换茬，采用豆科—甜瓜、叶菜—甜瓜、甜瓜—茄科等轮作换茬，减少中间寄主或初浸染源，创造适宜的生育环境条件，妥善处理废弃物，降低病源和虫源数量。

## 二、物理防治

黄板：每 20m² 悬挂 20cm×20cm 黄板一块，诱杀蚜虫、白粉虱。
防虫网：温室放风口处铺设防虫网，规格为 40 目之上。
杀虫灯：每 2hm2 挂设杀虫灯一盏。

## 三、生物防治

利用天敌诱杀害虫，每 667m$^2$ 可用 30 ～ 50 袋天敌捕食螨捕食红蜘蛛、蓟马等。

## 四、化学防治

主要虫害有蚜虫、红蜘蛛、潜叶蝇等，主要病害有白粉病、霜霉病、病毒病、炭疽病、细菌性角斑病等。防治方法如下：

### （一）蚜虫

用 70% 吡虫啉可湿性粉剂喷雾，3% 阿维菌素喷雾，20% 复方浏阳霉素或 3% 除虫菊素微囊悬浮剂喷雾，同时要加入预防病毒病的药物。

### （二）潜叶蝇

用潜叶蝇专用药剂灭蝇胺喷雾，喷施时间应选在午间温度较高的时间段。

### （三）霜霉病

主要在叶片正面形成规则的黄色、多角形病斑，在病斑的背面产生白色或紫灰色霉层。目前市场上防治霜霉病的药物有很多种，效果较好的有烯酰吗啉、安泰生、甲霜锰锌等。

生产上可采用高温闷棚法防治霜霉病。在保证棚内湿度的情况下，选择晴天中午密闭温室或大棚，棚温上升至 42℃，维持 2h，可以控制病情 7 ～ 10d。

### （四）细菌性角斑病

角斑病的病斑受叶脉限制呈多角形，黄褐色，湿度大时，叶背面病斑上产生乳白色黏液或白色粉末状物，病斑后期质脆、易穿孔。注意：细菌性病害与真菌性病害的主要区别是有脓状物，严重时有特殊气味。药物防治时需采用细菌性杀菌剂，并且最好不与真菌性药剂混用，防治药物有噻菌铜、春雷、王铜、可杀得叁仟、农用链霉素等。

### （五）白粉病

发病初期，叶片正面或背面产生白色近圆形的小粉斑，逐渐扩大成边缘不明显的大片白粉区，布满叶面，好像撒了层白粉。抹去白粉，可见叶面褪绿、枯黄变脆。白粉病侵染叶柄和嫩茎后，症状与叶片上的相似，只是病斑较小、粉状物也少。发病严重时，叶面布满白粉，变成灰白色，直至整个叶片枯死。一般进入 4 月份后易发白粉病，此时应控制棚内湿度，早放风、晚排风，排出棚内湿气。同时可叶面喷施益微、碧护或叶面肥，使植株健壮，减少病害发生。药剂防治可选用 50% 粉锈扫净、多抗霉素、硝苯菌酯、苦参碱喷雾。

### （六）灰霉病、病毒病

参考茄果类病虫害防治技术。

# 第九章 山桃高接栽培技术

## 第一节 山桃高接的嫁接技术

制约宁夏桃树发展的关键因素是冬季冻害。桃树可忍受的最低温度是 -22℃，宁夏冬季有记录的最低温度已超过 -30℃。低温超过 -22℃的年份大约 5 年发生一次，我们称为小冻害，受冻后桃树主干发生 1～2 毫米的裂纹，长度 10～50 厘米。桃树不会死亡，但生长势会变缓，腐烂病会加重。低温超过 -25℃的年份大约 10 年发生一次，我们称为大冻。桃树受冻后，主干发生 5～10 毫米的裂纹，长度 50～120 厘米，桃树部分枝死亡，甚至整株死亡。春季腐烂病大发生，由于冻害与病害的双重危害，桃树会在 1～3 年内陆续死亡。冬季冻害严重地制约着宁夏桃树的发展。下面给大家介绍一种能极大地提高桃树抗寒性的栽培技术，即山桃高接抗寒栽培技术。

山桃高接栽培技术有两个关键词：一是山桃。说砧木一定要用山桃，山桃具有极强的抗寒性、抗冻裂性、耐盐碱性，是宁夏地区最适宜的桃树砧木。二是高接。桃树的永久树体嫁接高度距地面必须超过 1 米，否则不能保证安全越冬。山桃高接是一套全新的桃树栽培技术，不能完全用过去的整形技术、栽培理念去管理桃树，下面介绍山桃高接栽培技术的主要技术要点。

高接与低接相比较，在早成形方面处于劣势，因为嫁接点高，砧木达到嫁接高度需要的时间长。为了克服这一缺陷，需采取多种措施补救，实现快长树、早成形、早结果。

①采用大坑或开沟定植：施足底肥促进幼树生长，保证定植当年8月份砧木新梢达到嫁接粗度。

②大苗定植：在苗圃培育2～3年生的山桃高接大苗，多采用春季带土移栽的方法定植，成活率可达100%，第二年就可以结果，早期效益极好。这种方法非常适合农民群众自己育苗建园，既节省费用又见效快。

③采用大砧木建园：要选用2～3年生的大砧木。大砧木树体高，发枝量多，生长量大，达到嫁接粗度的时间短，可实现定植当年完成多点高接。

④加栽临时株：早期定植密度大早期产量高，但定植密度大的果园，进入盛果期后，容易发生果园郁闭，树冠难以控制。解决这一矛盾的最好方法是，采用稀密度加栽临时株的方法。永久株可采用行距4～5米、株距3～4米的栽植密度，亩栽植30～60株。在此基础上加栽临时株，加栽临时株后，每亩栽植数量达到100～120株。永久株3年开始结果，7～8年进入盛果期。临时株采用2～3年生半高接大苗（苗高1.5～2米，主干高60厘米，为山桃树体，中干上直接培育结果枝组）间距1～1.5米。采用圆柱形树形，一般定植后第二年见果，3～4年达到株产量10～20千克。早期修剪永久株以培养树形为主、临时株以早结果为主。临时株要给永久株让光、让路，影响多少疏除多少，永久株大量结果后，临时株不求树形尽量利用空间结果。永久株进入盛果期后，临时株全部清理干净。

⑤在4～6月份覆盖地膜，促进幼树生长。幼树定植当年常常生长不旺，生长量小，甚至定植当年山桃新梢达不到嫁接粗度。可采用地膜覆盖技术可改变这一现象，一般定植结束后，开始覆盖地膜，以幼树为中心覆盖1平方米大小的地膜。定植密度大的也可成行覆盖。到了7月上旬，要注意把地膜撤掉，并翻地松土降低土壤水分。

⑥重视夏季修剪：尽量减轻修剪量。桃树幼树期生长非常旺盛，一年内可有3～4个生长过程，要充分利用桃树这一特性及时进行夏季修剪，促使幼树早成形早结果。

⑦足肥控水：幼树期要促使幼树快速生长以达到早结果早高产的目的。但幼树生长过旺又会发生冬季抽干。如何解决这一矛盾呢？在幼树生长的前期，6月20日以前可以勤灌水勤施肥，促进幼树生长。7月1日以后，停水停肥控制桃树生长，让7月份的土壤水分快速下降，迫使幼树停止生长。幼树在8月上中旬完全停止生长就不会发生冬季抽干了。所以幼树期大水大肥盲目促长不行，则怕抽干不敢施肥不敢灌水的方法也不行。

## 一、高接的技术要点

①多点高接、品种桃的枝干越粗，越容易发生冻裂的现象。多点高接后枝量变多，枝干相对较细。培养主枝时，在山桃枝10～20厘米处（左边平侧部位）、20～30厘米处（右边平侧部位），50～60厘米处（背上斜生部位）嫁接品种桃，这样的多点高接树，比在山桃主干上直接嫁接品种桃的树体更抗寒、更抗病。多点高接发枝量多，成形快，早期产量高。

②嫁接选择接穗时应选用0.5～0.8厘米粗的接穗。接芽要选用叶腋内有3个

芽的接芽。接穗细、叶腋内只有 1～2 个芽的接芽，嫁接后能成活，但第二年常有不萌发的情况。

③嫁接口这个位置，是山桃高接树最容易感染各种病害的地方。力求伤口愈合的比较完好，砧木与接穗粗细一致。在嫁接时注意尽量使用丁字形芽接、带木质芽接等方法使伤口小一些。嫁接时还要根据山桃枝分生角度调整嫁接位置，如分生角度小可在背下处嫁接，分生角度大可在背上嫁接，延伸方向偏左可在右边嫁接，使将来的主枝方位、延伸角度更为合理。

④山桃高接树中心位置是山桃树体，将来会形成无果区，可在最上部主枝的上方培养一个枝组，或在主枝后部培养逆向枝填补。

## 二、嫁接时期

山桃高接因为嫁接部位高，多在 1 米以上的分枝上进行嫁接，因此山桃定植后，达到能够嫁接的生长期就比较长，嫁接时期可根据山桃能否达到嫁接粗度的具体时间而定。达到嫁接粗度后，应尽快嫁接。具体嫁接时间可分如下几个时期：

### （一）4 月份嫁接

山桃萌芽后即可开始，以山桃盛花期为最好。嫁接方法多用劈接、靠接、切接、带木质芽接等方法，其中带木质芽接效果最好。接穗可用露地桃树萌芽前剪下的接穗。嫁接后要及时抹芽，接芽长长后要注意固定防止风害。4 月份嫁接，嫁接点不能太少，不然接穗成活后生长十分强旺，风害十分严重。

### （二）5 月份嫁接

山桃枝长度达到 30 厘米以上时进行摘心，促进加粗生长。山桃枝粗度达到 0.5 厘米左右时进行嫁接。接穗可用设施桃树的绿枝接穗，也可用窖藏的硬枝接穗，嫁接方法用丁字形芽接、带木质芽接。嫁接后可在接芽前留 2～3 个砧木芽剪砧，接芽萌发后可对前部的砧木新梢摘心，促进接芽生长，待嫁接枝长到 20 厘米左右时才可以将前部的砧木枝剪掉，这样有利于接芽生长。

### （三）6 月份嫁接

嫁接方法可用丁字形芽接，接穗可用露地桃树的绿枝接穗，嫁接时间较早的，可提前一周对接穗新梢进行摘心，促使芽眼饱满。嫁接后可在接芽前留 3 个芽剪砧，未嫁接的砧木枝不要剪掉，则对其摘心控制生长，尽量多地保留叶片，嫁接枝的叶片达到一定量后，再逐步疏除砧木枝。

### （四）7～8 月份嫁接

嫁接方法可用丁字形芽接、带木质芽接，接穗可用露地绿枝接穗。这时期嫁接，嫁接点可以尽量多一些，可增加早期产量。嫁接之后不要剪砧，不要促使接芽萌发。

### （五）高位嫁接注意事项及接后的管理

受嫁接的刺激，嫁接芽成活后生长很旺，容易发生风害。要对嫁接枝进行固定。生长季节嫁接时，要尽量多地保留砧木叶片，又要控制砧木枝的生长。高接时砧木的树体较大，分枝量也多，可根据树形要求尽量多地增加嫁接点，这样成形快结果早。

# 第二节　山桃高接树的树形

山桃高接树的特点是嫁接部位高，抗寒效果好，嫁接部位要求在 1～1.6 米，1 米以下抗寒效果不好，过高管理操作不方便，因此要求树冠高度在 1～2 米之间。宁夏过去采用的树形多为三主枝自然开心形，主干很低，树冠也很低，已不能采用。山桃高接树必须有自己的树形。可以根据山桃高接树的特点设计了四种山桃高接树形，分别为：

## 一、丛状形

该树形的特点是从地面同时培养 4～5 个山桃枝（也可培养多个山桃枝，部分做永久枝，部分做临时枝），中心的一个直立生长，其余的向外围生长。中心枝在 1.5 米处嫁接、外围枝在 .1.2 米的部位嫁接，在 1～2 米高度形成馒头形状的树冠，适合砧木是山桃的，定植密度为 40～60 株／亩的桃园，受冻后恢复产量使用。丛状形的最大优点是成形快，结果早。桃园受冻后 3 年可恢复产量。比幼树建园进入盛果期早 2 年。

## 二、高干二主枝开心形

其特点是山桃树体高 1.6 米左右，在 1.1～1.2 米处，留一个南向山桃枝，在 1.4～1.6 米处留一个北向山桃枝，在每个山桃枝上 20 厘米、30 厘米，50～60 厘米处嫁接 3 个品种芽。两个主枝相对生长，呈 50°～60° 的角度延伸。树冠高 2 米左右。适合亩栽 80～110 株的定植密度。如果采用砧木建园的，还可以在树体 70～120 厘米处嫁接 4 个临时枝，提高早期产量。临时枝枝位低的要西南、东南向分布，枝位高的要西北、东北向分布。

## 三、高干三主枝开心形

山桃树体高 1.6 米。在 1.2 米处，培养一个西南向的主枝；在 1.4 米处，培养一个东南向的主枝；在 1.6 米处，培养一个正北向的主枝。一、二主枝呈 60° 延伸，三主枝呈 60°～70° 延伸。主枝采用多点高接，抗寒能力更强。三个主枝之间的夹角为 120°，树冠高度在 2 米左右。而适合亩栽植 50～80 株的栽植密度。利用砧木

建园的可在树体 80 ～ 120 厘米处嫁接 3 个临时枝。临时枝的方位要和三个主枝的方位错落分布。为提高早期产量，可加栽临时株。

### 四、高干四主枝开心形

该树形的特点是，山桃树体高度 1.8 米。在 1.2 米处，培养一个正南向的主枝；在 1.4 米处，培养一个正西向的主枝；在 1.6 米处，培养一个正东向的主枝；在 1.8 米处，培养一个正北向的主枝。主枝采取多点高接。四个主枝之间的夹角为 90°，主枝延伸角度 60°～ 70°。多适合亩栽 50 株以下的栽植密度。为了提高早期产量，可以加栽临时株。

# 第三节　幼树期树体管理

幼树期幼树生长旺盛，树体生长量大，一年中有 3 ～ 4 次生长过程，要利用这一特点，合理施肥、灌水、树体精细管理，尽快增加枝量、扩大树冠实现早成形、早结果、早高产。树体管理如下：

### 一、抹芽

山桃树体萌芽早（3 月 15 日左右），应及时抹芽。品种芽萌芽后 15 天左右（4 月下旬），当幼芽长到 3 ～ 5 厘米时抹除多余的幼芽。

一个叶腋内同时发出 2 ～ 3 个枝的，做抚养枝的全部保留。做主枝的只保留一个枝，其余的抹掉。

### 二、摘心（5 月中下旬）

当新梢长到一定长度时需要把新梢的生长点摘掉。

①背上枝只能培养结果枝组摘心要早，当新梢长到 20 厘米时进行，在 7 ～ 10 厘米处摘心，目的是降低背上枝组的发枝部位，培养矮壮的背上枝组。

②主枝的延长枝在 40 ～ 50 厘米处摘心，延长枝后部已经自然萌发二次梢的可不进行摘心，二次梢长度达到 25 厘米以上的也要摘心。

### 三、疏梢及二次摘心

当二次新梢长度普遍达到 30 ～ 35 厘米，带头新梢达到 40 ～ 50 厘米时（6 月中下旬）进行疏梢摘心。

进行疏梢摘心时注意：

①桃树有前强的习性，各类延伸枝不要直线延伸，则要采取弯曲延伸。在选留延

伸枝时一定要选留同上一次生长反方向的枝，可使桃树树体弯曲生长，克服桃树前强的习性。延伸枝选定后保留 40～50 厘米摘心。延伸枝前面保留一个枝做保护桩（剪留长度 5～10 厘米），多余的疏除。

②侧枝和主枝的修剪方法大体相同，也采取拐弯的方法培养，侧枝带头枝留30～35 厘米摘心。

③枝组可保留 2～3 个枝，留 20～25 厘米摘心。

④背上枝组可保留下部的 2～3 个枝，多余的疏除，留 15～20 厘米摘心。

### 四、打尖

当 3 次新梢长度普遍达到 30～40 厘米时（7 月中下旬），摘除新梢的生长点。背上枝保留 15～20 厘米，结果枝组保留 20～25 厘米。而侧枝保留 30～35 厘米，主枝保留 40～45 厘米。

### 五、拉枝开张角度

7 月上中旬主枝的延伸角度一、二主枝以 60°较好，三、四主枝以 60°～70°较好，抚养枝 80°～90°较好。

### 六、控长

8 月 5 日～10 日，将幼树的所有没有停长的新梢的生长点摘除，控制桃树继续生长。控长的目的是健壮树体保证桃树安全越冬，通过一年的精细管理，春天的一个芽，到了秋天变成了由 30 个左右的小枝组成的一个大枝，枝长超过 1 米，来年可结出 1 千克左右的果实。

### 七、山桃高接树幼树培养

要求树势保持中庸健壮，树势弱扩冠慢、结果晚。树势过旺品种桃枝则易发生冻害。

# 第四节　成龄桃树的管理技术

### 一、冬季修剪

高接桃树的树形除了树冠较高外，其树体结构与以前的三主枝自然开心形基本一致，树冠由主枝（2～4 个）、侧枝（一般 2～3 个，定植密度大也可不留侧枝，如二主枝开心形。）及大、中、小枝组构成。主枝、侧枝两侧枝组的分布，可像叶脉状，大、中、小枝组相间配置。骨干枝的背上只能配置中小枝组。冬季修剪时要留足枝组之间的距离，小枝组之间保持 10～15 厘米的间距，中枝组保持 20～25 厘米的间距，侧枝、大枝组间保持 30 厘米以上的间距，给新梢生长留足空间。

主枝侧枝、大枝组的延伸枝每年都要进行短截，并注意进行弯曲培养。桃树是一种非常喜光的树种，新梢生长、花芽分化，都必须在全天候见光的条件下进行。见光不足的新梢会很快衰弱死亡，见光不足桃枝上花芽数量少，花芽质量不高，开花后常常是只有花没有叶，结不出好桃子。所以桃树修剪的基本原则是：布枝均匀、枝枝见光。树冠要像一个南低北高倾斜状的圆盘。树冠内每个枝组都有自己的生长空间，上下不要重叠，左右不要交叉，各个枝组都互不遮光，在此基础上尽量多地安排枝组，尽量做到大枝少、小枝多。

冬季修剪的修剪量要适当。其过重、过轻对桃树都不利，以夏季地面有 30%～40% 的光斑为适度。

## 二、疏花蕾

①一个叶腋内有 2～3 个花蕾的保留一个花蕾。

②朝天的花蕾结出的果实上小下大，基部常有枝痕，需要疏除

③无叶枝上的花蕾，结出的果实品质不好，需要疏除。

④桃树的习性是粗枝结小果，细枝结大果，由此直接着生在粗枝上的花蕾，结不出好果，需要疏除。

⑤夹角枝处的花蕾，结出的果实易被枝夹住，形成劣质果，需要疏除。

## 三、疏花、开花期

早开的花结的果实大，晚开的花，结的果实较小，可疏去晚开的花。只有花没有叶的枝，结得果实不好，可以疏除。

## 四、抹芽

①剪锯口萌发的徒长芽。

②一节内有 2～3 个芽保留一个芽。

③特别密集的芽。芽间距保持 20～25 厘米，过多的疏除。

## 五、疏果

当幼果达到花生米大小时可以开始疏果。

①早熟品种要早疏，开花后 15～20 天进行，早熟品种的果个一般较小，可根据果个大小 10～20 厘米留一个。

②中熟品种可在开花后 25～30 天疏果，中熟品种一般比早熟品种个大，果重一

般在 150 ～ 200 克，可根据果个大小，20 ～ 25 厘米留一个果。

③晚熟品种在开花后 30 ～ 35 天开始疏果，晚熟品种一般果个较大，可根据果个大小 25 ～ 35 厘米留一个果。

④有大小果习性的品种，可进行两次疏果。在一次在开花后 30 天左右，一次在大小果明显分开后进行。

⑤初结果树可根据果个大小按每 100 克果实 40 片叶进行留果。为了保证果实品质，盛果期的桃树一般亩产量不超过 2500 千克较好。

## 六、摘心

盛果期的桃树一年有 2 次生长过程，新梢达到 30 厘米以上时可进行一次摘心。六套袋、一般早熟品种果实发育期短，多不进行套袋。中晚熟品种套袋，可提高果实的外观品质，可防止食心虫蛀果，减少农药残留，提高果园的经济效益。宁夏套袋的时间从 6 月初开始，没有大小果的品种，中熟品种可以早一点套袋。有大小果习性的品种，一定要在大小果分开后再套袋。

## 七、去袋

易着色的品种可在采果前 3 ～ 5 天去袋。因着色困难的品种可在采果前 1 ～ 2 周去袋。去袋可先撕开袋的底部。1 ～ 2 天后将袋去除。去袋不要在晴天 11 点～ 16 点进行。

# 第五节　嫁接桃越冬技术

采用山桃高接技术后，必须保证山桃高接桃树树体健壮，才能安全越冬。
山桃高接壮树栽培技术包括以下内容：

## 一、防涝栽培技术

桃树有一个很明显的特性，就是耐旱而怕涝。生长季节淹水超过 10 小时，就会对桃树产生不利影响，超过 24 小时，就有死树的危险。桃树夏季受涝后不一定被淹死，但树体受伤害很大，生长势会明显变缓，秋季树体内储存营养不足，这就大大地降低了桃树的抗寒性，冬季就容易被冻死。因此一定要防止涝害的发生。防止涝害可从以下几方面进行：

### （一）不在地势低洼的地方建桃园

一般低洼地盐碱都比较重，在这样的土壤条件下，桃树会发生黄叶病。下大雨或连阴雨时，一旦排水不畅，会造成毁园的严重后果。低洼地栽植桃树不会有好的收益，栽植其他作物可能是更明智的选择。

### （二）采用沟垄栽培技术

沟垄栽培就是将地整成沟和垄，比如 4 米的行距，可把 2 米宽做沟，取土 15 ～ 20 厘米，放到另 2 米的土壤上形成垄，垄面比沟底高 30 ～ 40 厘米，在垄中央定植桃树。这样就抬高了田面，增加了活土层，灌水时只在沟内放水，接近垄面即可，让水慢慢渗入垄内。沟垄栽培可有效地防止放水过量、跑水重灌、灌水后连降大雨或连阴雨，造成桃树死亡，是防止涝害最有效的方法。特别是地下水位较高的地方、排水不很顺畅的地方栽植桃树最好采用沟垄的方法。

### （三）科学灌水

桃树比较耐旱，但特别怕涝。土壤水分的含量超过 80% 时，反而不利于桃树对水分的吸收，土壤水分达到饱和时，桃树根系因为缺氧，会停止对水分的吸收，叶片随即会发生萎蔫，缺氧时间过长，桃树就会死亡。土壤含水量在 30% ～ 80% 时有利于桃树对水分的吸收。所以盲目地勤灌水、灌大水对桃树不利。科学的灌水方法是根据桃树的需水特性进行灌水。每次灌水时，灌水量不宜过大，以灌水后 2 ～ 4 个小时不见明水为好。要做到这一点，桃园田块不要过大，田面要平才行。幼树要以 7 月 1 日为界限，做到前促后控，结果大树在萌芽期、新梢迅速生长期、果实膨大期、果实开始着色期都需要及时灌水。桃子成熟前 20 天内不灌水，灌水后桃子不甜、风味不好。

### （四）防止跑水

很多桃园被淹，不是放水造成的，而是跑水造成的。刚灌完水，地里的水还没干，又发生跑水重灌，桃树必然被淹，后果非常严重，常造成桃树死亡。防止跑水一是要把田坡加高打实，二是水口子要堵好，三是放水后勤观察，应及时制止跑水，及时排出积水。

### （五）放水前一定要听天气预报

如果近 1 ～ 2 日内有大雨或有连阴雨就不要灌水，等到雨过后再灌水。防止灌水后，又连降大雨造成桃树被淹。

### （六）降大雨时要及时排水

连阴雨时要使排水道畅通，让雨水及时流走。低洼地可在田内挖 10 ～ 15 厘米深的排水沟，排水效果更好。

## 二、科学施肥壮树栽培技术

桃树的产量较高，每年都要从土壤中带走大量土壤养分，所以每年都要施肥，补充土壤养分。怎样才能做到科学施肥呢？

一是要根据桃树的需肥特性进行施肥。桃树的叶片中氮磷钾含量的比值为 10 ： 2.6 ： 13.7，果实中为 10 ： 5.2 ： 24，根系中为 10 ： 6.3 ： 5.4，氮磷钾总需要量的比值为 10：4：16。可见桃树是一种需钾肥较多的树种。可根据桃树的需肥特点进行施肥。另外还要测定土壤中氮磷钾的含量以及微量元素的含量，进行平衡施肥才能做到科学施肥。

根据土壤普查资料，宁夏土壤中氮磷比较缺乏，钾素相对较多，氮磷钾的配比建议调整到 10：6：13。

根据桃园对氮磷钾吸收利用情况来看，每生产 100 千克桃果约需氮 250 克，磷 100 克，钾 300 ～ 350 克。然而各地土壤类别不同，生产条件不同，施肥方法不同，肥料的利用率差别很大。所以施肥量受多方面因素的影响。而目前这方面的工作还不完善。施肥量的确定，主要还是根据生产实践进行。

土壤有机质含量在 0.8% 时，桃园亩产量在 2500 千克左右，有机肥的使用量约为每亩 4000 千克，化肥使用量多为尿素 30 千克、磷酸二铵 20 千克、硫酸钾 45 千克。桃树生长健壮，果实品质良好，桃树越冬安全。

目前生产中桃树施肥有偏重化肥，轻视有机肥的现象，有的桃园甚至只施化肥不施有机肥。施化肥时偏重氮肥轻视磷钾肥，部分桃园不施钾肥。这样施肥的桃树枝条细长、叶片间距大、叶片薄，桃树结出的果实淡而无味，不能保证桃树生长健壮，也就不能保证桃树安全越冬。

## 三、限产壮树栽培技术

桃树如果任其自然结果，每亩产量可超过万斤，然大量结果后树体贮存营养大量减少，树体的抗冻性明显降低，冬天发生冻害是必然的。2003 年发生的桃树冻害，最明显的特征就是产量高，结果多的大树死的最多。所以限制产量，合理结果，是保证山桃高接树安全越冬的重要技术。盲目追求高产，无疑是杀鸡取卵的不明智之举。

到底留多少果才能保证山桃高接树安全越冬呢？根据实践经验，每个 200 克的桃子需要 60 ～ 70 片叶片供给营养，可根据桃果的大小安排适合的叶果比，一般一棵树上果实大而均匀，色泽艳丽，风味浓郁是留果合理的特征。反之一棵树上果实偏小、果个不匀，有红有绿、果实淡而无味则是留果过多的表现。成龄果园不缺株的情况下每亩产量可保持在 2000-2500 千克。

## 四、防治病虫害壮树栽培技术

病虫害的发生会对桃树产生极大的伤害，尤其是危害叶片的病虫害。

### （一）蚜虫

大量吸吮桃树汁液减弱桃树的生长势，影响桃果生长6同时造成叶片卷曲、变形、变色，使桃树新梢不能生长，叶片丧失光合功能。所以对蚜虫防治一定要早，最好在开花前（4月15日左右）进行第一次喷药防治。另外在落花后（5月5日～10日）喷药降低早期虫口量。6月20日至7月20日是蚜虫爆发期，可根据虫情进行防治。特别是桃瘤蚜一旦发生很难防治，可先将虫梢彻底剪除，然后再喷药，7～10天后

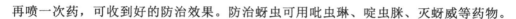

再喷一次药，可收到好的防治效果。防治蚜虫可用吡虫啉、啶虫脒、灭蚜威等药物。

（二）红蜘蛛

虫体很小，又是在叶片背面危害，不易被发现，常造成严重危害。严重时桃果不能正常生长，叶片变色脱落，甚至造成新梢二次萌发。经红蜘蛛危害造成大量落叶的桃树，冬季极易被冻死。对红蜘蛛的防治也要突出一个"早"字，重点在萌芽期、落花后、6月下旬至7月上旬三个关键时期进行喷药防治。防治红蜘蛛可用杀螨剂如霸螨灵、克螨特、螨死净等。

（三）潜叶蛾

从展叶后就开始为害，可一直为害到9月上旬，在严重时一片叶子上可出现多条虫道，造成叶片大量脱落。对潜叶蛾的防治关键还是要突出一个"早"字，在桃树开花前后两个时期结合防治蚜虫、食叶害虫进行喷药。这两次喷药防治效果彻底，基本可保证全年不发生严重的为害。防治潜叶蛾可用菊酯类农药如丰收菊酯、溴氰菊酯等。

（四）梨小食心虫

梨小食心虫蛀食新梢，严重时造成桃树生长停止。蛀食果实严重时使果园收入全无。梨小食心虫繁殖速度快、世代重叠防治的难度大，是桃园第一大害虫。防治梨小食心虫要多项防治方法并行才能收到好的效果。冬季刮树皮消灭越冬幼虫。成虫发生期要注意利用糖醋盆诱杀、性诱剂诱杀。幼虫孵化期喷杀虫剂1～2次消灭幼虫。通过综合防治一定要把早期虫口密度降到虫梢率百分之一以下。（5月份）通过剪除虫梢，5月底、6月初喷杀虫剂的防治，6月份桃园内达到基本见不到虫梢的标准。以后单株虫梢上升到1个时再喷药防治。防治梨小食心虫可则用菊酯类农药。

（五）桃小食心虫

主要为害晚熟品种，采用套袋的方法可防止桃小食心虫的为害又可以提高果实品质。

（六）细菌性穿孔病、褐斑病

正常年份一般不发生严重的为害，但在5、6月份多雨的年份也会严重发生，损伤叶片造成落叶，要注意防治。褐斑病在多雨的年份会造成桃子腐烂，可在桃子成熟前20天喷杀菌剂防治。

（七）流胶病

发生的原因是多方面的，但主要原因是，树体冬季发生冻害。受冻后常出现树体通身流胶、树体一侧流胶。健壮的桃树流胶多是在伤口处，如剪锯口、虫伤口、机械碰伤口等。一般不严重，不会对桃树造成大的伤害。但树体不健壮，冬天受冻后发生的流胶，会非常严重。流胶后会造成树势更加衰弱，如此形成恶性循环，直至桃树死亡。所以防治流胶病的关键是培养健壮的桃树树体，不让其发生冻害。一旦发生非伤口性流胶，要查找原因，如树势偏弱、上一年结果过多、病虫害没有防好、发生过涝害等，即可确定是冻害所致。防治的方法就是尽快恢复树势，促使树体健壮。如减少结果量、增加施肥量、防止涝害、防止病虫害。其次是将树体上胶斑刮除然后喷杀菌剂。病虫害严重发生会导致树势严重衰弱，秋季树体内无养分可存，这样的桃树冬天必然被冻死。所以采用山桃高接技术的桃园，必须做好病虫害的防治，才能保证桃树安全越冬。

# 第六节　嫁接桃品种选择

要提高桃树的经济效益就必须要有抗寒性好、产量高、品质好、和山桃亲和性好的品种。要求品种桃不但综合性状好，抗寒性强，还要和砧木亲和性好，嫁接口愈合牢固，不发生大小脚现象。因此采用山桃高接技术后，对配套品种的要求就比较的苛刻。山桃高接实验是 2004 年进行的，距今已有 14 年之久，所以山桃高接实验采用的品种已经比较落后。应马上引进一批市场竞争力强的优质品种，进行山桃高接抗寒实验，从中筛选出一批优质抗寒，适合山桃高接栽培的品种，完成宁夏地区山桃高接抗寒栽培技术的品种配套。这里只能根据山桃高接技术研究中积累的资料，给大家介绍几个效益较好的品种。

## 一、春艳

早香玉与仓方早生杂交胚胎育成，果实圆形、果顶尖、两半对称、缝合线浅。平均单果重 95 克，严格疏果后单果重 130～160 克。果实底色乳白，顶部及阳面鲜红色，外观极美。果肉较硬便于销售。可溶性固形物 11%，黏核，品质上等，长、中、短枝都可结果，花粉量大。果实发育期 65 天左右，宁夏地区 6 月 25 日开始销售。2008年 1 月经历了 20 多天连续低温，最低温度 -28℃特大冻害，树体未发现冻害，2008年结果正常。

## 二、布目早生

日本爱知县品种，果实长圆形，果顶圆平或微尖。平均单果重 120 克左右。果实底色乳黄，顶部及阳面着玫瑰色红晕，果皮容易剥离，果肉白色，近核处微红。肉质软溶，汁多风味甜，有香气，可溶性固形物含量 9%～11%。半离核，果核不裂，果实发育期 76 天，宁夏地区 7 月 5 日可开始销售。花粉量多坐果率高。长、中、短枝均可结果。该品种最大特点是丰产稳产。和山桃的亲和力好，2008 年大冻害时高接树没有发现受冻现象。

## 三、早凤王

北京地区品种，平均单果重 150 克左右，果顶圆平或稍凹，缝合线浅，果皮底色白色，果面着深粉红色，全面着条状或片状红霞，美观艳丽。果肉不溶质，皮下果肉粉红色，近核处白色。果肉硬脆而甜，风味好，可溶性固形物含量 11.2%，果实发育期 85 天，宁夏地区 7 月 20 日可开始采收。该品种无花粉必须配置授粉树。

### 四、大久保

原产日本，果实近圆形，果顶平微凹。平均单果重 200 克，缝合线明显，两侧对称。果形较整齐，果皮浅黄绿色，果顶及阳面着红色条纹，果皮易剥离。果肉乳白色，阳面有红色，近核处红色。肉质致密柔软，汁液多纤维少，风味甜有香气，离核，可溶性固形物含量 10.5%。果实发育期 105 天左右，银川地区的在 8 月 10 日成熟。

### 五、城阳仙桃

8 月 20 日左右成熟，果个大，严格疏果后，单果重可达 300-400 克。核小，离核。味甜品质好。没有花粉，有大小果现象，坐果较稀。2008 年未发现冻害。

# 第十章 葡萄栽培与葡萄贮藏酿造

## 第一节 葡萄基础知识及物候期

葡萄是我国栽培历史悠久、经济价值较高果树之一。葡萄浆果色泽鲜艳，形状各异、甜酸适口、风味优美、营养丰富，是深受人们喜爱的鲜食果品，也是一种很好的医疗保健食品。葡萄汁发酵酿制的葡萄酒有降低血压、血脂，软化血管和减少心血管疾病发生的作用。葡萄与其他果树比较，具有结果早、早期丰产、高产稳产等特点，经济效益快而高。一年定植，两年即可结果，二年即达丰产。葡萄适应性强，在平地、山地丘陵、河滩及庭院四旁均可种植。葡萄商品性强，供应市场时间长，通过设施栽培和贮藏保鲜，可周年供应市场，淡季上市大大提高售价，使经济效益成倍增长。因此深受生产者和消费者的喜爱。

为了更好地掌握葡萄栽培技术，现把葡萄基础知识介绍如下：

### 一、葡萄树构成

实际生产中的葡萄树由地下和地上两部分。地下部具有发达的根系。葡萄地上部由茎、叶、花、果实组成。

葡萄根系分为两种。由扦插、压条繁殖植株的根系来源于地上部的茎所形成的不定根，称为茎源根系。这种根系没有垂直粗大的主根，根系较浅，葡萄的茎由主干、主蔓、侧蔓、结果母枝、结果枝、发育枝与副梢组成。

主干是指从植株地面以上至茎干分枝处的部分。主干有无或高低因植株整形方式的不同而不同。依据主干的有无，可分为有主干树形和无主干树形。

主蔓是着生在主干上的一级分枝。无主干树形的主蔓则直接由地面处长出。主蔓的数目因树形和品种的生长势而异。

结果母枝着生在主蔓或多年生枝上，是成熟后的一年生枝，其上的芽眼能在翌年春季抽生结果枝。

各级骨干枝、结果母枝、预备枝上的芽萌发抽生的枝条，在落叶前称为新梢。带有花序的新梢为结果枝，不带花序的新梢为营养枝。

葡萄叶片的生长特点。葡萄叶片从展叶长到全大，需半个月至一个半月，其光合作用能力随之逐渐增强。当幼叶长到全叶大时，其光合作用能力达到顶点。以后，随着叶片的衰老，光合作用能力逐渐下降，最后成为没用的叶子。

葡萄的花序称为圆锥花序。花序的中轴叫花序轴，花序轴上着生二级分枝，在花序的基部二级分枝还会着生三级分枝，使整个花序呈圆锥状。有的花序基部还会着生较大的分枝，称为副穗。葡萄的花冠为绿色，随着开花的临近，花冠由绿变黄。开花时雄蕊向外向上伸长，使花冠开裂并向上卷曲而脱落。在花冠脱落的过程中，花药也随着开裂，散出花粉。在温度低、空气潮湿的情况下，花药常常在花冠脱落前开裂，进行闭花授粉。

葡萄开花后形成幼果的过程叫坐果。坐果能力用坐果率表示。坐果率指坐果数占开花总数的百分率。落花后，果穗中果粒大小不一致，即大小粒现象。坐果率和大小粒现象受花器官的发育状况、树体的贮藏营养水平，以及开花时树体长势及气候条件的影响较大。

葡萄的芽从形态上分有两种类型，即冬芽和夏芽。冬芽外被鳞片，一般当年不萌发，越冬后第二年春季萌发抽梢，所以称为冬芽。冬芽由一个主芽和3～8个副芽组成。主芽比副芽发育好，当年秋天能分化出6～8节，如营养条件适宜，可分化为花芽。葡萄的花芽属于混合花芽。就是花芽萌发后，既能抽出新梢，又能开花结果。夏芽是无鳞片保护的裸芽，不经休眠随新芽的生长而自然萌发。由夏芽抽生的新梢称为副梢。副梢叶腋间同样形成当年不萌发的冬芽和当年萌发的夏芽。由副梢的夏芽发生的新梢，称为二次副梢，再发即为三次副梢。

## 二、葡萄物候期

葡萄器官一年内随季节气候影响而发生相应的变化。每年春季开始萌芽后，随着季节气候的变化有规律地进行着萌芽、抽梢、开花、结果、落叶一系列生长发育活动称为物候期。它是制定栽培管理技术的依据。具体分为：

伤流期，又称树液流动期：在春芽膨大之前及膨大时可从葡萄枝蔓新剪口或伤口处流出无色透明液体，这种现象即为葡萄的伤流。伤流的出现说明葡萄根系开始大量吸收养分、水分，为进入生长期的标志。此期不能进行树体的修剪。

萌芽期：芽开始膨大，鳞片已松动露白。此期可进行抹芽定枝。

开花期：花蕾迅速膨大，开花到花瓣脱落时期，花期喷布硼肥可以有效提高坐果率。

浆果生长期：从开花结束到浆果成熟前为浆果生长期。此时可进行果穗的修整、疏粒、顺穗、果实套袋等。

浆果转色期：有色品种开始着色，无色品种颜色变浅的时期称为果实转色期。此时施肥应以磷、钾肥为主。

浆果采收期：果实达到商品成熟，其标志为呈现出该品种在该地区应有的色泽、可溶性固形物、风味，种子呈黄褐色。

落叶期：是指从采收到落叶休眠的一段时期。此时可施基肥与灌水。休眠期指芽或其他器官维持微弱生命活动，暂时停止生长的时期。一般是从秋季落叶至第二年春天萌芽前的这段时期。

# 第二节　葡萄栽培品种选择

葡萄栽培前必须根据栽培目的选择优良品种如鲜食葡萄一定要以市场为导向选择相应的优良品种。什么样的品种是优良品种呢？能卖高价的品种才是优良品种。根据大多数消费者的喜好，喜欢无核的多于喜欢有核的，喜欢脆肉的多于喜欢软肉的。在目前已知的香型中最受欢迎的是玫瑰香型（当然如果再混合桂花香等香型更好）。鲜食优良葡萄品种大体具备下列特性：浓玫瑰香味、脆肉、多汁、无核、果皮无涩味、皮薄可以连皮吃、外观鲜艳奇特、不易落粒耐贮运等。酿酒葡萄则应选择世界主要代表品种。

## 一、非常适合盆栽的葡萄 —— 蓝宝石葡萄

盆栽葡萄，其目的是以观赏为主，以食用为辅，不过有一种叫作蓝宝石葡萄的品种可以同时兼顾这两点。我们在选择盆栽葡萄的话，首先要考虑的问题就是以观赏为主，因此要选择果穗大、果粒大、色泽艳丽漂亮、叶形树形都要美观、而且树形不能太高。另外，盆栽葡萄一定要能保证挂果时间长、坐果率高、果子不易掉落；还有我们种植盆栽葡萄要考虑到其生长空间有限，所以要选择节间短，着果节位较低的品种，另外盆栽葡萄多是放在室内或者阳台上，不能频繁使用农药、化肥，因此我们要选择抗病抗虫性都很强的品种。

蓝宝石葡萄的优点主要有以下几点：

①它长势旺易于造型，花芽多坐果率高，易结果，管理也比较容易，不需要过多打理。

②蓝宝石葡萄它有着不掉果的优势，它的果粒排列整齐，不会出现挤压变形现象，在成熟之后也不会出现掉果、烂果的情况，比较耐保存。

③蓝宝石葡萄的口感是非常好的，这一点大家都是有目共睹的，且它的营养价值

比一般的葡萄要更高一些，同时它还是没有果核的葡萄，所以在吃它的时候，基本不用吐籽的。

说到蓝宝石葡萄的种植优势，其实也还是不错的，它的抗寒能力是非常强的，在我国的南北方都能种植，目前我国很多地区都开始在推广种植蓝宝石葡萄了。在我隔壁村，有一位大爷种植了几亩蓝宝石葡萄，同时他还在葡萄地里培育葡萄苗，所以他的收益非常高，前两年市场行情好的时候他能每年赚二十多万元，而现在行情差一些了，也还能年入十几万元，非常不错的一个好品种葡萄。

## 二、非常容易种植的葡萄品种 —— 高山葡萄

高山葡萄的优点非常突出，它最主要的优点有以下几个：

①是它生命力顽强，特别容易种植成活，它对于土质和气候都不挑剔，我国绝大多数地区都可以种植，还有它生长速度快，枝繁叶茂，很合适种植在自己家院落里，可以夏天用来乘凉。

②是它管理简单，高山葡萄除了每年要修枝以外，基本不需要其他的管理了，它还是基本不需要打药就有收成的葡萄。

③它的品质优秀，高山葡萄糖度较高，而且硬度适中，能长时间保存，可以长途运输。

综合来看，高山葡萄的各方面条件都很优秀，不管是平原地区、山区、丘陵地带都是可以种植的，也不管是河滩、沙地还是耕地，其也都能很好的生长。高山葡萄还它攀爬能力很强，非常适合搭葡萄架种植，所以想在自己家院里种植几棵葡萄，用于乘凉、摘果子吃、又没有什么时间管理的话，选择高山葡萄绝对没错。

## 三、品质非常优秀的葡萄品种 —— 阳光玫瑰葡萄

阳光玫瑰葡萄，这是最近几年非常火爆的一个品种，也是一款网红水果，无数网红、博主都推荐过它。阳光玫瑰葡萄不是我国本土品种，它是由日本引进的欧亚品种，它的果皮就比较有特点，不是我们常见到的那种紫色，而是身披土豪绿，堪称水果中的白富美，是葡萄中的"超级贵族"。阳光玫瑰葡萄它的一个最大特点就是口感好，风味独特，有玫瑰香味，甜度非常高，而且吃它不用剥皮，也不用吐籽，非常好吃、方便，所以它的价格即使高昂，市场销售依然火爆。

阳光玫瑰葡萄虽然是高级品种，但是它却一点都不娇贵，它可以种在自家院落里，也可以盆栽放在阳台上，既然它叫阳光玫瑰葡萄，那么种植它肯定少不了阳光，如果阳光不充足的话，它的品质会大打折扣。阳光玫瑰葡萄适应性也比较强，从我国的南边云南、北到山东、内蒙一带都能种植，不过在北方地区种植的话，最好是用温室栽培，这样才能保证它的高甜度，如果北方地区用室外种植的话，品质会降低。

阳光玫瑰是唯一的高糖且浓香的优秀品种，从种植角度来看也是一个比较好管理的品种，现在我国对于阳光玫瑰葡萄的栽培技术，有了一套比较成熟的管理方法，所以说这也是比较值得推荐的一个品种。如果我们想种植高档品种葡萄用来创业赚钱的

话，可选择阳光玫瑰葡萄是很明智的，虽然现在它的价格降下来了，但是零售价依然能卖到 20 ~ 30 元每斤，这还是非常不错的，远比普通品种葡萄赚得多。

# 第三节　鲜食葡萄优良品种

## 一、早熟品种

### （一）维多利亚欧亚种

果穗大，平均穗重 630 克，圆锥形。平均粒重 9.2 克，长椭圆形，果皮黄绿色，中厚，果肉硬而脆，味甜适口，品质佳。其从萌芽到果实充分成熟的生长日数为 110 天左右。

### （二）乍娜属欧亚种

果穗大，平均穗重 850 克，圆锥形或长圆锥形，平均粒重 9.5 克，近圆形或椭圆形，红紫色，肉质较脆，清甜，微有玫瑰香味。品质上等。从萌芽到果实充分成熟生长日数为 115 ~ 125 天，为早熟品种。

### （三）夏黑属欧美杂交种

果穗较大，平均穗重 415 克。果粒着生紧密，平均粒重 3 ~ 3.5 克，经赤霉素处理后，平均粒重 7.5 克，果肉硬脆，果汁紫红色，味浓甜，有浓草莓香味。从萌芽至果实成熟所需天数为 100 ~ 115 天，为极早熟品种。

### （四）早黑宝属欧亚种四倍体

果穗大，平均穗重 426 克，果粒大，平均粒重 8 克，果皮紫黑色，完全成熟时有浓郁的玫瑰香味，味甜，品质上等。从萌芽到果实充分成熟需 100 天左右 &

### （五）黑巴拉多属欧美杂交种

果穗大小整齐，穗重 500 克左右，果粒长椭圆形，平均粒重 8 ~ 10 克，皮薄，肉脆，具有较浓郁的玫瑰香味，品质极上等。其从萌芽到果实充分成熟需 100 天左右。

## 二、中熟品种

### （一）巨玫瑰欧美杂种

果穗长圆锥形，平均穗重 600 ~ 800 克，果粒呈椭圆形，紫红色。重 11 ~ 12 克，味极甜，有浓郁的玫瑰香味。从萌芽至成熟需 125 ~ 140 天，属中熟品种。果实偏软。

### （二）玫瑰香属欧亚种

果穗长圆锥形，平均穗重 350 克，果粒椭圆形或卵圆形，平均 5 克；果皮黑紫色，果肉较软，多汁，有浓郁的玫瑰香味，品质上乘。从萌芽至浆果成熟需 120～130 天，属中熟品种。

### （三）阳光玫瑰属欧美杂交种

果穗圆锥形，单穗重 600～800 克。果粒重 8～10 克，短椭圆形，果皮薄，黄绿色，香甜可口，兼有玫瑰香和奶香复合型香味，食用品质极佳。从萌芽至浆果成熟需 130 天，属中熟品种。

## 三、晚熟品种

### （一）摩尔多瓦属欧亚种

果穗大，平均重 650 克。果粒大、短椭圆形，平均粒重 9 克，果皮蓝黑色，无香味，品质上乘。从萌芽到果实充分成熟需 150 天，是为晚熟品种。

### （二）大青属欧亚种

果穗圆锥形，平均单穗重 794 克。果粒大，重达 5.2 克，圆或椭圆形，淡黄和黄绿色。果皮薄，汁多，不耐挤压，汁多味美，果实具清香味，鲜食品质极佳。树体结果较晚。从萌芽到果实充分成熟需 140 天，为晚熟品种。

### （三）红提，又名红地球属欧亚种

果穗大，平均穗重 800 克，长圆锥形。果粒平均重 12～14 克，卵圆形，果皮薄，肉质脆，味甜，品质上等，耐贮运。从萌芽到果实充分成熟需 150～160 天，为晚熟品种。

### （四）克瑞森无核，又称绯红无核属欧亚种

果穗大，平均穗重 500 克，圆锥形。果粒椭圆形，平均粒重 4.2 克，果皮玫瑰红色，肉质细脆，清香味甜，品质佳。结合萌芽到果实充分成熟需 150 天，为晚熟品种。

# 第四节 酿酒品种

## 一、红葡萄酒品种

### （一）梅鹿辄属欧亚种

果穗中等大，近圆形，紫黑色，果皮较厚，多汁，出汁率 74%。生长势中庸，属

中晚熟酿酒品种。

### （二）赤霞珠属欧亚种

果穗中等大，平均重 175 克，果粒小，近圆形，紫黑色，果厚；皮厚、多汁。出汁率 75%。生长势强。属晚熟酿酒品种。

### （三）黑皮诺属欧亚种

果穗小，圆柱形或带副穗；果粒着生紧密。果粒小，椭圆形，果皮紫黑色，果粉中等厚，果肉多汁，味酸甜。

## 二、白葡萄酒品种

### （一）霞多丽属欧亚种

果穗中小，圆柱形，带副穗和歧肩，果穗极紧密。果粒小，果皮薄，果肉多汁，味清香，出汁率 72% 左右。

### （二）雷斯令属欧亚种

果穗小，圆柱形或圆锥形，带副穗，穗梗短。果粒也着生紧密，圆形，黄绿色，整齐，果皮薄，脐点明显、果肉多汁，出汁率 70%。

## 三、酿酒、制汁品种

### （一）赤霞珠

欧亚种，二倍体。原产地法国波尔多。我国酿酒产区广泛栽培。果穗圆柱形或圆锥形，带副穗，平均穗重 175.0 克；果粒着生中等紧密，圆形，紫黑色，平均粒重 1.3 克；果皮厚；果肉多汁，具悦人的淡青草味，可溶性固形物含量为 20.8% ～ 21.7%，总糖含量为 19.45%，总酸含量为 0.71%，出汁率为 62.0%，品质上等；每一果粒含种子 2 ～ 3 粒。植株生长势中等，结实力强，易早期丰产，产量较高，浆果晚熟，适应性强，较抗寒，抗病性较强。

### （二）雷司令

欧亚种，二倍体。原产地德国。德国酿制高级葡萄酒的品种。在昌黎葡萄酒厂酿酒原料基地有种植，山东省烟台地区栽培较多。果穗圆锥形，带副穗，平均穗重 190.0 克；果粒着生极紧密，近圆形，黄绿色，有明显黑色斑点，平均粒重 2.4 克；果粉和果皮均中等厚；果肉柔软，汁中等多，味酸甜，总糖含量为 18.9% ～ 20.0%，可滴定酸含量为 0.88%，出汁率为 67.0%，品质优；每一果粒含种子 2 ～ 4 粒。植株生长势中等，早果性较好，浆果晚熟，可酿制优质干白。

### （三）贵人香

欧亚种。为意大利古老品种。在我国酿酒产区均有栽培。果穗圆柱形，带副穗，大小不整齐，平均穗重 194.5 克；果粒着生极紧，近圆形，绿黄色或黄绿色，有多明显的黑褐色斑点，平均粒重 1.7 克；果粉中等厚；果皮中等厚，坚韧；果肉致密而柔软，汁中等多，味甜，酸度小，可溶性固形物含量为 22.0% ～ 23.2%，可滴定酸含量为 0.39% ～ 0.65%；每一果粒含种子 2 ～ 4 粒。植株生长势中等，在进入结果期早，丰产，浆果晚熟，抗病性较强。

## 四、砧木品种

### （一）SO4

北美种群内种间杂交种。原产地德国。由德国国立葡萄酒和果树栽培教育研究院选育而成。芽小而尖，梢尖，有茸毛，白色，边缘玫瑰红。幼叶有网纹，绿色或黄铜色；成龄叶楔形，色暗，微黄，叶波纹状，边缘上卷；叶片全缘或侧裂。锯齿凸，近于平展。叶柄洼开张呈 "U" 字形，叶柄与叶片结合处粉红色，叶柄与叶脉上有茸毛。新梢有棱纹，节紫色，稍有茸毛。叶蔓有细棱纹，光滑，只在节上有茸毛，深赭褐色。雄性花。植株生长势旺盛，初期生长极迅速，可与河岸葡萄相似，利于座果和提前成熟，产条量大，易生根，利于繁殖，嫁接状况良好。

### （二）5BB

冬葡萄。原产地奥地利。源于冬葡萄实生苗。花序小。浆果小，圆形，黑色。芽拱形，不显著，梢尖、弯钩状，有茸毛，白色，边缘玫瑰红。幼叶有网纹状茸毛，黄铜色。成龄叶楔形，平滑，叶缘上卷；上表面几乎光滑无毛，叶脉靠近基部（与叶柄结合处）浅粉色；下表面和叶脉上有稀茸毛。叶浅 3 裂。锯齿凸，宽，接近平展。叶柄洼拱形。叶柄有极少茸毛，紫色。新梢有棱纹，节部有稀茸毛，紫红色。叶蔓有细棱纹，节部颜色略深，有稀茸毛。雌性花。植株生长势旺盛，产条量大，生根良好，利于繁殖。

### （三）贝达

种间杂交。原产地美国。为河岸葡萄卡佛和美洲葡萄康可的杂交后代，在我国东北及华北北部地区作抗寒砧木栽培。果穗圆柱形或圆锥形，平均穗重 142.0 克；果粒近圆形，紫黑色，平均粒重 1.8 克；皮较薄，有草莓香味；可溶性固形物含量为 15.5%，含酸量为 2.6%。国内个别地方将其作为制汁品种。植株生长势极强，生长快，适应性强，抗病、抗湿、抗旱性强，特抗寒，这在华北地区不埋土即可安全越冬，枝条扦插容易生根，嫁接亲和性好。

# 第五节　葡萄栽植及管理技术

葡萄栽植及管理是高产优质的关键，需做好以下工作：

## 一、整地

对黏重或沙性较强的土壤，通过掺沙或掺黏进行改良；对坚实、黏重的土壤，进行深翻，打破不透水层。同时施入足量有机肥，将表土和经高温发酵腐熟的农家肥混合，灌透水。

## 二、放线挖沟

按东西方向进行放线，放线时采用细绳拉直定位，点出栽植沟的位置。按照画好的栽植线，挖宽 1.0（单行）～1.6 米（双行）、深 0.6～0.8 米的栽植沟。挖沟时表土（地表 30 厘米）要统一放一侧，新土要统一放另一侧。

## 三、苗木准备

为了保证苗木栽植的成活率和生长健壮，要栽植优质苗木。优质苗木质量标准：①根上部一年生枝条要充分成熟。②苗木直径 5～7 毫米。③上部枝条要有 3 个以上饱满芽。④侧根、须根发达，具有 6 条以上侧根和较完整的须根。⑤苗木要生长健壮，各部位新鲜，不失水、无霉烂、无病虫害。苗木修剪、浸水：在栽植前，将苗木剪留 2～3 芽（嫁接口上方），侧根剪留 10～12 厘米。苗木修剪后将根系放清水中浸泡 10～12 小时，使其吸足水分，增加细胞膨压，利于萌芽和发新根。

## 四、葡萄定植方法

4 月下旬到 5 月上旬进行定植。先按预定的株行距挖直径 25～30 厘米、深 20～25 厘米的定植穴，穴底培个小土堆，将苗木根系均匀分布，置于定植穴的土堆上，然后培土，边培土边振动苗木，土培至一大半时，将苗木轻轻提一下，使根系与土壤充分结合，然后继续培土、踩实、踩平。嫁接口最好高于沟面 5 厘米以上，自根苗的根茎与沟面一平。苗木栽植后，马上灌水。灌水 1～2 天后，在沟面未干时覆地膜。扣膜时要把地膜绷紧、压严、枝芽要露在膜外。苗木的地上部分最好用小塑料袋套上，于萌芽后展叶前将塑料袋摘下。以此来确保苗木不失水，发芽整齐。

## 五、葡萄设施栽植密度

栽植密度依据品种、土壤、架式等而定。栽植行向篱架以东西向为宜，小棚架以南北行向为宜。单臂篱架株距 0.5～1.0 米，温室行距为 1.5 米，每亩栽 444～889 株；双臂篱架株距 0.5～1.0 米，行距 2.0～2.5 米，每亩栽 267～1333 株；小棚架为株距 0.5～1.0 米，行距为 4.0～5.0 米，每亩栽 133～333 株。露地单臂篱架株距 0.5～1.0 米，行距为 3 米，每亩栽 222-444 株。

葡萄栽植时注意事项：

苗木栽植时对根系适当修剪；栽植的苗木芽眼最好也是未萌发或刚萌发状态；苗木要随栽随取，不能"风干"；苗木不可栽的过深，以埋过表面根系 3～4 厘米为准；扣膜时要压严、压好，但不能将过多的土压于膜上，否则会影响地温提高。

## 六、葡萄栽后一年管理步骤

### （一）抹芽定梢

当新梢长至 3～5 厘米时，即可进行抹芽定梢，抹去双生芽、三生芽，嫁接苗砧木上萌发的芽，选留一个生长势壮的芽。

### （二）引缚

当苗木长至 30 厘米高度时，要用架竹将新梢引缚上来，绑缚绳要松紧适度，既要绑住又要给新梢生长留有空隙。随着新梢不断生长，引缚要不断进行。

### （三）新梢摘心

当年栽植的细弱幼树，在 6 月下旬苗高 0.3～0.4 米时，将新梢进行重摘心，并抹除基部上 2～3 节的副梢，其上部保留 1 个副梢，留 4～5 片叶进行摘心。摘心后其上发出的二三次副梢均留 1～2 片叶反复摘心，加速茎粗生长。强壮幼树一般于 6 月苗高 1 米时，进行第一次摘心，并抹除基部 0.3 米以下的副梢，上部两侧副梢留 1～2 片叶反复摘心控制。顶端保留一个生长势较强的副梢，当顶端副梢高达 1.5 米时进行第二次摘心。在 8 月下旬再进行第三次摘心。在经过多次反复摘心，控制顶端生长，促进植株两侧副梢和茎不断增粗。

### （四）施肥灌水

灌淤土 15～20 天灌水一次，沙质土 10～15 天灌水一次。苗高 20～30 厘米时开始追肥，以后每灌一次水追一次肥，至 7 月底后控水停肥，只进行叶面喷肥，可喷洒 0.3% 的磷酸二氢钾 2～3 次。前期追施尿素，中后期亩施 10～15 千克／次复合肥。

# 第六节　葡萄架式与树形

葡萄的枝蔓比较柔软，只有设立支架方可使葡萄保持一定的树形，枝叶才能够在空间合理分布，以获得充足的光照和良好的通风条件，且便于在园内进行一系列的田间管理，所以葡萄的整形修剪都必须与架式相结合。

## 一、葡萄架式

葡萄的架式是多种多样的，但目前在生产中应用较多的分为两类，即篱架和棚架。棚架埋土越冬不便，一般可用于庭院栽培，目前宁夏葡萄栽培仍以篱架为主。

### （一）篱架

架面与地面垂直或略有倾斜，沿行向每隔一定的距离埋设立柱，立柱上拉数道钢丝，枝蔓引缚到钢丝上，形状像篱壁，故称为篱架。

篱架适用于窄行密植［株行距为（0.3～1）米×（1～3）米］葡萄园－在葡萄行内每隔6～8米埋设一根支柱，地上高度1.5～2米。支柱上拉3～4道钢丝，从地面向上每隔50～60厘米拉一道，将葡萄枝蔓均匀地绑缚在钢丝之上。

篱架树形采用"厂"字形又称为斜干水平式。有一个倾斜或垂直的主干，干高与单层水平形相同。在主干顶部沿行向保留单臂，单臂由北向南弯曲，臂上均匀分布结果枝组，结果枝组间距15～20厘米。臂上着生结果枝组，夏季形成篱形；树形从下到上明显分为3带：下部为通风带、中部为结果带、上部为光合营养带。其主蔓以小于45。的角度倾斜，容易埋土，结果枝蔓均匀分布，产量稳定，长势均衡。

### （二）棚架

在垂直立柱顶端架设横梁，其上牵引钢丝（或竹竿、钢管），形成一个倾斜或水平的棚面，枝蔓分布在距地面较高的棚面上，故称为棚架。

大棚架架面较长，一般在6米以上，且架面倾斜。大棚架一般后部高0.8～1米，前部高2～2.2米。宁夏银南地区栽培大青葡萄园全部采用倾斜式大棚架，架长6～8米或更长。

棚架树形采用龙干形，其特点是自地面发出一个、两个或是多个主蔓，且一直延伸到架面顶端，不留侧蔓，主蔓上每隔20～30厘米配置一个固定的结果枝组。结果枝组一律采用短梢修剪，即除主蔓顶端的延长枝留长梢修剪外，结果枝组上的一年生枝过密的疏除，留下的均留1～2个芽短截。全株留一个主蔓的称为独龙干，留2个主蔓的称双龙干，留3个以上主蔓者称为多龙干。

## 二、葡萄生产上的常见树形

葡萄生产上常见的树形主要有：多主蔓扇形树形、单干水平树形、独龙干树形和H形树形等。

### （一）多主蔓扇形树形

该树形的特点是从地面上分生出2～4个主蔓，每个主蔓上又分生1～2个侧蔓，在主、侧蔓上直接着生结果枝组或结果母枝，上述这些枝蔓在架面上呈扇形分布。该树形主要应用在单、双壁篱架，部分棚架上也可应用。

### （二）单干水平树形

单干水平树形包括 1 个直立或倾斜的主干，主干顶部着生 1 个或 2 个结果臂，结果臂上着生若干结果枝组。如果只有 1 个结果臂，则为单干单臂树形；如果有两个结果臂，则为单干双臂树形。如果主干倾斜，则为倾斜式单干水平树形。该树形主要应用于单壁篱架、"十"字形架（包括双"十"字形架、多"十"字形架等）上，可在非埋土防寒区也可以应用到水平式棚架上。

### （三）独龙干树形

独龙干树形适用于各种类型的棚架。每株树即为 1 条龙干，长 3 ～ 6 米，主蔓上着生结果枝组，结果枝组多采用单枝更新修剪或单双枝混合修剪。如果 1 株树留 2 个主蔓，则为双龙干树形。葡萄生产上，为了便于冬季下架埋土防寒，通常将该树形改良成鸭脖式独龙干树形。

### （四）H 形树形

H 形树形由 1 个直立的主干和 2 个相对生长的主蔓，且每个主蔓上分别相对着生 2 个结果臂，臂上着生若干结果枝组。该树形适宜我国非埋土防寒区水平式棚架栽培，一般株行距为（4 ～ 6）米 × （4 ～ 6）米。

## 三、葡萄树形的选择

### （一）根据栽培的葡萄品种选择树形

不同的葡萄品种因其植物学特性和生物学特性不同，要求采用不同的树形和修剪方式。例如：美人指、克瑞森无核等生长势旺盛、成花力弱的品种，适宜采用能够缓和树势、促进成花的树形，如独龙干树形、H 形树形或者臂长超过 2 米的单干水平树形；对于生长势弱、成花容易的品种，如京亚，适宜采用单干水平树形；对于生长势旺盛、成花容易的品种，如夏黑、阳光玫瑰，采用的树形则应根据田间管理的需要而定。

### （二）根据当地的气候条件选择树形

对于冬季最低温度低于 −15℃、葡萄树越冬需要埋土防寒的地区，选择的树形必须容易下架，埋土防寒，如鸭脖式独龙干树形、倾斜式单干水平树形。对于不需要埋土防寒，但生长季湿度较大、容易发生病害的地区，选择能够增加光照、通风透湿的树形则比较有利于葡萄树的生长，如高干单干水平树形、H 形树形等。

对于气候干旱高温的地区，或者容易发生日灼病的品种，建议采用棚架独龙干树形，可以减轻危害。在春秋季容易发生霜冻危害的地区，使用干高超过 1.4 米的葡萄树形可以减轻危害。

### （三）根据园区的机械化程度选择树形

为了提高劳动效率，降低葡萄园的管理成本，机械化、自动化也成为葡萄园管理的发展方向，所以选择的树形必须有利于打药、修剪、土壤管理等机械作业，因此在埋土防寒区建议采用倾斜式单干水平树形，在非埋土防寒区采用单干水平树形。

## 四、主要树形的培养

### （一）独龙干树形

独龙干树形为我国北方埋土防寒栽培区常见的树形，主要用于棚架栽培，树长4～6米，结果枝组直接着生在主干上，每年冬季结果枝组采用单双枝混合修剪。

具体培养过程如下：

#### 1. 苗木定植

葡萄苗木定植的位置应在葡萄架根立柱外侧80厘米左右处，以便于独龙干树形鸭脖状的培养。

#### 2. 苗木定植第一年的树形培养和冬季修剪

定植萌芽后，首先选择2个生长健壮的新梢，引缚向上生长。当2个新梢基部生长牢固后，选留1个健壮新梢（作为龙干），引绑其沿着架面向上生长。对于其上的副梢，第一道铁丝以下的全部做单叶绝后处理，第一道铁丝以上的副梢每隔10～15厘米保留1个。这些副梢交替引绑到龙干两侧生长，充分利用空间，对于副梢上萌发的二级副梢全部进行单叶绝后处理，整个生长季龙干上的副梢都采用此种方法，引缚龙干向前生长。冬天在龙干直径为0.8厘米的成熟老化处剪截，龙干上着生的枝条则留2个饱满芽进行剪截，作为来年结果母枝。

如果龙干上着生的枝条出现上强下弱的情况（即龙干前端的枝条着生均匀，并且成熟老化，而龙干下部没有着生枝条，或着生的枝条分布不合理，或生长细弱，不能老化成熟），为了保证树体生长均衡，将来的结果枝组分布合理，则将龙干上着生的所有枝条从基部疏除，但也不能紧贴主干疏除，而应留出一段距离，以免伤害到主干上的冬芽。

#### 3. 第二年的树形培养和冬季修剪

在埋土防寒区，当杏花开放的时候，应抓紧时间进行葡萄树的出土上架工作；在非埋土防寒区，当树体开始伤流，龙干变得柔软有弹性的时候，也应抓紧时间将修剪过的葡萄树进行引绑定位。埋土防寒区，引绑时首先要将龙干绕到第一道拉丝下面，向葡萄行间倾斜压弯，形成鸭脖状，然后再引绑到第一道拉丝上，把剩下的龙干再顺架面向上引绑。对于没有结果母枝的葡萄树，压弯形成鸭脖状后，再呈弓形引绑到第一道铁丝上，当龙干上的大部分新梢长到40厘米以后，再扶正并顺架面向上引绑。非埋土防寒区，则不需要压弯培养鸭脖的形状。

（1）对于保留结果母枝葡萄树形的培养和冬季修剪

萌芽后，每个结果母枝上先保留2个新梢。直径超过0.8厘米的新梢，保留1个花序结果；直径低于0.8厘米新梢上的花序则应疏掉，所有新梢采用倾斜式引绑。新梢上花序下部萌发的副梢直接抹除，花序上部的则根据品种生长特性采用不同的方法，冬芽容易萌发的品种，比如红地球，进行单芽绝后处理，冬芽不易萌发的品种则直接抹除。

有结果母枝龙干前端的，每隔 15 厘米保留 1 个，可全部采用倾斜式引绑，交替引绑到龙干两侧。对于龙干最前端萌发的新梢，选留 1 个生长最为健壮的新梢作为延长头，引缚其向前生长，其上的花序必须疏除，其上萌发的副梢每隔 15 厘米左右保留 1 个，这些副梢要交替引绑到主蔓两侧生长，副梢上萌发的二级副梢全部进行单叶绝后处理，培养成结果母枝。当龙干延长头离架梢还有 1 米时进行摘心，摘心后萌发的副梢全部保留，向两侧引缚生长。

冬剪时在龙干直径为 0.8 厘米左右的成熟老化处剪截，或在龙干延长端离架梢 1 米摘心处剪截，龙干上的结果母枝采用单枝更新修剪。

（2）对于没有保留结果母枝葡萄树形的培养和冬季修剪

伤流前，首先将龙干进行弓形引绑，并对第一道拉丝以上龙干弓形引绑中后部的芽眼进行刻芽处理。萌芽后，当龙干上大部分的新梢长到 40 厘米后，再将龙干扶正，顺葡萄架向上引绑。龙干上萌发的新梢每隔 15 厘米左右保留 1 个，交替引绑到龙干两侧。另外，在龙干前端选留 1 个健壮的新梢作为延长头，继续沿架面向前培养，其上的花序必须疏除，其上萌发的副梢每隔 15 厘米左右保留 1 个，这些副梢要交替引绑到主蔓两侧生长，副梢上萌发的二级副梢全部进行单叶绝后处理，当延长头离架梢还有 1 米时进行摘心，摘心后萌发的副梢全部保留，向两侧引缚生长。冬季修剪时，在龙干直径 0.8 厘米以上成熟老化的位置剪截，或在龙干延长端摘心处剪截，龙干上所有枝条全部留 2 个芽进行剪截。

至此树形的培养工作结束。对于没有布满架面的植株，按照第二年的方法继续培养。当树形培养成后，为了保持树体健壮和布满架面空间，其最好每年冬剪时都从延长头基部选择健壮枝条进行更新修剪。

（二）单干水平树形

单干水平树形主要包括单干单臂树形、单干双臂树形和倾斜式单干水平树形，其中单干单臂和单干双臂树形主要应用于非埋土防寒区，倾斜式单干水平树形主要应用于埋土防寒区。

1. 单干单臂树形的培养

（1）定植第一年的树形培养和冬季修剪

定植萌芽后，选 2 个健壮的新梢，作为主干培养，新梢不摘心。当这 2 个新梢长到 50 厘米后，只保留 1 个健壮的新梢继续培养（该新梢可以借竹竿引缚生长，也可以采用吊蔓的方式引缚生长）。当新梢长过第一道拉丝，也就是定干线后，继续保持新梢直立生长。对于其上萌发的副梢，定干线 30 厘米以下的副梢全部进行单叶绝后处理，30 厘米以上萌发的副梢全部保留。这些副梢只引绑不摘心，其上萌发的二次副梢全部进行单叶绝后处理。当定干线（第一道拉丝）上的新梢长度达到 60 厘米以上时，将其顺葡萄行向引绑到定干线上，作为结果臂进行培养，当其生长到与邻近植株距离的 1/2 时进行第一次摘心，当其与邻近植株交接时开展第二次摘心，对于结果臂上生长的副梢则全部保留，并将其引绑到引绑线上。

冬季修剪时，如果结果臂上生长的枝条分布均匀（每隔 10～15 厘米有 1 个枝条），并且每个枝条都成熟老化（枝条下部成熟老化即可），且直径都超过 0.5 厘米，结果臂在成熟老化的 0.8 厘米处剪截，结果臂上生长的枝条全部留 2 个饱满芽剪截。

如果结果臂仅在靠近主干的基部生长有成熟老化的枝条，中部和前端没有生长枝条或生长的枝条未能老化成熟，或者结果臂基部和前端生长有老化成熟的枝条，中部没有生长枝条，都采用结果臂在成熟老化的直径 0.8 厘米处剪截，结果臂上基部生长的枝条留 2 个饱满芽剪截，前端的枝条全部疏除。

如果结果臂上生长的枝条大部分未能老化成熟，或者仅在结果臂的中前部生长有枝条，则结果臂上的枝条全部从基部疏除，结果臂在成熟老化的直径 0.8 厘米处剪截，并且将结果臂在春季萌芽前采用弓形引绑的方式引绑到定干线上。

（2）定植第二年的树形培养和冬季修剪

①对于保留结果母枝的葡萄树形的培养和冬季修剪。萌芽后，每个结果母枝上保留 1 个新梢，直径超过 0.8 厘米的新梢，保留 1 个花序结果；直径低于 0.8 厘米的新梢，其上的花序则疏掉，所有新梢沿架面向上引绑生长。新梢上萌发的副梢，花序下部的直接抹除，花序上部的则根据品种生长特性采用不同的方法，冬芽容易萌发的品种，比如红地球，则进行单芽绝后处理，冬芽不易萌发的品种则直接抹除。

结果臂上直接萌发的新梢，位于结果母枝之间的直接抹除，位于没有结果母枝结果臂前端的，每隔 10～15 厘米保留 1 个，全部向上引缚生长。对于结果臂没有与邻近植株交接的葡萄树，可以在结果臂前端选留 1 个生长健壮的新梢，当其基部生长牢固，长度超过 60 厘米后，作为延长头引缚到定干线上，向前生长，其上花序必须疏除，其上萌发的副梢每隔 10～15 厘米保留 1 个，向上引缚生长，这些副梢上萌发的二级副梢全部进行单叶绝后处理，当延长头与邻近植株交接时进行摘心，摘心后萌发的副梢向上引缚生长。冬剪时结果臂上的结果枝组和 1 年生枝条全部采用单枝更新修剪。

②对于没有保留结果母枝的葡萄树形的培养和冬季修剪。伤流前，对结果臂中后部的芽眼进行刻芽处理，并将结果臂进行弓形引绑。萌芽后，当结果臂上的新梢长到 30 厘米后，再将结果臂放平到定干线上，捆绑好。结果臂上萌发的新梢每隔 10～15 厘米保留 1 个向上引绑生长。如果带有花序，可以根据树势，选留 1～3 个新梢，保留花序进行结果。对于结果臂没有与邻近植株交接的葡萄树，可以在结果臂前端选留 1 个生长健壮的新赣，当其基部生长牢固，长度超过 60 厘米后，作为延长头引缚到定干线上向前生长，其上的花序必须疏除，其上萌发的副梢每隔 10～15 厘米保留 1 个，向上引缚生长，这些副梢上萌发的二级副梢全部进行单叶绝后处理，当延长头与邻近植株交接时进行摘心，摘心后萌发的副梢向上引缚生长。

冬剪时结果臂上的结果母枝采用单枝更新修剪。

至此树形的培养工作结束。这对于部分结果臂没有交接的植株，按照第二年的方法继续培养。如果在非埋土防寒区，将该树形应用到水平式棚架上，就是独龙干树形。

2. 单干双臂树形培养

关于单干双臂树形的培养有 2 种方法。

（1）第一种培养方法

当选留的新梢生长高度超过定干线后，在定干线下15厘米左右的位置进行摘心，然后在定干线下部选留3个新梢继续培养，当新梢生长到60厘米后，再选留2个新梢反方向呈弓形引绑到定干线上，沿定干线生长，其上的副梢全部保留，向上引缚生长，副梢上萌发的二次副梢全部进行单芽绝后处理。之后的树形培养与单干单臂树形基本相同，只不过把单臂换成双臂。

（2）第二种培养方法

单干双臂树形的培养与单干单臂树形的培养类似，先培养成单臂，然后再在定干线下选1个枝条，冬季反方向引绑到定干线上，第二年其上萌发的新梢每隔10～15厘米保留1个，培养成结果母枝，至此树形培养结束。该方法也适用于单干单臂或单干双臂结果臂的更新。

在非埋土防寒区，将单干双臂树形应用到水平棚架上，就是人们常见的"一"字形树形或 T 形树形。

3. 倾斜式单干水平树形的培养

该树形与单干单臂树形的培养极为相似，其区别在于，定植时所有苗木均采用顺行向倾斜20°～30°定植，选留的新梢也按照与苗木定植时相同的角度和方向，向定干线上培养。当长到定干线后，不摘心，继续沿定干线向前培养，此后的培养方法与单干单臂树形完全相同。如果在埋土防寒区，之后每年春季出土上架时都要按照第一年培养的方向和角度引绑到架面上。

# 第七节　葡萄冬季修剪技术

冬季修剪的时期，是从秋季自然落叶至翌年春季伤流到来之前。具体冬剪时期，应依品种特性、气候条件灵活掌握。冬季需要埋土防寒的地区，最好从自然落叶后2～3星期开始，剪完后及时下架埋土防寒，最迟应在土壤封冻前完成修剪和埋土防寒作业。这里提出从自然落叶后2～3星期开始修剪，主要是从葡萄养分回流方面考虑的。设施栽培最好在预备升温前剪完。

## 一、葡萄冬剪常用的方法

葡萄冬剪常用的方法有截、疏、缩三种。短截是把一年生枝蔓剪去一段，留下一部分，它可起到促进萌芽、调整新梢密度和结果部位等作用。疏剪是指将整个枝蔓从基部剪除，它可起到改善光照、保持生长优势、均衡树势的作用。缩剪是把两年生以上的枝蔓适当回缩，以改善光照、更新复壮、延缓结果部位上移到一定的高度，并将枝组固定下来。

## 二、结果母枝的剪留长度

生产上，一般把剪留 2～3 芽称为短梢修剪，将剪留 4～7 芽称为中梢修剪，把剪留 8～12 个芽称为长梢修剪，把剪留 1 个芽称为超短梢修剪，剪留 12 个芽以上的称为超长梢修剪。一株葡萄同时采用长、中、短梢修剪的，叫混合修剪法。

修剪时，应根据品种、枝条生长状况、生长部位、架式、树形等因子采用不同的修剪方法。

结果母枝的剪留量确定：

确定结果母枝适宜的剪留量，首先要合理地计算出单位面积（或单株）产量，再根据计划产量推算结果母枝的剪留量。

葡萄冬季修剪时，还应考虑到埋土后枝、芽的损伤，所以还要增加 20% 左右的保险系数。这样，每亩实际结果母枝留量应为 2400 个，每株应为 65 个。根据植株生长势的强弱，结果母枝留 6 枝，亦可适当增减。

应该指出的是，以结果母枝留量的多少作为葡萄修剪量的标准，就必须明确结果母枝剪留的长度，即明确采用哪种修剪方式；可用长、中、短梢混合修剪的，要确定每个结果母枝平均留芽数。

## 三、培养葡萄结果枝组

葡萄整形的同时，还要完成结果枝组的配置与培养。一般龙干整形时，在主蔓上每间隔 20 厘米左右应配置 1 个结果枝组。

## 四、单枝更新和双枝更新

双枝更新是结果母枝交替更新的一种方法。具体做法是：冬剪时对两个成熟的枝蔓采用不同的修剪方法，位置靠上的留 3～7 个饱满芽，实行中短梢修剪，作为第二年的结果母枝；位置靠下的留 2 个饱满芽，实行短梢修剪，作为第二年的更新预备枝。

单枝更新是冬剪时，对成熟的枝蔓实行 2～3 个芽短梢修剪，短截留下的短梢母枝，既是翌年的结果母枝，又是更新枝。结果之后冬剪时再留 2～3 个芽短截，如此反复，周而复始。

# 第八节　葡萄生长期修剪技术

葡萄是我国重要的水果，而其修剪技术能够让葡萄显著增产，现在很多的农户在种植葡萄的过程中，会出现新枝和老枝生长在一起的情况，对提升产量有很大的影响，而且发生病虫害的时候，葡萄的结果能力会大大降低，所以葡萄优质高产关键修剪技术是非常重要。

生长期修剪目的在于调节水分、养分的运转和调节生长与结果的关系,改善通风透光条件,减少病虫害,促使果穗和果粒充分发育,为当年和次年结果创造良好的条件,提高产量,增进品质。内容包括:抹芽、疏梢、疏花穗、主梢摘心、副梢处理、除卷须、绑缚、摘叶和剪梢等。

## 一、抹芽、定枝

抹芽的时期与方法:在葡萄萌芽后至展叶初期,当芽长到 1～2 厘米时进行抹芽。第一次抹芽在萌芽后及时进行,对主蔓基部 40 厘米以下无用的芽一律抹去;结果母枝上发育不良的基节芽和双芽、三芽中的尖、瘦、弱芽及早抹去,保留粗大而扁的芽;第二次抹芽在芽长出 2 厘米左右,能够看清有无花序时进行,将无生长空间的瘦芽和结果母枝前端无花序及基部不当的瘦弱芽抹掉,以此来保留前端有花序的芽作为结果枝及基部位置较好的芽作预备枝或称营养枝。

定枝的时期与方法:定枝在新梢长到 10～15 厘米,选留中庸健壮及有花序的新梢,抹去过密的徒长枝及细弱的发育枝,使新梢分布合理,长势均衡。

## 二、去卷须与新梢绑蔓

新梢引绑主要分倾斜式、水平式、垂直式、弯曲式以及吊枝等引绑形式。另外,在新梢引绑同时及葡萄生长的各个时期,应及时去除卷须。葡萄在生长期随时都会生长出卷须,以用于攀附其他物体而直立生长。

## 三、新梢摘心

### (一)结果枝摘心

葡萄结果新梢的适宜摘心时期应根据品种特性确定。摘心程度一般多以摘心部位幼叶相当正常叶片 1/3 处摘掉较为适宜。在生产栽培中习惯保留花序以上 6～8 片叶进行摘心。

## （二）营养枝摘心

营养新梢的摘心应根据品种特性及生长期的不同确定摘心方法。一般留 10～12 片叶摘心。

## 四、副梢管理

### （一）结果枝上副梢处理

结果枝花序以下的副梢在其长出 1～2 厘米之时，及时从基部抹掉，避免与花序争夺养分；结果枝摘心后顶端的 1～2 个副梢，视枝条长势留 4～5 片叶摘心，长势强的多留，弱的少留，其他副梢留 1 片叶摘心并抠除副梢上的腋芽绝后，以防再生。

### （二）营养枝和延长枝副梢的处理及利用

营养枝摘心后，萌发的副梢除顶端的 1～2 个副梢留 3～5 片叶反复摘心外，其余副梢均留 1 片叶摘心，并抠除副梢上的腋芽。

# 第九节　葡萄花果管理技术

为生产优质高档果，增强市场竞争力，提高经济效益，栽培者必须在加强各项管理的同时，高度重视花果管理工作。

葡萄花果管理包括疏穗（花序）、疏果、套袋等相关措施。

## 一、疏穗

在葡萄开花前，根据花穗的数量和质量以及产量目标，疏除一部分多余的、发育不好的花穗，使营养集中供应留下的优质花穗，可以提高葡萄坐果率，提高果实品质。

疏穗分两个时期，一是在花序分离期，能分清花序大小、质量好坏时进行。通常去除发育不好、穗小的花穗，留下发育好、个头大的花穗，一般每个结果枝留一个花穗，每亩留 1500～2000 个花穗（夏黑留 1000～1500 个）。二是在花前一周将副穗、歧肩确除，将全穗 1/6～1/5 的穗尖掐去，且每穗留 13～16 个小花穗。

## 二、疏果

花后 10 天，能明显分清果粒大小时进行疏果，要求疏除病虫果、过大过小果、日灼果及畸形果，要疏除过密果，选留大小一致、排列整齐向外的果粒。果粒大品种如藤稔留 30-40 粒，果粒中等品种如巨峰留 40～50 粒，小粒品种如夏黑留 70-80 粒。

### 三、套袋

套袋在葡萄生理落果后（坐果后 2 周），果粒黄豆粒大小时进行，在套袋前要用杀菌剂进行彻底杀菌。葡萄套袋材料一般用专用纸袋，分大、中、小三种规格，可根据果穗大小进行选择。套袋时要注意避开中午高温，防止日灼。袋口要扎紧，防止风吹落和虫进入。

葡萄坐果前要做好套袋措施，禁止使用能给果面留下斑痕的药剂，如代森锰锌、代森锌、三唑酮、福星、波尔多液等。套袋前蔬果可按单穗 30 ～ 80 粒，不超过 100 粒，用疏果剪逐穗修整，取掉病果、虫果，畸形果、无核果和着生紧密的内膛果。

套袋可选择具有防水、防虫、防病效果好的纯白色葡萄专用木浆涂蜡纸袋，其规格一般为 380 毫米×280 毫米，底部有透水孔。另外，在生理落果后即可开始准备套袋。为防止果实日灼，需合理保留夏芽副梢，可以有效防止日灼。

葡萄套袋后要加强栽培管理，若是生长期遇到高温天气，要缩短浇水间隔期，增加浇水次数，降低架下温度，减少灼伤的发生。每隔 10 ～ 15 天喷 1 次杀菌剂，重点防葡萄霜霉病、葡萄白粉病，如遇连阴多雨的年份，应适当增加喷药次数和加大用药浓度。

### 四、摘袋

为了促进葡萄浆果着色，深色品种可在采收前 1 ～ 2 周摘袋，其他品种采收前不解袋。摘袋宜选择晴天上午 9 ～ 11 点，下午 3 ～ 5 点进行。先撕开袋底开口，隔 1、2 天后再摘袋。

### 五、摘老叶

在葡萄着色期，将有色品种的葡萄果穗周边 1-2 片老叶摘除，可增加光照，促进浆果着色。

### 六、铺反光膜

葡萄着色期，在有色品种的葡萄树下铺反光膜，则可充分利用散射光，增加光照强度，促进浆果着色。

### 七、葡萄花果期追肥措施要点

生理落果结束，坐果稳后即花后 10 ～ 15 天及时追肥，以复合肥为主，亩施三元复合肥（或磷酸二铵）30 到 60 斤 + 硫酸钾 20 到 60 斤，共 2 ～ 4 次。还有做好根外追肥，花后 7 天进行有效蔬果。

# 第十节　葡萄肥水管理技术

葡萄土肥水管理是葡萄栽培优质高产的基础。

## 一、施肥

葡萄在生长发育过程中需要氮、磷、钾、钙等大量元素，也需铁、镁、硼等微量元素，尤其是对钾的需求量超过了氮和磷，有"钾质植物"之称。一般每生产一吨葡萄果实需要施入纯氮 20 千克，五氧化二磷 10 千克，纯钾 24 千克。有机肥料和无机肥料配合施用，不仅可以取长补短，缓急相济，要有节奏地平衡供应葡萄生长发育的需要，有利于实现稳产和优质。

### （一）成年树施肥

萌芽肥施用，此次施肥有利于当年新梢生长，开花良好，同时对当年 4～5 月的花芽分化提供充足养分。此次施肥量应占全年的 25% 左右，以氮、磷为主，一般密植园亩施有机肥（鸡、猪粪水）1000 千克，尿素 20 千克，过磷酸钙 40 千克。

### （二）幼果期施肥（壮果肥）

此次施肥在 5 月份施用，此时正值开花期，次年的花芽开始分化。此次施肥能为 5～6 月的果粒膨大提供充足的养分。施肥量占全年 35% 左右，以氮、钾为主，亩施尿素 30 千克，硫酸钾 30 千克，人畜粪尿 1500 千克。

### （三）采后肥（基肥）

此次肥料在采果后施用，早熟无核葡萄以 8 月中下旬施用为宜（中、晚熟品种在采后立即施用）。主要为恢复树势，积累养分，为下一年做准备。以有机肥为主，补充适量速效氮、磷、钾。亩施尿素 10～15 千克，过磷酸钙 20 千克，硫酸钾 5 千克，有机肥 2000～2500 千克。

### （四）根外施肥

结合喷药一并进行，可根外追施 0.2% 的磷酸二氢钾加入 0.2% 的尿素等。

## 二、水分管理

葡萄适时灌水可获得高的产量和更优质的产品。灌水时期：花前灌水包括萌芽到开花期。此期芽眼萌发、新梢迅速生长、花序发育，根系也处在旺盛生长阶段，是葡萄需水的高峰期。可在萌芽前、萌芽后、开花前各灌一次水。浆果膨大期灌水包括从生理落果到浆果着色前。此期新梢旺盛生长，叶片蒸腾量大，浆果进入第一次生长高峰。这时应每隔 10 天灌水一次。浆果成熟期要控水。浆果成熟期水分过多，将影响着色和增糖，降低品质，并易发生各种真菌病害与裂果。冬季灌水期：埋土后，葡萄进入休眠期，为保证葡萄安全越冬，应灌冬水。

### 三、埋土防寒

葡萄休眠期虽抗寒能力较强，但过低的温度也会使葡萄植株受到冻害。埋土时间应在土壤封冻之前进行。如埋土过早，会因土温高、湿度大而使芽眼发生霉烂；过晚则因土壤封冻不易取土，或因土块大，封土不严，而达不到防寒的目的。地上实埋法：将修剪后的植株压倒在地面上，然后用土覆盖封严，覆土厚度 30 ～ 40 厘米。此法适用于篱架、幼龄密植园或地下水位较高的地方。埋土防寒的葡萄，在气温达到 10℃时即应出土，通常在土壤解冻后开始到萌芽前完成。出土过早，对植株前期生长不利，特别是在春季天气寒冷、干旱风大的地区和年份，应略晚些时间为宜。一定掌握在当地杏花开放时，以防伤害幼芽。

### 四、葡萄园营养管理

#### （一）葡萄树吸收、利用和贮藏养分的机理

葡萄树和其他作物一样都是靠根系吸收水分、养分和叶片吸收的二氧化碳合成碳水化合物，供葡萄树生长和果实发育的。要想在葡萄栽培上获得成功，首先要对葡萄树吸收、利用和贮藏养分的机理有所了解。

葡萄树对矿物质元素的吸收根据土壤、气候、栽培方式、树龄、砧木和施肥方法的不同而有所差异。氮元素的吸收量从 4 月后随着气温的上升而增加，8 月上旬达到最高峰后开始减少；磷元素的吸收量也是缓慢增加的，到 9 月以后开始慢慢减少；钾元素的吸收量从发芽后开始到新梢伸长期急速增加，6 月中下旬达到最高峰，随着新梢生长逐渐停止，对钾元素的吸收量急剧减少；钙元素在新梢旺盛生长的 5 ～ 6 月吸收量最多，到 9 月中旬开始急速减少；镁元素的吸收量也是随着葡萄树萌芽生长缓慢增加的，7 月达到高峰后逐渐减少。在进入秋季后，叶片的光合作用逐渐减弱，制造的养分开始缓慢回流，贮藏到枝条、主干和根系内。

葡萄树贮藏的养分以糖为主，另有少量的氨基酸、蛋白质和无机盐等。充足的养分贮备可以提高树体的抗寒性。当早春地温达到 10 ～ 15℃后，葡萄树结束休眠，开始产生伤流，树体贮藏的淀粉分解为糖，根系恢复活力，但这时的根系吸收力较弱，不能充分吸收土壤中的养分，树体的生长发育主要利用上一年贮藏的养分。如果上一年早期落叶或负载过量，则会造成树体养分贮藏缺乏，当年葡萄树的萌芽推迟、不整齐，新梢生长缓慢、发黄，叶片小。

#### （二）施肥量

由于葡萄树对矿物质元素的吸收受到多种因素的影响，比如土壤状况、降水、葡萄品种、田间管理措施等，因此很难计算出准确的施肥量，也只能根据已发表的一些

研究成果，结合自身的生产经验和对土壤、树体营养诊断的结果，确定出较为合理的施肥量。

首先要知道葡萄树每年对主要矿物质元素的吸收量，也就是前面提到的氮、磷、钾、钙、镁、硼、锌等几种容易缺乏的矿物质元素的吸收量。

我国一个亩产量为 1500 千克的葡萄园，每年施用的有机肥应在 5000 千克以上、尿素 22 千克以上、过磷酸钙 25 千克以上、硫酸钾 15 千克以上、硫酸镁 5.5 千克以上、硫酸锌 2 千克以上、硼砂 2.5 千克以上，硫和钙在上述肥料中已经含有，其他中微量元素有机肥和土壤已经可以满足葡萄树的生长需要，由此不需要单独施用。

### （三）施肥时期和具体用量

葡萄树的施肥大致分为施底肥和追肥。底肥又称基肥，施底肥是葡萄园全年施肥中最重要的一次施肥，占到有机肥使用量的 80% 以上，矿物质元素肥料（化肥）的 60% 以上。生长季追肥主要用于补充葡萄树需要的大中量元素及少量的微量元素，主要是氮、磷、钾、镁、钙、硼、锌等，占总用量的 40% 左右。葡萄树总的施肥量，必须根据葡萄树的产量、土壤现有的供应量等因素来确定。现则以亩产量 1500 千克，土壤有机质含量在 1% 以下的葡萄园为例来介绍。

#### 1. 施底肥

（1）施肥时期

北方地区在每年的 9 月中旬进行，9 月下旬结束；南方地区在 9 月下旬进行，10 月上旬结束。此时正值葡萄根系一年内第二次生长高峰期，及时深耕施肥有利于受伤根系促发新根，增加树体养分贮备，提高植株的越冬抗寒能力，确保第二年树体萌芽早且整齐。最好不要在冬季和早春开沟施基肥。

（2）肥料的种类和用量

肥料的种类主要包括：充分腐熟的有机肥（现在有专门的厂家生产）、葡萄树必需的矿物质元素有机肥。必须使用充分腐熟的有机肥，未腐熟的有机肥首先可能会含有大量寄生虫和病原菌，其次是可能会含有大量的抗生素和其他未知的物质，最后是含有大量的氮肥，会增加树势调控的难度。具体的用量为腐熟有机肥每亩 4000 千克以上、尿素 13 千克以上（对于种植容易落花落果的四倍体欧美种的葡萄园，比如巨峰品种的葡萄园等，底肥中可以不含有氮肥）、过磷酸钙 15 千克以上、硫酸钾 6 千克、硫酸镁 3.3 千克、硫酸锌 2 千克以上、硼砂 2.5 千克。

（3）施肥方法

篱架栽培和棚架栽培的葡萄园，挖施肥沟的位置有所不同。篱架葡萄在任意一侧都可以，棚架葡萄则在棚架下进行较好，因为根系的生长和枝条的生长具有同向性。对于第一次施底肥的葡萄园，应离葡萄植株 40～50 厘米，将准备施用的底肥条状撒施到葡萄行的一侧，宽度 30～50 厘米，然后使用旋耕机旋耕 2～3 次，使肥料与土壤充分混匀，再用小型挖掘机或开沟机在施肥带上开沟。如果使用挖掘机，将挖出的土直接填回原处即可；如果使用的是开沟机，则开挖出的土需要重新回填。对定植株数较少的葡萄园，也可以开挖长宽各 1 米、深 0.5 米的施肥坑，将肥料和土壤混匀后回填。

对于没能秋施底肥的葡萄园，可在第二年春季萌芽前，将肥料撒入葡萄行间，用旋耕机将肥料浅翻入土，灌一次透水。但在我国北方的非埋土防寒区有底肥冬施的习惯，并且施用的有机肥为未腐熟的生肥，虽然存在种种弊端，但有总胜于无，需要注意的是，使用的有机肥必须来源清晰，不能含有有害物质，而且施用的时候必须与土混匀，距离应在 50 厘米以上。

2. 追肥

追肥应在生长期进行，以促进植株生长和果实发育为目的。追肥以速效性化学肥料为主，比如尿素、过磷酸钙、硫酸钾。成龄园在距葡萄植株 50 ～ 60 厘米处挖 10 ～ 15 厘米的浅沟，将肥料均匀撒于沟内，之后将沟填平。

避免将肥料撒到土壤表面，简单地用水一冲了事，既造成肥料浪费，又起不到肥效。

具体操作应根据葡萄在一年中的生长发育进程及对养分种类的需求，确定追肥的施肥时期、种类和数量，虽然我国南北各地葡萄的物候期差异较大，但总体上追肥主要包括以下几个时期。

（1）催芽肥

主要针对的是没有施用底肥的葡萄园，而对于按照要求施用底肥的葡萄园或种植容易落花落果的四倍体欧美种葡萄品种的葡萄园，可以不进行该次追肥（如果树体萌芽后，出现新梢生长缓慢、叶片发黄等缺肥症状时，也应及时追肥）。不埋土防寒区在萌芽前半个月进行；埋土防寒区多在出土上架，土壤整畦后进行。这次追肥主要以氮肥为主，一般每亩施尿素 10 千克（磷酸二铵复合肥 25 千克）、硫酸钾 10 千克、过磷酸钙 20 千克、硫酸镁 3 千克。如果施用磷酸二铵，则不施用过磷酸钙。

（2）花前肥

花前肥一般在葡萄开花前 7 ～ 10 天，花序开始拉长的时候施用，目的是抑制开花期新梢徒长和促进花朵的授粉受精。主要采用叶面喷施的方式。每亩叶面喷施 0.2% 的硼酸 20 ～ 30 克，0.3% 的硫酸锌 30 ～ 50 克，0.5% 的磷酸二氢钾 50 克。

（3）膨果肥

在谢花后，幼果黄豆大小时施膨果肥。幼果生长期是葡萄需肥的临界期，是所有葡萄园都必须施用的一次追肥。此次追肥以氮肥为主，磷、钾肥配合施用。对于按照标准秋施底肥的葡萄园，每亩施磷酸二铵 15 千克、硫酸钾 2 千克、腐熟的有机肥 150 千克（或尿素 5 千克、硫酸钾 2 千克、腐熟的有机肥 150 千克），混匀后开沟条施入土。对于没有使用底肥的葡萄园，每亩土施磷酸二铵 30 千克、硫酸钾 20 千克（或尿素 20 千克、过磷酸钙 25 千克以上、硫酸钾 10 千克以上）、硫酸镁 2 千克以上。叶面喷施 0.5% 的磷酸二氢钾 1 ～ 2 次，且每次每亩喷施 50 克左右。

（4）转色肥

果实封穗后转色前施转色肥。此期施肥，以钾肥为主，提高着色率，提高果实含糖量，促进枝条正常老熟。对于按照标准秋施底肥的葡萄园，每亩施磷酸二铵 5 千克、硫酸钾 3 千克、腐熟的有机肥 150 千克（或尿素 3 千克、硫酸钾 3 千克）混匀后开沟条施入土。对于没有施用底肥的葡萄园，每亩施磷酸二铵 20 千克、硫酸钾 20 千克（尿素 10 千克、过磷酸钙 10 千克以上、硫酸钾 10 千克以上）、硫酸镁 2 千克以上。叶面喷施 0.5% 的磷酸二氢钾 1 ~ 2 次，每次每亩施用 50 克左右。另外，为了促进果实着色，可以使用海藻素结合中微量元素叶面肥，间隔 7 天喷施 2 ~ 3 次。

（5）采果肥

葡萄果实采摘后正是植株营养积累的关键时期，而且根系进入年内第二次生长高峰，及时追施部分速效性肥料，并结合进行叶片喷肥，对恢复树势，增加贮藏养分，以及提高植株越冬能力十分有利。对于早熟和中熟葡萄品种，可以在果实采收后立即施用，每亩地施用腐熟的有机肥 200 千克左右、磷酸二铵 10 千克左右。而对于晚熟品种，可以和秋施底肥结合起来。

对于采用滴灌方式的葡萄园，可以将肥料溶解到水中，通过滴灌系统定点施肥，所以肥料的种类、施肥量和灌水量也相应地进行调整。通常按照单样肥料 0.1% ~ 0.3%，总剂量不超过 1.0% 的标准进行追肥。目前有专业生产冲施肥的厂家，可以按照前面葡萄树对常用矿物质元素的需要量进行换算后，在相应的施肥时期施用。需要注意的是，当肥料顺水施完后，还应使用清水滴灌 1 小时以上，方便让肥料顺水充分渗入土壤中。

# 第十一节　葡萄病害防治技术

葡萄的病害严重影响葡萄的产量和品质，造成极大的损失。因此葡萄病害的识别及防治尤为重要。

## 一、霜霉病

危害部位：嫩梢，卷须，叶柄，叶片、花序、穗轴，果粒等，但凡是绿色的幼嫩组织，皆可受害。发生时期：从花穗伸展期一直到落叶期，都可以危害葡萄园。

发生条件：高温多雨。

防治关键期：冬春季清园期、生长期间多雾多露阴雨的天气来临之前。

有效药剂：①常见的保护性杀菌剂有，铜制剂（波尔多液、喹啉铜、松脂酸铜）、代森锰锌，克菌丹·戊唑醇、氰霜唑、吡唑醚菌酯等。②常见的治疗性杀菌剂有，甲霜灵、霜脲氰、霜霉威、烯酰吗啉、氟噻唑吡乙酮、蚓唑磺菌胺、氟此菌胺、氯溴异氰尿酸等。

## 二、灰霉病

危害部位：主要危害花冠、花序和果实，叶片、嫩茎也可受害。

发生时期：开花前至幼果期，主要危害花及幼果；果实着色至成熟期，其主要危害葡萄果实。

发生条件：低温多雨，通风透光条件差。

防治关键期：冬春季清园期、花期末尾、聚束期、果实成熟初期、采收期。

有效药剂：啶霉胺、腐霉利、乙霉威、异菌脲、福美双、菌核净、吡唑醚菌酯、啶酰菌胺、氟唑菌胺等。

### 三、白粉病

危害部位：主要是叶片、新梢及果实等幼嫩器官，老叶以及着色果实较少受害。

发生时期：开花后至幼果期，立秋前后为发病高峰期。

发生条件：干旱、干湿交替、通风透光条件差。

防治关键期：冬春季清园期、开花至幼果期、套袋前。

有效药剂：氟硅唑、烯唑醇、露娜森、醚菌酯、肟菌酯、苯醚甲环唑、腈菌唑、丙环唑等。

### 四、黑痘病

危害部位：果实、果梗、叶片、叶柄、新梢和卷须等。

发生时期：葡萄萌动展叶期，主要为害叶片；葡萄开花以及幼果生长期，主要为害幼嫩组织、果实。

发生条件：多雨高湿。

防治关键期：幼叶展开 3～4 片时、葡萄开花及幼果生长期。

有效药剂：苯醚甲环唑、甲基硫菌灵、戊唑醇、氟硅唑·咪鲜胺、代森联、啶菌酯、代森锰锌等。

### 五、白腐病

危害部位：果穗（包括穗轴、果梗和果粒）及枝蔓，也能危害叶片。发生时期：开花前至采收期，果实转色期为主要发病期。

发生条件：伤口、高温高湿、近地面往往先感病。

防治关键期：萌芽前、套袋前后、转色期（特别是雨后）。

有效药剂：①套袋前咪菌酯／吡唑醚菌酯＋咯菌腈＋钙肥；②摘袋后苯醚甲环唑＋丙环唑／抑霉唑；③转色期苯醚甲环唑＋密菌酯，或丙环唑＋代森锰锌／克菌丹。

### 六、炭疽病

危害部位：果实穗轴、嫩梢和叶片。

发生时期：展叶期至采收期，有潜伏性，转色时易爆发。

发生条件：多雨高湿。

防治关键期：发芽之后到花序分离期、开花前后至套袋前有效药剂：咪鲜胺、密菌酯、吡唑醚菌酯等。

## 七、溃疡病

危害部位：枝干和果穗。

发生时期：花前果穗展开的时候开始侵染，果实转色期至成熟期多发。

发生条件：伤口、树势弱。

防治关键期：开花前后至套袋前、后期发现及时处理。

有效药剂：腐霉利、苯甲·密菌酯、戊唑醇、吨霉胺、异菌脲、啶酰菌胺、咯菌腈、抑霉唑。注意应以悬浮剂、水剂、微乳剂剂型为主，避免污染果面和伤果粉。

## 八、酸腐病

危害部位：果实。

发生时期：葡萄封穗后开始上色时开始发生。

发生条件：严格意义上来说不能算是病害，而是一种真菌、细菌、昆虫三方联合为害的结果。伤口、醋蝇、其他病害等都是其发病条件。

防治关键期：着色期至成熟期。

有效药剂：真菌性药剂（甲·咤菌酯、吡唑醚菌酯、戊唑·醚菌酯、异菌脲、咤菌环胺）＋细菌性药剂（春雷霉素、二氯异氰尿酸钠、氨基寡糖素、铜制剂）＋杀醋蝇药（烯丙菊酯、阿维菌素、联苯菊酯），应注意成熟期的用药安全。

# 第十二节　葡萄贮藏与酿造加工

## 一、影响葡萄耐贮性的因素

### （一）品种与耐贮性

不同地理起源的品种，由于它们生态差异大，因而物理和生理特性及其耐贮性差异也大。欧亚种葡萄比美洲种葡萄耐贮藏，欧亚种东方品种群的品种比西欧和黑海品种群的品种耐贮藏，晚熟品种比早中熟品种耐贮藏。

### （二）栽培条件和管理技术与耐贮性

葡萄果实的耐贮性与浆果品质直接相关，而浆果品质又与葡萄生长发育期的光、热、水及土壤营养水平等有密切的关系。光照充足、积温高、降雨量适中，浆果是否发育良好，则耐贮性强。

### （三）采收技术与耐贮性

葡萄是一种呼吸非跃变型水果，没有明显的后熟期和后熟过程。因此，供贮藏的葡萄必须在达到充分成熟时才能采收。在气候条件允许的情况下，而采收愈晚，耐贮性愈好。

### （四）贮藏环境中的温度、湿度及气体成分与耐贮性

贮藏环境中的温度是影响葡萄贮藏寿命的关键因素。适当的低温可以降低果实的呼吸强度，抑制酶的活性，减少果实水分蒸发，从而延缓衰老过程。葡萄浆果的冰点一般在 -3℃左右，葡萄贮藏选择 -1℃～0℃的低温环境，既可以使葡萄生命活动降到最低限度，又不会发生冻害，可以达到长期贮藏的目的。

## 二、贮藏方法

### （一）低温化学贮藏

现代化的机械冷库装有制冷降温设备，它可以根据需要创造最适宜的低温条件，最大限度地抑制贮藏果实的生理代谢过程，达到长期贮藏的目的。但是只有低温还不够，有些霉菌即使在低温条件下也能生长。冷库低温化学贮藏是目前国内规模贮藏最主要的方法。当前国内外应用的化学保鲜剂种类很多，可在葡萄贮藏保鲜中使用较多、效果较好的是二氧化硫。用二氧化硫处理葡萄有两种方法，一是用二氧化硫气体直接熏蒸，二是用亚硫酸盐缓慢释放二氧化硫。

### （二）气调贮藏

气调贮藏是在适宜的低温条件下，人为地调节贮藏环境中的气体成分，即适当提高贮藏环境中二氧化碳的浓度和降低氧的浓度，从而抑制果实的呼吸代谢，延缓衰老进程的贮藏方法。气调贮藏是对低温贮藏的一种补充，具有冷藏和气调的双重作用。

## 三、酿造加工

### （一）葡萄汁

#### 1. 原料处理

选用粒大色浓、充分成熟、无病虫害的葡萄，用清水洗净，摘除果梗，放在干净的铝锅中，用手逐个将葡萄捏破或者用平底茶缸压碎。

#### 2. 果汁制取

将装有原料的铝锅放在炉火上加热，温度控制在70℃左右，5分钟后将锅内的碎果肉倒入铺了4层的纱布中过滤，用手用力挤压来增加液汁。

#### 3. 果汁后处理

将制出的葡萄汁每公斤加入白糖200～300克，搅拌均匀，之后再放到炉火上，

在 80～85℃下杀菌 20 分钟。在杀菌的同时，将装葡萄汁的瓶子放到另一个锅中杀菌消毒。果汁杀菌后需要趁热装瓶，注意要拧紧瓶盖，再放入 80℃的水中浸泡 20 分钟杀菌，取出自然冷却即可。

### （二）葡萄蜜饯

将白色大葡萄洗净，用别针分离出种子，然后放于糖水中煮制。开始时用文火熬煮，逐渐加大火热，不断搅拌，一直到基本熬干。可在撤火前加适量柠檬酸，并根据对芳香味的要求加入适量香兰素拌匀，冷却后即为蜜饯。

### （三）葡萄果冻

将成熟葡萄果粒洗净，放在一个较深的器皿内加水熬煮，直到全部果皮开裂并流出果汁然后用细筛过滤。在 0.5 公斤果汁内加入 0.5 公斤白糖、250 克水，再次熬煮，直到形成果冻为止。

### （四）香葡萄

#### 1. 选料

选用肉厚、粒大、籽少的葡萄，七成熟采收，剔除病、虫、伤果。

#### 2. 腌渍

将选好的葡萄用 10% 的盐水腌 2 天，待果皮色转黄时捞出，沥出盐水，再一层葡萄一层盐腌 5 天，捞出晒干成葡萄环（表面有盐霜，可长期保存）。

#### 3. 脱盐

加工前将葡萄环放入冷水中浸泡 1 天，之后再用流动水漂洗至口尝稍有咸味，在阳光下晒至半干。

#### 4. 浸料

先配料水，将甘草 5 公斤切碎，加水煮出香味（约煮开 15～20 分钟），加入糖 15 公斤，糖精 40 克、香兰素 0.5 克，配成 100 公斤香料水，待用。然后，取出 2/3 香料水，将半干的葡萄环浸入，使其充分吸收料水至饱和，取出进行曝晒。再将剩余的 1/3 香料水倒入浸过葡萄环的香料水中，加入适量糖，以提高风味。而后，再将晒至半干的葡萄环浸入香料水，使香味、甜味浸入其中，再进行晒制。如此反复几次，晒至葡萄环表面不粘手时，拌入一些精炼植物油，使之保持一定的湿润度。

#### 5. 成品要求

制好的香葡萄呈深琥珀色或棕褐色，有光泽，颗粒完整、均匀，质地柔软，微感湿润，味甜、酸、咸，香气浓郁，含水也在 18% 以下。

# 第十三节　家庭小型葡萄酒酿造

葡萄酿酒是葡萄果实中的糖分，可经酵母菌一系列生物化学反应，生成乙醇（酒精）的过程，即酒精发酵。

## 一、红葡萄酒的酿造工艺流程

原料选择→破碎→前发酵→压榨→后发酵→倒桶→陈酿→过滤→调配→装瓶→杀菌→成品。

## 二、操作要点

### （一）原料选择

酿酒原料必须选用适于酿制红葡萄酒的优良品种，如赤霞珠、蛇龙珠、品丽珠、梅鹿辄、法国蓝、黑皮诺、宝石、佳美、北醇、梅醇、梅郁等。果实在充分成熟、含糖量接近最高时采收，采收时剪去腐烂果粒。

### （二）破碎除梗

将葡萄果穗放入破碎机中进行破碎，如葡萄数量较少，可手工破碎。将果穗置于竹筛（篦）或不锈钢筛上，其下放置容器（缸或塑料盆、桶，不可用铜、铁容器），用手将葡萄搓碎。或直接将果穗放入坚固的容器内，用木棍捣碎，除去穗梗。

### （三）前发酵（又称主发酵）

为了消除一些杂菌对发酵的不利影响，通常在破碎后的葡萄浆中（带果肉、果皮的葡萄汁液）加入一定量的二氧化硫进行消毒处理，即每 100 升葡萄汁液加 6% 亚硫酸 110 克，不仅对细菌（如醋酸菌、乳酸菌）、霉菌有明显的抑制作用，而且可以抑制葡萄汁氧化酶、水解酶的活性，防止汁液腐败、变色与维生素 C 的损失。

### （四）后发酵

将前发酵的分离酒液倒入另外容器中密闭，在 10℃～12℃ 的温度下继续进行缓慢的发酵，经 2 个月左右，当酒液中的残糖降低到 0.1% 以下时，即可再次倒桶清渣。

### （五）陈酿

经后发酵的酒放在 8℃～10℃ 的温度下密闭陈酿。陈酿要求恒温、恒湿，放入地下室最理想。经过陈酿香气增加。陈酿则一般需要一年。

### （六）澄清过滤

由于果胶引起酒的混浊，可加明胶处理，每 100 升酒中加 10 ～ 15 克优质明胶，先将明胶浸泡在冷水中 24 小时除腥味，倒出浸泡水后添加清水并加热溶解，然后加适量酒（5 ～ 6 升）搅匀，倒入酒中静止 8 ～ 10 天，待澄清后过滤或用虹吸管将上部清液吸出即为成品酒。过滤可用脱脂棉以纱布包好作滤层。

### （七）装瓶、杀菌

调配好的酒即可按标准要求装瓶。酒瓶要预先洗净、消毒、控干，装酒时留有一定空间压盖封口置 60℃～ 70℃热水中杀菌 20 分钟，取出冷却到 40℃，擦干贴商标装箱待售。

# 参考文献

[1] 胡勤俭.农业实用栽培技术［M］.郑州：黄河水利出版社，2021.04.

[2] 邹学校.湖南农业院士丛书辣椒育种栽培新技术［M］.长沙：湖南科学技术出版社，2021.10.

[3] 李典友.乡村特色农业实用技术丛书花椒栽培与病虫害防治技术［M］.北京：中国农业科学技术出版社，2021.01.

[4] 张万，张明科.乡村振兴农业实用技术丛书陕西主要设施蔬菜实用栽培技术［M］.咸阳：西北农林科学技术大学出版社，2021.11.

[5] 宋占锋，巩雪峰，赵黎明.乡村特色农业实用技术丛书调味辣椒栽培与病虫害防治技术［M］.北京：中国农业科学技术出版社，2021.01.

[6] 谢贻格.水生蔬菜病虫害防控技术手册［M］.苏州：苏州大学出版社，2021.04.

[7] 彭世勇.蔬菜无土栽培实用技术［M］.北京：化学工业出版社，2021.05.

[8] 郝俊邦.蔬菜栽培技术［M］.长春：吉林科学技术出版社，2021.07.

[9] 高凤菊，赵文路.玉米大豆间作精简高效栽培技术［M］.北京：中国农业科学技术出版社，2021.02.

[10] 谢俊华，王力，张世洪.非洲农业实用技术丛书全3册［M］.北京：中国农业科学技术出版社，2021.03.

[11] 王志鹏，孙培博.图说设施葡萄高效生态栽培技术［M］.北京：化学工业出版社，2021.05.

[12] 王长海，李霞，毕玉根.农作物实用栽培技术［M］.北京：中国农业科学技术出版社，2021.04.

[13] 杨芩，付燕，张婷淳.蓝莓栽培实用技术［M］.北京：化学工业出版社，2021.03.

[14] 李建明.设施农业工程实践案例解析［M］.北京：化学工业出版社，2021.10.

[15] 陈润兴，余文慧，雷俊.南方地区山药品种及栽培技术［M］.北京：中国农业出版社，2021.12.

[16] 曹华.传统口味蔬菜高品质栽培技术［M］.北京：中国农业科学技术出版社，2021.03.

[17] 张伟，徐荣娟，刘拴成.农业栽培与病虫害识别防治技术［M］.长春：吉林

科学技术出版社，2020.

[18] 陈长明．大宗蔬菜栽培实用技术 [M]．广州：广东科技出版社，2020.03.

[19] 胡德．武陵山地区农业实用技术 [M]．重庆：重庆大学出版社，2020.07.

[20] 李荣春．食用菌栽培学 [M]．北京：中国农业大学出版社，2020.06.

[21] 王玉华，贾凤松．谷子轻简化高产高效栽培技术图谱 [M]．北京：中国农业科学技术出版社，2020.05.

[22] 朱校奇，周佳民．中药材栽培技术 [M]．长沙：湖南科学技术出版社，2019.12.

[23] 刘世玲，焦海涛．现代食用菌栽培实用技术问答 [M]．武汉：湖北科学技术出版社，2019.03.

[24] 郭竞，申爱民，黄文．茄果类蔬菜设施栽培技术 [M]．郑州：中原农民出版社，2019.01.

[25] 国淑梅，牛贞福．食用菌高效栽培关键技术 [M]．北京：机械工业出版社，2019.12.

[26] 刘金根，徐芹．木瓜栽培技术与产品开发 [M]．苏州：苏州大学出版社，2019.09.

[27] 金桂秀，李相奎．北方水稻栽培 [M]．济南：山东科学技术出版社，2019.12.

[28] 张庆霞．休闲园艺与现代农业 [M]．成都：四川大学出版社，2019.08.

[29] 吴德峰，梁一池．南方林下药用植物栽培 [M]．福州：福建科学技术出版社，2019.10.

[30] 王淑芬，高俊杰．蔬菜高效栽培模式与配套技术 [M]．北京：中国科学技术出版社，2019.09.

[31] 赵杰，赵宝明．梨树栽培与病虫害防治 [M]．上海：上海科学技术出版社，2019.03.

[32] 宋文章，马永明．葡萄栽培图说第 2 版 [M]．上海：上海科学技术出版社，2018.01.

[33] 杨来胜，王程．马铃薯膜上覆土绿色高效栽培技术 [M]．兰州：甘肃科学技术出版社，2018.07.

[34] 陈建林．马铃薯栽培与产业化经营 [M]．昆明：云南大学出版社，2018.12.

[35] 段敬杰．苦瓜优质高产栽培技术 [M]．北京：中国科学技术出版社，2018.09.